KATRIN MÜLLER-HOHENSTEIN & JAN WESTPHAL

VIEL ERFOLG!

KATRIN MÜLLER-HOHENSTEIN & JAN WESTPHAL

VIEL ERFOLG!

Wie wir wurden, was wir sind

Mit Illustrationen von Sarah von der Heide

BENEVENTO

FSC
www.fsc.org
MIX
Papier aus verantwortungsvollen Quellen
FSC® C020353

1. Auflage

Medieninhaber, Verleger und Herausgeber:
Red Bull Media House GmbH
Oberst-Lepperdinger-Straße 11–15
5071 Wals bei Salzburg, Österreich

Layout, Satz und Umschlaggestaltung: Eisele Grafik·Design, München
Gesetzt aus der Times und Bureau
Printed by Neografia, Slovakia

ISBN 978-3-7109-0092-1

INHALT

Miss Tausendsassa

VORWORT

Erfolg. Was ist das eigentlich? Mein Haus, mein Auto, mein Boot? Oder auch die letzte Zigarette im Leben? Gemeinhin wird Erfolg als das Erreichen gesetzter Ziele beschrieben. Egal ob finanziell oder emotional. Egal ob materiell oder in Form von Anerkennung. Wer sein Ziel erreicht hat, hat Erfolg. Punkt. Zumindest einen ganz persönlichen. Entscheidend ist heute aber allzu oft, wie die anderen den eigenen Erfolg sehen. Ob der eigene Erfolg von den anderen überhaupt als ein solcher wahrgenommen wird. Von den Nachbarn. Von der Familie. Oder den Medien. Ist doch ganz egal, könnte man sagen, Hauptsache, du bist glücklich.

Glück erleben ist wohl ein wichtiges Kriterium für Erfolg. Wenn man 3,7 Kilometer gejoggt ist und nach 27 Minuten verschwitzt und schnaufend wieder vor der eigenen Haustür steht, kann das ein Riesenerfolg sein. Auch dann, wenn der Nachbar Marathonläufer ist und die paarkommasieben Kilometer für ihn nur Peanuts sind. Manchmal ist es eben eine Frage der Perspektive.

Es ist wohl einer der größten Irrtümer, dass man nur erfolgreich ist, wenn man eine dicke schwarze Limousine in der Garage stehen hat. Oder wenn man die VIP-Karte für die Flughafenlounge verliehen bekommt. Das sind wohlverdiente Annehmlichkeiten für die einen. Für die anderen sind es lediglich reine Statussymbole für kleine Egos. Ob sie wirklich glücklich machen, ist eine andere Frage.

Erfolg kann und muss man sich verdienen. Mit Fleiß, viel Arbeit und Hartnäckigkeit. Ein wenig Glück gehört natürlich auch dazu. Manchmal ist Erfolg aber auch ein Trampolin, das einen mit viel Schwung in den Himmel schleudert.

Wenn wir hier von Erfolg sprechen, soll es um erreichte Ziele gehen. Darum, dass Menschen am Ende zufrieden und glücklich sind mit dem, was sie tun. Ob Fußballweltmeister, Comedian, Schauspielerin oder Stargeiger. Ob Astronautin, Starkoch, Superminister oder Kriminologe. Sie alle sind die unterschiedlichsten Wege zu ihrem Erfolg gegangen. Kein Lebenslauf gleicht dem anderen.

Jede Erfolgsgeschichte ist ein Abenteuer mit Risiken und Überraschungen. Motivierend, inspirierend und unterhaltsam.

Als Herausgeber dieses Buchs haben wir unterschiedliche Erfahrungen mit Erfolg. Wir arbeiten auf verschiedenen Seiten der Medienbranche; vor der Kamera als Moderatorin und hinter der Kamera als Produzent. Jeder von uns hat seine ganz persönlichen Erlebnisse. Mit Olympiasiegern und Weltmeistern, mit Verlierern oder gestürzten Helden. Mit Schauspielern und Politikern oder mit Popstars von gestern und heute. Erfolg kann eine ganze Nation in einen schwarz-rot-goldenen Rausch versetzen. Erfolg kann aber auch etwas ganz Persönliches und Stilles sein. Erfolg hat eben viele Gesichter und Geschichten.

»Erfolg ist nicht nur, wenn du ganz oben stehst« Katrin Müller-Hohenstein

Dabei sein ist alles. Ich kenne im Sport kaum ein Motto, das ich erfrischender finde als den olympischen Gedanken. Ein internationales Fest des Sports, jeder gibt sein Bestes, Fairplay und Toleranz stehen im Mittelpunkt. Das ist mein Traum vom sportlichen Wettkampf.

In der Realität sieht es anders aus. Schneller, höher, stärker, oder wie der alte Lateiner sagte: *Citius, altius, fortius*. Denn das ist die eigentliche Devise von Olympia, schriftlich verankert in der Satzung des IOC.

Was heißt das für den Sport? Bin ich tatsächlich nur dann erfolgreich, wenn ich Erster werde? Geht es wirklich nur um Gold, Silber und Bronze?

Dann wären Karrieren wie die von Eddie the Eagle undenkbar.

Michael Edwards heißt er mit bürgerlichem Namen, er war der erste Skispringer, der für Großbritannien bei Olympischen Winterspielen an den Start ging. Motiviert von einem Kindheitstraum: »Als ich acht, neun Jahre alt war, habe ich erstmals bewusst die Olympischen Spiele im Fernsehen gesehen und dachte: ›Wow, es muss großartig sein, für sein Land an so etwas teilzunehmen.‹ Das wollte ich auch, egal wie.« Bei den Winterspielen in Calgary belegte er zweimal den letzten Platz. Er wurde dennoch der Star der Spiele.

Oder Eric Moussambani. Ein Schwimmer aus Äquatorialguinea. Er war mit einer Wildcard zu den Olympischen Spielen nach Sydney gereist und hatte dort zum ersten Mal in seinem Leben überhaupt ein Fünfzigmeterbecken gesehen. Zwei Bahnen galt es zu absolvieren für die Hundert-Meter-Freistildistanz, kurz nach der Wende musste man sich bereits Sorgen um Leib und Leben des Athleten machen. Eric Moussambani hatte erst acht Monate vor den Spielen Schwimmen gelernt. Dabei sein ist alles.

Zwei echte Erfolgsstorys, ganz ohne Siegertreppchen.

Ich war in meiner Karriere oft dabei, wenn Sportlerinnen und Sportler, wenn Mannschaften große Erfolge gefeiert haben. Die deutsche Hockey-Nationalmannschaft zum Beispiel, die nach Gold in Peking am Abend noch das Deutsche Haus fein säuberlich in seine Einzelteile zerlegt hat. Was ganz praktisch war, es war der letzte Wettkampftag, und das Ding musste am nächsten Morgen sowieso abgebaut werden.

Oder Patrick Lange, der Triathlet, der 2018 beim Ironman auf Hawaii erstmals die acht Stunden unterboten hat und gleich nach dem Zieleinlauf zitternd an meinem Mikrofon stand. Ich habe niemals zuvor so hautnah eine derartige Erschöpfung erlebt.

Oder aber natürlich die deutsche Fußball-Nationalmannschaft 2014 in Rio. Nach dem Finale saß ich ganz allein auf der Treppe eines Produktionsmobils und habe in den brasilianischen Nachthimmel geschaut, vor mir die Jesus-Statue, neben mir das Stadion und oben der Vollmond. Zum ersten Mal war eine europäische Mannschaft in Südamerika Weltmeister geworden – und dann auch noch im Maracanã. Ich dachte, ich flippe aus. Mein erster Gedanke war: Jetzt hör ich auf, etwas Besseres werde ich nie mehr erleben. Wie ging es wohl erst der Mannschaft in diesem Moment des größten Erfolgs? Ich wünsche den Spielern und den Trainern, dass sie es geschafft haben, diesen Moment zu konservieren. Und mit diesem größten sportlichen Erfolg, den man sich in Deutschland vorstellen kann, auch umzugehen. (Oliver Kahn hat mir mal erzählt, seine Mutter hätte 2002 nach dem verlorenen Endspiel in Japan zu ihm gesagt: »Ich bin fast froh, dass du nicht Fußballweltmeister geworden bist. Dich hätte ich nie wieder eingefangen bekommen.« Wobei Oli dafür viel zu klug wäre.)

Vielleicht waren die WM in Russland und das frühe Ausscheiden der deutschen Mannschaft die logische Konsequenz aus diesem Traumsommer. Vielleicht ist es unmöglich, sich nach einem so großen Erfolg neu zu motivieren und die richtige Einstellung zu finden. Anderen großen Fußballnationen ist das auch schon passiert (andererseits schafft genau das zum Beispiel ein Roger Federer immer wieder, zwanzig Grand-Slam-Titel sind mit Sicherheit nicht vom Himmel gefallen). Wenn man also einen echten Misserfolg sucht, dann wird man beim Fußball im Jahr 2018 fündig. Was für ein Kontrastprogramm. Nach der Niederlage in Kasan gegen Südkorea und dem historischen Aus der deutschen Mannschaft ist mir vor allem ein Bild im Kopf geblieben: Manuel Neuer und Oliver Bierhoff in den leeren Katakomben der Kasan-Arena. Sie sitzen mit hängenden Köpfen ins Gespräch vertieft in der offenen Kofferraumklappe des Mannschaftsbusses.

Nicht alles, was sich nach einer Niederlage anfühlt, ist auch eine. Aljona Savchenko saß in Sotchi wie ein Häufchen Elend bei mir im Studio. Sie hatte mit ihrem Partner Robin Szolkowy Bronze im Eiskunstlaufen geholt. Ich habe sie als Erstes gefragt, ob ich ihr zur Bronzemedaille gratulieren darf, weil ich fände, dass das ein toller sportlicher Erfolg sei. Sie hat mit einem leicht gequälten Lächeln Ja gesagt. Alles andere schrie Nein – sie hatte Gold gewollt. Trotzdem gab es noch ein Happy End: Vier Jahre später lag sie mit Bruno Massot in Pyeongchang nach dem Kurzprogramm nur auf Platz vier, die anschließende Kür ging mit Weltrekordpunktzahl in die Geschichte ein. Ich habe auf dem Eis nie etwas Schöneres gesehen. Und da war sie nun endlich, die ersehnte Goldmedaille.

Die deutschen Volleyball-Herren haben bei der Volleyball-EM 2017 auch wahrhaft Historisches geleistet. Sie haben die erste Medaille in der Geschichte der Europameisterschaften gewonnen. Silber, nach einem denkbar knappen Finale gegen den haushohen Favoriten Russland. Trotzdem konnte sich Lukas Kampa, der Kapitän, nicht zu hundert Prozent darüber freuen. »Wir haben Silber gewonnen – aber das letzte Spiel verloren. Das wird immer ein Wermutstropfen bleiben für mich«, hat er mir anschließend im *Aktuellen Sportstudio* erzählt. Ich hoffe, dass er das mittlerweile anders sehen kann. (Es ist bekannt, dass der Dritte in einem sportlichen Wettkampf meist glücklicher und zufriedener ist als der oder die Zweite. Weil er das letzte Spiel nicht verloren hat. Und in einem Sport, in dem es kein K.-O.-System gibt, hat der Dritte nicht so sehr das Gefühl, knapp am Sieg vorbeigeschrammt zu sein, wie der Zweite. Objektiv gesehen waren beide sehr erfolgreich.)

Seit vielen Jahren erlebe ich die ganze Palette der Emotionen hautnah mit – von himmelhochjauchzend bis zu Tode betrübt. Das ist für mich ein echtes Geschenk, davon kann ich gar nicht genug bekommen. Wobei Siege natürlich immer schöner sind als Niederlagen. Aber auch die gehören zum Sport dazu. Nur so funktioniert ein Wettkampf. Wenn keiner mehr in Kauf nimmt, Zweiter zu werden, können wir uns jeden sportlichen Wettbewerb sparen.

Für mich ist es aber eben auch ein Erfolg, wenn eine Mannschaft, wenn eine Sportlerin oder ein Sportler ihr oder sein bestes gegeben hat und im entscheidenden Moment das ganze Potential abrufen konnte.

»Wer seinen Traumjob sucht, muss träumen können.« Jan Westphal

Kürzlich habe ich dreißig Studenten gefragt, was sie denn später im Leben einmal machen möchten. Sie wussten es nicht. Niemand hatte eine Idee. Niemand einen Plan oder einen Traum. Ich erinnerte sie daran, dass sie erst Anfang zwanzig seien und noch jede Menge Zeit hätten. »Woher sollen wir denn wissen, was wir den Rest unseres Lebens machen sollen?«, war die Antwort.

Diese Frage hat mich lange verfolgt. Irgendwie hatte ich das Gefühl, dass wir damals – mit Anfang zwanzig – alle wussten, was uns das Leben später mal bringen soll. Es waren die Achtzigerjahre.

Heute ist das Universum der Möglichkeiten schier unendlich. Eltern ermuntern ihre Kinder, nach den Sternen zu greifen. Reach for the stars. You can do anything. Die Welt erzählt uns, dass wir heute alles erreichen können. Jeder kann Millionär oder Präsident werden. Es gibt fast nichts, was man nicht kann.

Das Internet legt uns die Welt zu Füssen. Alles geht. Immer. Und sofort. Mit einem Wisch auf dem Handy hat man die Liebe seines Lebens gefunden. Und genauso ist es auch mit Träumen und Wünschen. Soziale Medien spielen uns täglich die tollste Welt vor. Alles ist mega. Vielleicht sieht man aber vor lauter Möglichkeiten die eigenen Wünsche und Träume nicht mehr. Das echte Leben ist eben kein #Hashtag.

Was soll man also anfangen mit seinem Leben? Was macht man nur nach der Schule, wenn das Leben erst so richtig losgeht? Oder mit Mitte dreißig, wenn das Hamsterrad des Alltags einen nervt? Welcher Job macht einem ein Leben lang Spaß? Ein ganzes Leben lang? Mein Opa hat über vierzig Jahre bei Siemens in Berlin malocht. Vierzig Jahre lang jeden Morgen der gleiche Weg zur Arbeit. Jeden Mittag die gleiche Kantine. Fast unvorstellbar. Heute sind Jobs mehr Sprungbrett zur nächsten Beschäftigung als ein »Traumjob«. Und wir werden viel zu schnell unzufrieden. Irgendwie mit allem.

Vielleicht müssen wir wieder lernen zu träumen. Vielleicht müssen wir einfach nur unsere Träume erkennen und ihnen zuhören. Wir haben uns daran gewöhnt, dass uns alles immer lauter anspringt. Je mehr Konfetti und Feuerwerk, desto geiler muss es ja sein. Alles #Mega.

Träume kommen aber eher leise daher. Sie kommen von hinten angeschlichen, ohne dass man es merkt. Steven Spielberg, der Jahrhundertregisseur, hat einmal eine tolle Geschichte erzählt. Sie geht ungefähr so:

> *Wenn du mal einen Traum hast, was du im Leben machen sollst, dann schreit dir der Traum nicht ins Gesicht: »Das ist es, wer du bist. Das ist es, was du für den Rest deines Lebens sein musst.« Ein Traum flüstert. Ein Traum schreit nie. Ein Traum ist schwer zu hören. Aber wenn du auf das Flüstern hörst, wenn das Flüstern dein Herz kitzelt und es etwas ist, wovon du denkst, dass du es für den Rest deines Lebens tun willst, dann wird es das sein, was du für den Rest deines Lebens tust.*

Vielleicht müssen wir heute mehr auf die leisen Töne hören. Darauf warten, dass unser Herz gekitzelt wird.

Auf der Suche nach dem perfekten Job hat mein Vater zu mir nach dem Abitur gesagt: »Schau dir an, welche Leute du gut findest. Mit wem würdest du gerne mal Zeit verbringen?« Ich bin diesem Tipp und meinem Herzen gefolgt, und es war das Beste, was ich tun konnte.

Wenn es darum geht, in jungen Jahren einen Zukunftsplan zu haben, sieht man entweder den Wald vor lauter Bäumen nicht. Oder man sieht erst gar keine Bäume. Erfolgreiche Menschen können Orientierung geben und Vorbild sein. »Ich möchte so sein wie die« oder »Ich möchte das machen, was der macht«. Vielleicht sind gerade die Menschen, die ihr persönliches Ziel erreicht haben und das

Gesicht eines ganzen Berufsbildes sind, die besten Ratgeber. Ein Blick auf ihre Geschichte ist allemal spannend.

Deswegen haben wir fünfzig erfolgreiche Frauen und Männer gefragt, wie sie zu dem geworden sind, was Sie sind. Wie wichtig waren Mut, Glück oder doch auch harte Arbeit? Die Antworten sind oft überraschend. Manche wussten schon früh, wohin die Lebensreise gehen würde. Bei anderen kamen Traum oder Mut zur Veränderung erst später. Es sind fünfzig Frauen und Männer, mit denen wir vielleicht gerne mal einen Kaffee trinken möchten. Die wir fragen möchten: »Wie war das bei dir? Wie bist du zu dem geworden, was du heute bist?«

Zum Beispiel der 23-jährige Schlosser, der seinen Job im Kohle-Tagebau hinschmiss, um schließlich zum erfolgreichsten Starfotografen Deutschlands zu werden. Der junge Geiger, der in Südfrankreich als Tankwart sein erstes Geld verdiente. Der nie wieder Geige spielen, aber dafür eine Pizzeria aufmachen wollte, um schließlich Walzerkönig und Chef des größten und erfolgreichen Privatorchesters der Welt zu werden. Die heutige Abgeordnete des Europaparlaments, die als junge Frau alleinerziehende Sozialhilfeempfängerin war und später zur Spitzenköchin wurde. Oder der deutschlandweit bekannte Strafverteidiger, der als junger Mann noch Schweinehälften in einer Schlachterei schleppte. Ein Blick auf diese erfolgreichen Lebenslinien ist aufregend und spannend. Oft heiter, manchmal nachdenklich stimmend.

In den fünfzig Interviews lernen wir viel über unser eigenes Leben. Über Möglichkeiten und Chancen. Wir lernen, dass man einen Job von heute auf morgen hinschmeißen kann, um komplett neu und erfolgreich durchzustarten. Dass Karriere manchmal vor Familie gestellt werden muss. Dass Glück einem nicht in den Schoß fällt, auch wenn es ab und zu hilfreich sein kann, zur richtigen Zeit am richtigen Ort zu sein. Dass man manchmal die persönliche Komfortzone verlassen muss, um über sich hinauszuwachsen. Um Ziele zu erreichen und um besser zu werden, als man ist. Und dass Erfolg kein gerader Weg sein muss. Sondern eine Straße mit vielen Kurven, Steigungen und Kreuzungen sein kann.

Vermutlich hat der ehemalige Superminister für Wirtschaft und Arbeit eine andere Erfolgsformel als einer der erfolgreichsten Partyschlagersänger von Mallorca. Die erste deutsche Astronautin denkt über Erfolg und Glück möglicherweise anders als ein Kardinal. Und der Fußballweltmeister sieht Erfolg im Job vielleicht ganz anders als der Kriminologe, der schon einmal den Schädel von Adolf Hitler untersuchte.

Was also sind die großen und kleinen Faktoren zwischen Mut, Glück und Erfolg? Wie wurden diese fünfzig Erfolgsmenschen zu dem, was sie heute sind?

Dieses Buch ist keine Gebrauchsanweisung für die erste Million auf dem Konto. Die Geschichten der fünfzig Frauen und Männer sind ein Blick durch das Schlüsselloch des Erfolgs. Es sind Anekdoten, Ideen und Gedanken von fünfzig erfolgreichen Menschen, die alle etwas geschafft haben. Jedes Interview ist wie ein kleines Minipraktikum in einem anderen Job – wenn man die Erfolgsgeschichten liest, ist man inspiriert, oft überrascht und immer beflügelt. Man merkt ganz schnell, dass Liebe und Leidenschaft für das, was man tut, offenbar extrem wichtig sind. Dass man immer neu starten kann, wenn man merkt, dass nichts mehr geht. Und dass erfolgreiche Menschen scheinbar gerne öfter im eigenen Bett schlafen würden, als sie es tatsächlich tun.

Diese fünfzig Frauen und Männer (wobei ein Kastenbrot auch dabei ist, aber sehen Sie selbst) stehen alle für Durchsetzungsvermögen, Willenskraft, Fleiß und harte Arbeit. Fünfzig Frauen und Männer, die dank Talent, Disziplin und manchmal ein wenig Glück über Jahre erfolgreich wurden und bis heute erfolgreich geblieben sind. Wahrscheinlich hat ihnen – irgendwann im Leben – der Traum von hinten leise ins Ohr geflüstert. Und sie haben zugehört. Jetzt können wir ihnen mal zuhören.

Viel Spaß beim Lesen!

Viel Erfolg. Wie wurden wir, was wir sind?
10 Fragen. 50 Erfolgsmenschen.
500 Antworten.

Was wollten Sie als Kind oder nach der Schule werden?

Was haben Sie gelernt?

Was war Ihr erster bezahlter Job?

Wie sind Sie zu Ihrem Job gekommen?

Was braucht man, um Ihren Job besonders gut zu machen?

Was gefällt Ihnen besonders gut an Ihrem Job?

Was gefällt Ihnen nicht so sehr?

Wie wichtig war in Ihrer Karriere Mut?
Sind Sie Risiken eingegangen?

Wie wichtig war in Ihrer Karriere Glück?

Was raten Sie (jungen) Leuten, die vor der Entscheidung stehen:
»Was soll ich mal werden?«

JOACHIM LÖW
FUSSBALL-WELTMEISTERMACHER
VON RIO 2014
*1960

»Mein Job ist eine Berufung, der ich intuitiv gefolgt bin.«

Ich bin ...

… Bundestrainer beim Deutschen Fußball-Bund.

Was wollten Sie als Kind oder nach der Schule werden?

Fußballer. Das war das Einzige, worum sich meine Gedanken als Kind und Jugendlicher drehten. Ich habe drei Brüder, da war immer einer da, der mit mir kickte. Eines Tages in der Bundesliga spielen – das war mein großer Traum. Das habe ich dann später auch geschafft, dafür aber ein bisschen die Schule vernachlässigt. Beides unter einen Hut zu bekommen, war und ist nach wie vor schwierig.

Was haben Sie gelernt?

Nachdem ich in der elften Klasse das Gymnasium mit der Mittleren Reife verließ, um mehr Zeit fürs Fußballspielen zu haben, begann ich eine Ausbildung zum Groß- und Außenhandelskaufmann, die ich auch abgeschlossen habe.

Was war Ihr erster bezahlter Job?

Tagsüber war ich im Betrieb, abends auf dem Trainingsplatz, an Wochenenden spielte ich Fußball. Ich war neu beim SC Freiburg, der gerade in die zweite Liga aufgestiegen war. Mein Traum verwirklichte sich langsam, aber sicher. Zwei Jahre später wechselte ich zum VfB Stuttgart in die Bundesliga.

Wie sind Sie zu Ihrem Job gekommen?

Trainer zu sein, ist etwas völlig anderes als Spieler. Trainer zu werden, habe ich nicht geplant. Es hat sich entwickelt, es war eine logische Folge dessen, was mich damals beschäftigte, was mich antrieb. Aus heutiger Sicht war es eine Berufung, der ich intuitiv folgte. Ich glaube, ich war ein sehr wissbegieriger Spieler. Ich wollte Lösungen aufgezeigt bekommen. Mit welchen Mitteln kann ich eine tief stehende Abwehr überwinden? Was fehlt unserem

Spiel? In den letzten Jahren meiner Laufbahn in Deutschland hörte ich vor allem, dass man laufen und fighten muss, nie aufgeben darf. Es ging um Kampf, Einsatz, »Gras fressen«. Auf solche Begriffe und vermeintlichen Qualitäten wurde alles reduziert. Das genügte mir nicht mehr. Zuletzt spielte ich drei Jahre in der Schweiz, in Schaffhausen und in Winterthur. Das war mein Glück, denn diese Zeit war prägend. Denn plötzlich bekam ich Antworten auf meine Fragen. Einer meiner Trainer damals war Rolf Fringer. Er war faszinierend, er fesselte mich. Er gab mir die Antworten, die ich suchte. Wir beschäftigten uns mit Taktik, mit Spielidee, mit spielerischen Lösungen. Diese Antworten wollte ich selbst weitergeben. Während ich noch spielte, begann ich, eine Jugendmannschaft zu trainieren. Dann wurde ich Spielertrainer und begann eine Ausbildung als Fußballtrainer. Es war ein fließender Übergang vom Spieler zum Trainer. Für mich war diese Perspektiverweiterung eine unglaubliche Bereicherung.

Was braucht man, um Ihren Job besonders gut zu machen?

Die Grundvoraussetzung, um in jedem Job gut zu sein und letztlich Spaß zu haben, ist erst mal, das Fachwissen zu haben. Und die permanente Bereitschaft mitzubringen, sich weiterbilden zu wollen. Mindestens genauso wichtig aber ist eine gewisse Empathie. Als Führungskraft muss man Vertrauen geben, Wertschätzung. Das kann man schwer erlernen, das sind Dinge, die sich auch entwickeln. Erfahrung ist enorm hilfreich. Daraus ergibt sich eine natürliche Autorität und eine Akzeptanz. Die heutige Spielergeneration will verstehen, weshalb man was macht. Sie will Lösungswege aufgezeigt bekommen. Man muss ihr Ziele vorgeben, klare Vorstellungen, eine Vision.

Was gefällt Ihnen besonders gut an Ihrem Job?

Für mich gibt es kaum etwas Schöneres, als sich auf höchstem Niveau mit den besten Teams der Welt sportlich zu messen.

Länderspiele gegen Brasilien, Spanien, Argentinien, Frankreich, England, Italien – am liebsten in einem großen Turnier – sind für mich Genuss pur. Mich freut die Zusammenarbeit mit jungen Spielern. Bei einem Turnier sind wir zusammen mit allen Betreuern bis zu 70 Personen. Wir arbeiten und leben als eine verschworene Gemeinschaft über Wochen auf engem Raum zusammen und folgen einem gemeinsamen Ziel. Das spornt mich an. Genauso wie eine Mannschaft und einzelne Spieler zu entwickeln, ihnen zu helfen, besser zu werden. Es ist eine schöne Aufgabe, einen gemeinsamen Weg zusammenzugehen. Rund um unsere Länderspiele und großen Turniere ergeben sich immer wieder wunderbare Geschichten, auch im zwischenmenschlichen Bereich. Selbst oder gerade auch in Momenten großer Enttäuschung ergeben sich manchmal Situationen, die einen unheimlich bereichern.

Was gefällt Ihnen nicht so sehr?

Ich muss als Trainer auch schwierige Entscheidungen treffen, auch wenn sie Enttäuschungen mit sich bringen. Zum Beispiel bei Aufstellungen oder der Frage, wer zum Kreis der Nationalmannschaft gehört und wer nicht. Da muss man auch in meiner Rolle lernen, mit Kritik umzugehen. Leider fällt diese manchmal auch unsachlich aus und wird persönlich, manchmal wird es auch beleidigend und verletzend. Ich weiß aber, dass das dazugehört. Genauso wie der Umstand, dass man in erster Linie an Ergebnissen gemessen wird. Da ist das Geschäft oft unbarmherzig. Manchmal ergeben sich auf einem Weg erst durch Rückschläge Erfolge.

Wie wichtig war in Ihrer Karriere Mut? Sind Sie Risiken eingegangen?

Eine gewisse Portion Mut gehört zu meinen Grundeigenschaften, gerade im beruflichen Bereich mag ich es, eher ein Risiko einzugehen. Entscheidend für mein Handeln ist dann oft mein Bauchgefühl, meine Intuition, meine eigene tiefe Überzeugung. Und weniger die Frage, wie dies in der Öffentlichkeit bewertet wird.

»Was einen besonders reizt, muss für andere auf den ersten Blick nicht besonders vernünftig wirken.«

Wie wichtig war in Ihrer Karriere Glück?

Glück gehört dazu, gerade im Sport, wo es auf höchstem Niveau oft auf des Messers Schneide zugeht, wo oft nur Nuancen entscheiden. Nicht selten entscheidet das berühmte Quäntchen Glück. Wenn ich mir meine Laufbahn als Trainer anschaue, gibt es zwei Stationen, die aus meiner Sicht schlichtweg glückliche Fügungen und alles andere als geplant waren. Noch während meiner Trainerausbildung in der Schweiz fragte mich Rolf Fringer, ob ich ihn als Co-Trainer zum VfB Stuttgart begleiten wolle. Eigentlich war ich noch gar nicht so weit, ich war ja noch Spielertrainer und wollte mir Zeit lassen, um alles von der Pike auf zu lernen. Da der VfB mir aber am Herzen lag, nahm ich das Angebot an. Ein Jahr später wurde Fringer Schweizer Nationaltrainer und ich Interims- und nach den ersten wirklich starken Spielen von uns Cheftrainer beim VfB. Zum DFB kam ich ebenfalls ungeplant. Nach verschiedenen Stationen in Deutschland, der Türkei und Österreich übernahm ich 2003 Austria Wien, wo ich Anfang 2004 beurlaubt wurde – obwohl wir zu diesem Zeitpunkt Tabellenführer waren. Nach der EM 2004 übernahm Jürgen Klinsmann im Sommer die Nationalmannschaft und sprach mich an, ob ich sein Assistenztrainer werden wolle. Hätte ich damals einen Job gehabt, wäre er wahrscheinlich nicht auf mich gekommen. Und dass Jürgen nach der WM 2006 als Bundestrainer aufhören und mir dieses Amt übertragen würde – damit war schon mal überhaupt nicht zu rechnen.

Was raten Sie (jungen) Leuten, die vor der Entscheidung stehen: »Was soll ich mal werden?«

Ich glaube, dass vor der Berufswahl eine gewisse Zeit der Orientierung gut ist. Vielleicht muss man für sich erst einmal ein paar Fragen beantworten, für die man eine gewisse Zeit braucht. Fragen

wie: Was macht mir Spaß? Woran habe ich Lust? Was erfüllt mich? Was macht mich glücklich? Nur dann ist man ja gut in dem, was man macht, und kann für sich eine innere Zufriedenheit erlangen. Da muss man einfach in sich hineinhören, und da kann man vieles einfach auch erst mal ausprobieren. Vieles wird sich dann entwickeln. Es gibt für eine solche Orientierung verschiedene Optionen: ein freiwilliges soziales Jahr zum Beispiel oder ein Auslandsaufenthalt. Das kann helfen, den persönlichen Horizont zu weiten. Und plötzlich wächst ein Gedanke, ein Gefühl für eine Tätigkeit, die einen reizt. Das können auch Dinge sein, die für andere auf den ersten Blick nicht besonders vernünftig wirken. Und Dinge, an die man vorher niemals gedacht hat. Fest steht für mich: Es gibt dabei doch nichts zu verlieren, vielmehr kann man gewinnen. An Erfahrung, an Persönlichkeit, an Charakter, an innerer Stärke. Letztlich sind es diese wichtigen Eigenschaften, die man nicht nur im Job braucht. Sondern vor allem im Leben.

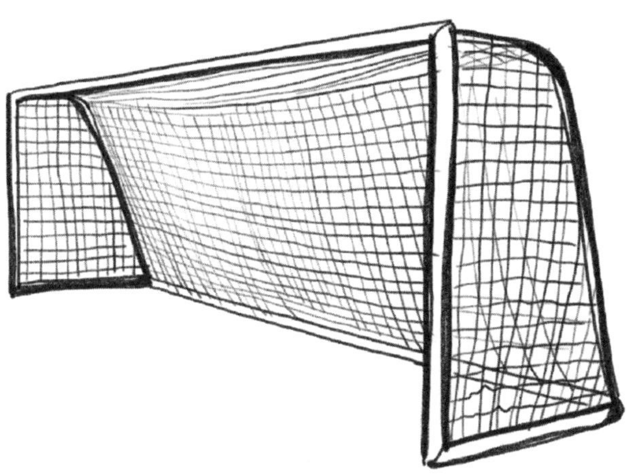

MOTSI MABUSE
TANZTE SICH AUS SÜDAFRIKA IN DIE HERZEN
DER DEUTSCHEN FERNSEHZUSCHAUER
*1981

»Wenn man stehen bleibt, bleibt man zurück.«

Ich bin ...

... Überlebenskünstlerin, weil ich eigentlich mehrere Jobs habe. Ich bin Unterhalterin, Tänzerin und auch Geschäftsfrau. Eine einfache »Rundum-Beschreibung« für meinen Beruf gibt es nicht.

Was wollten Sie als Kind oder nach der Schule werden?

Als ich klein war, wollte ich Polizistin werden. Das liegt an meiner Geschichte in Südafrika. Ich bin in der Zeit der Apartheid aufgewachsen, und für uns Kinder waren Polizisten immer Menschen mit Autorität und Macht. Das waren Dinge, die wir nicht hatten und nie haben konnten. Deswegen wollten wir Kinder zur Polizei, um auch mal das Gefühl der Autorität und Macht zu haben.

Was haben Sie gelernt?

Ich habe in Südafrika mit achtzehn angefangen, Jura zu studieren. Ich wusste damals noch nicht so richtig, was ich machen sollte. Und da mein Papa Richter war, hatte ich ein bisschen Druck. Und so habe ich dann gesagt: »Ja, okay, ich mache das.« Ich habe das Jurastudium dann aber schnell wieder aufgehört, weil ich mir dachte: »Entweder ich mache etwas, wo ich mit Leidenschaft dabei bin, oder ich lasse das.« Und für Jura hatte ich keine Leidenschaft. Fürs Tanzen aber umso mehr. Als ich dann nach Deutschland kam zu tanzen, dachte ich mir: »Dann mache ich das komplett. Also ganz oder gar nicht.« Denn halb Anwalt, halb Tänzerin geht nicht. Tanzen verlangt dir alles ab. Da kann man keine halben Sachen machen.

Was war Ihr erster bezahlter Job?

Ich habe in der Schule, mit fünfzehn, in der Pause in der Cafeteria bedient. Ich habe aber auch damals schon Tanzunterricht gegeben.

Wie sind Sie zu Ihrem Job gekommen?

Ich bin mit achtzehn Jahren aus Südafrika nach Deutschland gekommen, um zu tanzen. Viele meiner Tanzkolleginnen sind damals nach England gegangen, denn das war durch das Commonwealth für alle am leichtesten. Ich habe aber meinen damaligen Mann kennengelernt, der in Deutschland wohnte, und dann haben wir ent-

»Wenn es hart auf hart kommt, fragen die Menschen dich: Wer bist du?«

schieden: »Wir probieren es in Deutschland.« Ich bin also der Liebe wegen in Deutschland gelandet.

Hier angekommen, hatte ich nur ein Ziel. Und ich habe dieses Ziel richtig gejagt. Ich wollte unbedingt Deutsche Meisterin werden. Wenn ich schon mal alles riskiere, von Südafrika nach Deutschland komme und mein Jurastudium abbreche, dann muss ich das schaffen. Und zwar so, dass ich damit überleben kann. Für mich war das immer eine Art Überlebensmotivation. Ich wollte nicht nach Südafrika zurückgehen – oder zurückgehen müssen. Ich habe mir da schon richtig Druck gemacht.

Dadurch entstand alles, was ich heute mache. Nachdem ich Deutsche Meisterin war, hat Joachim Llambi mich gefragt, ob ich bei der RTL-Show *Let's Dance* mitmachen möchte. Ich habe erst mal Nein gesagt. Ich wollte das nicht, weil ich ein ganz anderes Ziel hatte. Nämlich tanzen, tanzen, tanzen. Ich wollte überhaupt nicht ins Fernsehen. Ich wollte nie berühmt werden. Aber: Die TV-Show war ein Job, mit dem ich Geld verdienen konnte.

Was braucht man, um Ihren Job besonders gut zu machen?

Man muss authentisch sein. Man darf nichts und niemandem etwas vorspielen. Viele spielen heute, gerade in der Öffentlichkeit, etwas vor. Natürlich bringt dich dein gutes Aussehen kurzfristig voran. Wenn du hübsch und schlank bist, wenn du einen guten Körper hast.

Um aber langfristig dabeizubleiben, muss man das Produkt sein, was man bietet. Man muss authentisch sein. Wenn es irgendwann mal hart auf hart kommt, fragen die Menschen dich: »Wer bist du?«

Ich habe mal Michelle Hunzinger getroffen und ein bisschen kennengelernt. Ich bin ein großer Fan von ihr, weil sie immer genau so ist, wie sie ist. Und deswegen ist sie schon so lange so erfolgreich. Sie spielt einfach niemandem etwas vor.

Was gefällt Ihnen besonders gut an Ihrem Job?

Ich habe in den letzten Jahren ein bisschen mein Talent entdeckt, Menschen zu unterhalten. Auch wenn ich das immer schon, auch als Kind, gemacht habe. Aber ich hatte das nie als Beruf im Kopf. Dass ich mal in der Öffentlichkeit stehen würde, konnte ich mir nicht vorstellen. Aber jetzt mache ich das im Fernsehen. Und es macht mir Spaß. Mir geht's damit auch gut. Ich kann authentisch sein. Ich kann die Motsi sein, die ich wirklich bin. Ich kann mit meinen Gefühlen ehrlich sein. Und das gefällt mir gut.

Was gefällt Ihnen nicht so sehr?

Manchmal werde ich von Menschen beurteilt, die nur eine Facette von mir im Fernsehen kennen. Und oft habe ich das Gefühl, dass ich mich erklären muss. Natürlich bin ich als Jurorin bei *Let's Dance* oft laut, schrill oder emotional. Aber ich habe auch andere Seiten, andere Facetten. Ich bin oft ernst, habe auch traurige Momente. Aber diese sieht man nicht im Fernsehen. Deswegen werde ich oft verurteilt oder beurteilt. Als die Schrille und Laute. Dass ich mich oft erklären oder rechtfertigen muss, gefällt mir nicht. Aber das gehört dazu, wenn man in der Öffentlichkeit steht.

Wie wichtig war in Ihrer Karriere Mut? Sind Sie Risiken eingegangen?

Mut war sehr wichtig für mich, weil ich diesen Schritt von Südafrika nach Deutschland gegangen bin. Gegen den Willen meiner

Eltern. Die wollten, dass ich in der Heimat bleibe und Anwältin werde. In ein komplett fremdes Land zu ziehen, in dem meine Eltern noch niemals waren, das war nicht leicht. Das war natürlich ein Risiko, das mir Mut abverlangt hat. Ich musste zu Hause in Südafrika alles aufgeben. Ich war schon Vizemeisterin im Tanzen. Ich war auf einer der besten Universitäten in Südafrika. Und das habe ich alles aufgegeben. Alles auf eine Karte gesetzt. Auf mein Talent. Und auf eine Zukunft in Deutschland.

Ich wusste natürlich nicht, ob das funktionieren würde. Wie weit ich kommen würde. Aber ich war achtzehn Jahre jung. Wenn du jung bist, denkst du dir: »Wenn es schiefgeht, gehe ich wieder zurück und fange mit 22 wieder an zu studieren.« Auch wenn ich das tatsächlich nie gedacht habe. Denn für mich war immer klar: »Ich ziehe das durch.«

Eigentlich bin ich ein Angsthase. Wenn ich etwas mache, dann ist es immer der große Sprung. Wenn die einen vom Beckenrand oder vom Fünfmeterbrett in den Pool springen, nehme ich das Zehnmeterbrett. Ich springe von ganz oben. Weil ich so Angst habe, vom Fünfer zu springen, gehe ich lieber gleich bis ganz nach oben.

Im normalen Leben bin ich bei allen Entscheidungen megakonservativ und vorsichtig. Ich brauche immer einen Plan. Ich wäge immer ab, was ist gut, was ist schlecht? Bis auf die zwei, drei großen Schritte in meinem Leben, wie von Südafrika in ein fremdes Land zu gehen, waren alle anderen Schritte ganz kleine Minischritte, die ich ganz vorsichtig abgewogen habe.

Als ich von zu Hause ausgezogen und nach Deutschland gekommen bin, hatte ich keine finanzielle Unterstützung mehr. Ich war komplett auf mich allein angewiesen. Ich war in einem fremden Land mit einer fremden Sprache. Ich hatte noch nie allein gelebt. Ich hatte auch noch nie einen Boy-Friend. Und plötzlich lebte ich mit meinem Freund zusammen in einer kleinen gemeinsamen Wohnung in einem fremden Land, und ich habe auch noch mit meinem damaligen Freund getanzt. Das war alles sehr groß und viel auf einmal. Da stand ich dann und habe mich gefragt: »Wie soll ich das jetzt alles machen?« Ich hatte Angst, zu fallen und zu scheitern. Meine größte Angst oder das Schlimmste war für mich, meine Eltern zu enttäuschen.

Dass am Ende alles irgendwie funktioniert hat, merke ich nie. Mir ist das gar nicht bewusst. Für mich geht es immer weiter, immer weiter. Ich bin noch nicht in der Position, in der ich beruhigt sein kann. In der ich sagen kann: »Alles ist gut.« Ich habe gerade erst eine riesengroße Tanzschule eröffnet. Wieder ein Neustart. Wieder etwas Neues. Es geht einfach immer weiter.

Ich bin nicht unzufrieden mit dem, wo ich bin, aber ich frage mich immer: »Wohin geht die Entwicklung? Wohin geht die Reise?« Wenn man stehen bleibt und sich keine Gedanken macht, wie man sich weiterentwickeln kann, ist das sehr gefährlich. Im Leben bewegt sich alles. Und wenn man stehen bleibt, bleibt man zurück. Vielleicht ist es so, dass ich mal ausatme und mich entspanne, wenn ich die erste Million auf meinem Konto sehe. Aber da bin ich noch lange nicht.

Wie wichtig war in Ihrer Karriere Glück?

Ich habe neun Jahre gebraucht, um Deutsche Meisterin zu werden. In diesen neun Jahren habe ich irgendwann gelernt, auch mal

»Was lässt dich von innen leuchten? Was macht dich richtig glücklich?«

loszulassen. Manchmal ist es auch Schicksal. Manchmal ist es nicht in unseren Händen. Ich denke schon, dass man aus seiner Komfortzone rausmuss, um große Dinge zu erreichen. Aber dann ist es auch Schicksal. Entweder es passiert, oder es passiert nicht.

Ob am Ende Glück eine Rolle spielt: Ich weiß es nicht. Ich denke, eine Sache führt zur nächsten. Ich habe zum Beispiel sehr hart für meine Tanzkarriere gearbeitet. Dadurch hat Joachim Llambi mich gefragt, ob ich bei *Let's Dance* mitmachen möchte.

Ich habe mal einen Glücksmoment gehabt, als die ARD mich gefragt hat, mit ihnen zur Fußball-WM nach Südafrika zu fahren. Durch diesen Job bei der ARD hat RTL mich dann gefragt, ob ich mir vorstellen könnte, bei *Let's Dance* in der Jury zu sitzen. Das war Glück, oder vielleicht auch Schicksal. Aber man muss auch hart dafür arbeiten.

Was raten Sie (jungen) Leuten, die vor der Entscheidung stehen: »Was soll ich mal werden?«

Ich glaube, das Wichtigste ist Leidenschaft. Was lässt dich von innen leuchten? Was macht dich richtig glücklich? Wenn du eine Leidenschaft, eine Passion für etwas hast, wenn du hart arbeitest und dir Ziele setzt, dann schaffst du das. Egal wie. Du kannst aus allem dein Beruf machen, solange du dafür brennst und hart dafür arbeitest. Und du musst deinen Job gut machen.

MARTIN RÜTTER
DEUTSCHLANDS BELIEBTESTER HUNDEPROFI
*1970

»Wer mir das Expertensein nicht abkauft, der kann mich mal.«

Ich bin ...

... Das ist mit einem Wort oder Satz kaum zu beantworten. Nach wie vor natürlich Hundetrainer. Aber es sind im Lauf der Jahre viele andere »Berufe« hinzugekommen. Zum einen habe ich ja eigene TV-Formate wie zum Beispiel *Der Hundeprofi*, bin Gast in allen möglichen TV-Formaten, auf die ich Lust habe. Dann bin ich ja seit über zwanzig Jahren mit Live-Programmen auf Tour. Inzwischen haben über zwei Millionen Menschen die Programme live gesehen. Ich moderiere aber auch Veranstaltungen vieler unterschiedlicher Arten. Ich bin Autor von bisher fünfzehn Büchern. Was aber wenige bisher wissen: Ich betreibe inzwischen mehrere Firmen. Mina TV, meine eigene TV-Produktionsfirma. Mina Entertainment, meine Agentur, die Künstler berät, managt und vor allem Tourneen veranstaltet. Mina Training, meine Firma, die Hundetrainer, DOGS Coaches, ausbildet und ein Netzwerk von über hundert Hundeschulen in allen deutschsprachigen Ländern betreibt. Zurzeit leben ca. 220 Menschen von diesem Mikrokosmos um mich herum. Ich glaube, die richtige Antwort auf die Frage »Ihr Beruf heute?« wäre wohl Unternehmer.

Was wollten Sie als Kind oder nach der Schule werden?

Ich war und bin dem Sport ja sehr verbunden. Ich habe mal ganz passabel Fußball gespielt, aber es war mir immer klar, dass es für mehr als ein Hobby niemals reichen würde. Ich wollte deshalb Sportreporter werden und habe immer davon geträumt, das *Aktuelle Sportstudio* zu moderieren oder Fußballspiele live zu kommentieren.

Was haben Sie gelernt?

Ich habe deshalb – siehe oben – tatsächlich an der Deutschen Sporthochschule in Köln Sport mit dem Schwerpunkt Publizistik studiert. Allerdings habe ich das nie abgeschlossen, da die Leidenschaft zu den Hunden und dem Thema »Menschen Hunde zu erklären« einfach zu groß war. Mit anderen Worten: Studium abgebrochen und 1995 mit meiner ersten Hundeschule alles auf eine Karte gesetzt.

Was war Ihr erster bezahlter Job?

Ich habe ja immer mit Fußball ein paar Mark nebenbei verdient. Also, nix Wildes, aber für ein altes Auto und ein paar Urlaube reichte es so eben. Den ersten offiziellen Job hatte ich bei der Firma Sachtleben, einem Chemiewerk in Duisburg-Homberg, wo ich aufgewachsen bin. In den Ferien war dann immer Durcharbeiten angesagt. Das hört sich aber blöder an, als es war. Ich habe dort ne Menge Menschen kennengelernt, die wenig Bildung im klassischen Sinne hatten, aber eine sensationell Straßenschläue. Einige von ihnen haben mir mehr für mein Leben mitgegeben, als ihnen bewusst war.

Wie sind Sie zu Ihrem Job gekommen?

So wie andere Leute neben dem Studium gekellnert haben, habe ich, während meiner Zeit an der Kölner Sporthochschule, Hunde ausgeführt. Ich habe dann quasi mein Theoriewissen – ich hatte bis dahin so an die 200 Hundebücher studiert – an den Leuten ausprobiert. Und da hat sich relativ schnell rumgesprochen, dass, wenn dieser Rütter kommt, der Hund dann irgendwie anders ist. Und so im dritten, vierten Semester war für mich dann klar, ich mach das: Ich eröffne eine Hundeschule. Für meine Eltern war das zunächst natürlich kein schöner Moment (*schmunzelt*). In den Neunzigerjahren war ja der Beruf Hundetrainer nicht so gesellschaftsfähig wie heute. Nach 'ner rosigen Zukunft hörte sich das für niemanden an. Aber ich hätte gar nicht anders gekonnt, als diesen Weg zu gehen, da es einfach sooo sehr in mir steckte und herausmusste.

Ich bin anfangs in kleinen Gasthöfen und Theatern vor drei-, vierhundert Zuschauern aufgetreten. Zu der Zeit war es mir total wichtig, dass die Leute im Kopf haben, das ist kein Pausenclown, der ist Experte. Inzwischen habe ich im Kopf, wer mir das Expertensein nicht abkauft, der kann mich einfach mal. 2008 hatte ich einen Auftritt in Bonn im Brückenforum. Dort saßen Holger Andersen und Meikel Giersemehl von RTL im Publikum. Die kamen danach zu mir und sagten: Das ist so unterhaltsam, wie du Wissen vermittelst, lass uns das eins zu eins abfilmen und bei RTL machen.

Wir finden eine Intromusik und ein Bühnenbild. Und dann habe ich mich kaputtgelacht und gesagt: Ja klar, da machen wir so eine Kunsthecke, da komme ich raus, pinkel in die Hecke und schrei: »Erst mal Revier markieren.« Und die beiden haben mich angekuckt und gesagt: »Ja, so fänden wir das cool.« Und das war genau die Angst, die ich hatte, dass das dann zu klamaukig wird. Sie haben es ein Jahr versucht, kamen immer wieder, und irgendwann haben sie den Satz aller Sätze gesagt: »Wir werden dir inhaltlich nicht reinreden, keiner sagt dir, was du da machen sollst, es soll alles bleiben, wie es ist, und du kannst dir eins zu eins aussuchen, wie das Bühnenbild aussieht.« Und so war es dann, und es war ein Riesensprung. Ist ja klar, viele Leute wussten gar nicht, dass ich so was mache, und ganz schnell sind aus 400 Leuten innerhalb eines Jahres tausend geworden und im nächsten Jahr 2000 Zuschauer. Und dann ging es richtig los. 2010 haben wir angefangen, es groß zu machen.

Was braucht man, um Ihren Job besonders gut zu machen?

In erster Linie brauche ich eine sehr, sehr gute Beobachtungsgabe. Ich glaube, in dem Punkt hat der liebe Gott mir einfach sehr viel mitgegeben. Ich weiß, dass ich viele Dinge nicht gut kann, aber wenn ich eines kann, dann ist es Menschen beobachten und einschätzen.

Um ein guter Hundetrainer zu werden, ist dann natürlich die

Freude am Umgang mit Hunden, aber vor allem mit ihren Menschen nötig. Ich glaube sogar, dass ein guter Hundetrainer in erster Linie Lust auf Menschen haben muss und dass er viel besser verstehen muss, wie Menschen funktionieren, als Hunde. Ich komme ja immer wieder zu Menschen, die seit Jahren, zum Teil seit vielen Jahrzehnten mit glühender Liebe zu ihrem Tier alles geben, aber eben das meiste falsch machen. Und dann bedarf es einer großen Empathie Menschen gegenüber, diese davon zu überzeugen, ihre jahrelang vertrauten, geliebten Abläufe zu verändern.

Was gefällt Ihnen besonders gut an Ihrem Job?

Da gibt es ganz viele Aspekte. Fasziniert hat mich aber von Anfang an diese unglaubliche Abwechslung. Die Menschen- und Hundewelt besteht aus einer derart unerschöpflichen Vielfalt, dass es nie langweilig wird. Und ich mag insgesamt diese Mischung. Ganz gleich, ob ich nun auf der Bühne stehe, im Fernsehen oder auf dem Trainingsplatz bin, ändert sich mein Thema ja nicht – und das heißt Hund. Ich habe damit meinen Traumberuf gefunden, dafür bin ich sehr dankbar. Dann noch Unternehmer sein zu können, das ist für mich das i-Tüpfelchen.

Was gefällt Ihnen nicht so sehr?

Da fällt mir spontan wirklich nichts ein. Wobei, manchmal fällt mir das frühe Aufstehen schwer. Beispielsweise dann, wenn es zu den Dreharbeiten geht. Mein Biorhythmus passt eher dazu, spät am Abend auf der Bühne zu stehen. Ich bin wirklich alles, nur kein Early Bird.

Wie wichtig war in Ihrer Karriere Mut? Sind Sie Risiken eingegangen?

Mut war und ist besonders wichtig. Zum Beispiel als ich mein Studium abgebrochen habe. Ich spürte schon lange davor, dass ich beruflich eigentlich beim Thema Hund zu Hause bin. Diesen Schritt

»Ich war immer zu neugierig auf neue Projekte, um sie nicht auszuprobieren.«

aber zu gehen und umzusatteln, kostete eine große Portion Mut. Irgendwann kam der Schritt, aus einer Hundeschule ein ganzes Netzwerk zu gründen. Ich wurde von Konkurrenten derart scharf angegangen, mir wurden sooo viele Knüppel zwischen die Beine geworfen, die zermürbenden Diskussionen mit Ämtern und Behörden, die oft einfach viel zu schlicht in ihren Denkweisen waren, um zu verstehen, worauf ich hinauswollte.

Dann erforderte auch jede neue Firmengründung Mut. Denn zu Beginn fragt man sich ja immer: »Ist das wirklich richtig?« Es ging mir ja immer mit allen Projekten zuvor gut, sowohl emotional als auch finanziell. Da überlegt man schon, ob man das Risiko zu wachsen eingehen soll. Ich kann es nicht anders beschreiben als: Ich war einfach immer zu neugierig auf neue Projekte, um sie nicht auszuprobieren. Es war sicherlich mutig, aber vor allem neugierig. Ich bin fest davon überzeugt, dass nur neugierige Menschen es schaffen, ihre Komfortzone zu verlassen und an den damit verbundenen Problemen zu wachsen.

Wie wichtig war in Ihrer Karriere Glück?

Das gehört auch dazu, keine Frage. Jeder braucht das Quäntchen Glück an der richtigen Stelle. Aber ehrlich gesagt bin ich fest davon überzeugt, dass Hartnäckigkeit und Penetranz, oder anders gesagt: der absolute Wille, es zu schaffen, die Voraussetzung ist, seinen Weg zu gehen. Ich glaube, dass jeder, der Nummer eins in seinem Beruf wird, nicht derjenige mit dem meisten Glück war, sondern der mit dem meisten Biss.

Was raten Sie (jungen) Leuten, die vor der Entscheidung stehen: »Was soll ich mal werden?«

Probiere dich aus. Man darf nicht glauben, dass der erste Weg, den man geht, sofort der richtige sein muss. Probiere dich also aus und spüre dich. Gehe dann aber mit aller Energie deiner Leidenschaft nach. Egal, wie absurd das alle anderen finden. Wenn es sich für dich richtig anfühlt, dann ist es dein Weg.

DR. SUZANNA RANDALL
DEUTSCHLANDS ERSTE ASTRONAUTIN
*1979

»Man muss nur den Mut haben, zu sagen: ›Ich probiere das jetzt.‹«

Ich bin …

… Astrophysikerin und Astronautin-Trainee.

Was wollten Sie als Kind oder nach der Schule werden?

Ich wollte immer, schon von klein auf, irgendwas mit dem Weltraum machen. Ich kann gar nicht erklären, woher das kam. Weil in meinem Umfeld eigentlich kein Mensch irgendwas mit Weltraum oder Naturwissenschaften gemacht hat. Ich fand als Jugendliche den Sternenhimmel einfach toll. Ich habe mir Bilder von Sternen und Galaxien angeschaut, und ich habe die Weltraumsonde Voyager verfolgt. Dieses Unbekannte und diese Weite haben mich immer schon fasziniert. Wie bei der Serie *Star Trek*, wo gesagt wird: »Galaxien, die nie zuvor ein Mensch gesehen hat.«

Was haben Sie gelernt?

Nach dem Abitur war klar, dass ich versuchen würde, Astronomie zu studieren. Das war für mich die beste Möglichkeit, etwas im Bereich Weltraum zu machen. Denn Astronautin ist kein Job, auf den man wirklich hinarbeiten kann. Mich fragen Mädchen und auch Jungs ganz oft: »Wie wird man denn Astronautin?« Und dann sage ich immer ganz ehrlich, dass Astronautin nichts ist, worauf man seine Karriere oder Berufsplanung auslegen sollte. Es ist einfach zu unwahrscheinlich, dass man Astronautin wird. Es werden eben nicht viele gesucht oder gebraucht. Man sollte also einen sehr guten Plan B haben, mit dem man auch glücklich ist. Bei mir war das eben die Astrophysik. Das habe ich schließlich studiert. Später habe ich promoviert, über pulsierende blaue Unterzwerg-Sterne. Und seitdem bin ich in der Wissenschaft tätig.

Was war Ihr erster bezahlter Job?

Ich habe bei McDonald's gearbeitet. Und ich habe als Jugendliche ganz viel Promotion gemacht. Also bei Events gearbeitet und Flyer verteilt. Ich habe aber auch Nachhilfe in Englisch gegeben. Mein erster »richtiger« Job nach der Doktorarbeit war bei der Europäischen Südsternwarte, wo ich übrigens heute noch bin.

Wie sind Sie zu Ihrem Job gekommen?

Ich habe im Internet gesehen, dass die erste deutsche Astronautin gesucht wird. Und da habe ich gedacht: »Och, bewirbst du dich halt mal.« Astronautin war immer schon ein Kindheitstraum. Und irgendwie bin ich durch dieses Auswahlverfahren mit mehreren Stufen durchgekommen, und ich konnte mich zusammen mit einer zweiten Frau gegen die anderen Bewerberinnen durchsetzen. Es werden nämlich immer zwei für einen Platz ausgebildet; wenn die eine vor dem Start zum Beispiel krankheitsbedingt ausfällt, springt die andere ein. Denn den Start der Rakete kann man leider nicht verschieben. Wobei wir heute noch nicht wissen, ob und wann die Mission überhaupt stattfinden wird, und auch noch nicht, wer von uns beiden fliegen wird. Wir brauchen also eine Portion Geduld und Optimismus.

Was braucht man, um Ihren Job besonders gut zu machen?

Man muss vor allem neugierig sein. Auf der fachlichen Ebene braucht man ein technisches oder naturwissenschaftliches Studium. Man muss sehr gut Englisch sprechen, denn man muss die Leute auf der Raumstation und am Boden verstehen. Sonst wird es schwierig. Von Vorteil sind noch Piloten- und Tauchschein.

Man sollte auch ein bisschen abenteuerlustig sein und nicht nur zu Hause auf der Couch sitzen wollen. Aktivitäten mögen, die ein gewisses Maß an Eigenverantwortung voraussetzen. Auf der psychischen Ebene sollte man recht gelassen sein und mit stressigen Situationen umgehen können. Man sollte gut im Präsentieren sein, weil man auch viel an die Öffentlichkeit geht und zum Beispiel Interviews geben muss. Körperlich muss man nicht Iron Woman sein. Ich werde immer gefragt, wie viel Sport ich denn mache. Klar, ich bin fit und aktiv. Aber ich laufe jetzt keinen Marathon. Man muss gesund sein, das ist das Wichtigste.

Was gefällt Ihnen besonders gut an Ihrem Job?

Mein Job als Astrophysikerin und Astronautin-Trainee ist einfach sehr vielseitig. An einem typischen Tag mache ich Forschung, ich arbeite für unser Teleskop, ich gebe vielleicht ein Interview, und dann lerne ich noch für den Pilotenschein. Mein Alltag ist unglaublich vielfältig, und ich lerne jeden Tag etwas Neues dazu. Eben auch in Bereichen, mit denen ich nicht gerechnet habe. Zum Beispiel für Fotos posieren (*lacht*). Ich lerne auch viel über die deutsche Medienlandschaft und unsere Gesellschaft. Aber auch über mich selbst.

Was gefällt Ihnen nicht so sehr?

Im Moment gefällt mir nicht, dass es zeitlich oft eng ist und ich viel Multitasking machen muss. Ich muss sehr, sehr viele Sachen in einem engen Zeitraum erledigen. Und da habe ich manchmal das Gefühl, dass ich keiner Sache wirklich gerecht werde.

Ich versuche für meinen Arbeitgeber, der mich ja bezahlt, eine so gute Leistung wie möglich zu erbringen. Aber es ist klar, dass ich meine Arbeitszeit drastisch reduzieren musste, um auch Zeit für die Astronautin zu haben. Beim Flugschein lerne ich gerade mal das Minimum, um durchzukommen. Aber teilweise sind die Themen so interessant, dass ich gerne tiefer einsteigen würde. Aber dafür habe ich leider die Zeit nicht. Das ist schade.

Bei mir kommt noch hinzu, dass ich einen Beruf in einer Männerdomäne gewählt habe. Ich merke schon, dass ich mich in reinen Männerrunden als einzige Frau stärker behaupten muss. Ich muss manchmal die Zicke geben, um überhaupt gehört zu werden. Das gefällt mir nicht, aber man passt sich eben an.

Und es ist ein zweischneidiges Schwert. Denn als Frau hat man auch Vorteile. Bei meiner Arbeit in Chile am Teleskop, wo überwiegend Männer sind, falle ich als Frau natürlich auf. Und jeder weiß sofort: »Ah, das ist die, die macht dies und das.« Ich habe das so empfunden, dass alle extrem hilfsbereit sind. Es hat also auch Vorteile, dass man als Frau manchmal eine Exotin ist.

»Ich muss in Männerrunden manchmal die Zicke geben, um gehört zu werden.«

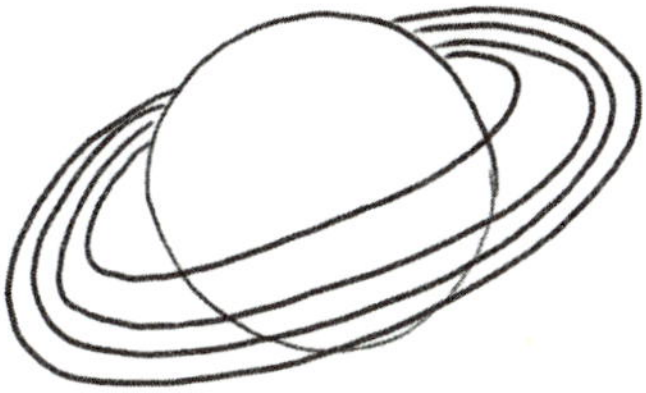

In meiner Astronomie-Karriere habe ich eigentlich sehr selten offenen Sexismus erlebt. Da kamen, als ich Studentin war, ab und an ein paar Sprüche, weil die Leute geglaubt haben, ich sei die Sekretärin. Denn ich war die einzige weibliche Doktorandin. Aber jetzt in meiner Rolle als Astronautin merke ich immer wieder, wie tief diese Vorurteile in der Gesellschaft sitzen. Nach dem Motto, als Frau solle man sich lieber um die Familie kümmern, als in den Weltraum zu fliegen. Und wenn ich mit jungen Frauen und Mädchen spreche, merke ich, wie sehr wir noch daran arbeiten müssen, dass in der Gesellschaft eine Gleichberechtigung erreicht wird.

Wie wichtig war in Ihrer Karriere Mut? Sind Sie Risiken eingegangen?

Bei der Astronautinnen-Bewerbung und -Auswahl wird schon darauf geschaut, dass man ein gewisses Maß an Mut mitbringt. Es geht nicht darum, dass man sich die ganze Zeit aus Flugzeugen stürzt oder so etwas. Das wird vielleicht sogar eher negativ gewertet. Aber eine gewisse Risikobereitschaft in einem angemessenen Rahmen ist wichtig.

Ich werde oft gefragt, ob ich keine Angst hätte. Und dann sage ich: »Ja klar habe ich auch Angst.« Mir ist schon bewusst, dass da viel schiefgehen kann. Es ist natürlich mehr risikobehaftet, in den Weltraum zu fliegen, als in ein Flugzeug zu steigen und zum Beispiel nach Hamburg zu fliegen. Aber ich wäge dieses Risiko sehr genau ab. Und für mich sage ich: Dieses Risiko lohnt sich. Denn ich weiß, was ich dafür zurückbekomme. Nämlich die Möglichkeit, als Astronautin ins Weltall zu fliegen.

Ansonsten waren die Risiken, die ich bis jetzt eingegangen bin, meist überschaubar. Es war bei meinen beruflichen Entscheidungen nie so, dass ich auf der Straße gelandet wäre, wenn etwas schiefgegangen wäre. Aber: Ich bin zum Bespiel nicht in meiner Heimatstadt geblieben, sondern ganz bewusst nach London gegangen, um dort zu studieren. Meine Bedenken waren vor allem: »Wie werde ich mich zurechtfinden? Werde ich Freunde finden? Wie wird das alles laufen?« Später bin ich nach Montreal, Kanada, an eine französischsprachige Uni gegangen. Ich hätte es mir sicher leichter machen können, ja. Aber das einzige Risiko war, dass ich scheitere. Dass ich nichts verstehe, dass ich allein da rumsitze. Während meiner Doktorarbeit war ich kurz davor zu sagen: »Ich habe keine Lust mehr. Ich kriege das nicht mehr hin. Ich bin hier in Montreal ganz allein, es ist minus vierzig Grad kalt.« Aber da muss man sich dann überlegen, ob man aufhört oder ob es sich lohnt, sich durchzubeißen. Ich habe damals ganz klar Ja gesagt, »es lohnt sich«.

Wie wichtig war in Ihrer Karriere Glück?

Glück hat auf jeden Fall eine große Rolle gespielt. Ganz klar. Ich bin kein Fan davon, zu sagen: »Ich plane meine Karriere nach XYZ, und so muss es laufen.« Ich denke, Glück ist wichtig – gepaart mit der Bereitschaft, das Glück am Schopf zu packen.

Nach Montreal zu gehen und dort meine Doktorarbeit zu

schreiben, kam aus einer Laune heraus. Ich habe, während ich meine Masterarbeit geschrieben habe, immer wieder einen Namen gelesen: Gilles Fontaine. Und ich dachte mir: »Ah, der schreibt aber ganz schön viele coole Artikel. Das gefällt mir, was er macht. Ich schreibe ihn einfach mal an.« Das war wirklich nur ein Impuls, aus einer Laune heraus. Ich habe ihm geschrieben und ihn gefragt, ob er nicht eine Doktorandin braucht. Denn was hatte ich zu verlieren? Das Schlimmste hätte sein können, dass er nicht antwortet oder dass er Nein sagt. Ich hatte aber einfach das Glück, dass das Timing gepasst hat und dass dieser Mensch sehr offen war. Denn er hat mir geantwortet und geschrieben: »Ja klar, warum nicht.«

Das war sicher Glück, dass das geklappt hat, gepaart mit meiner Risikobereitschaft, zu sagen: »Ich mache das jetzt, ich ziehe da einfach mal hin.« Denn ich war damals noch nie in Nordamerika gewesen. Glück spielt also sicher immer eine Rolle. Aber man muss es dann eben auch packen.

Was raten Sie (jungen) Leuten, die vor der Entscheidung stehen: »Was soll ich mal werden?«

Oh, das ist echt schwierig. Ich war ja auch in der Situation. Aber das Problem ist, dass wir heute einfach so viele Möglichkeiten haben. Es wird vor allem durch die Medien suggeriert: »Du kannst alles machen, du kannst alles werden.« Sich dabei für eines festzulegen und sich zu entscheiden ist fast unmöglich. Ich würde aber sagen, wenn dich etwas interessiert und du die Gelegenheit bekommst, etwas zu tun, was dir gefällt, dann probiere es aus. Heute legt man sich ja nicht mehr für das ganze Leben fest. Man wird nicht mehr Schreiner und muss das dann bis zur Rente durchziehen. Heutzutage ist man viel flexibler. Man muss nur den Mut haben, zu sagen: »Ich probiere das jetzt, wenn es mich anspricht und interessiert.« Wenn ich dann aber merke, das war es doch nicht, muss man den Mut haben, zu sagen: »Okay, das ist jetzt doch nicht meins.« Aber dann probiert man eben das Nächste aus.

JULIEN BAM
DEUTSCHLANDS ERFOLGREICHSTER YOUTUBER
*1988

»Egal was du machst, mach es jetzt, sonst macht es jemand anders.«

Ich bin ...

... Webvideoproduzent und Inhaber einer Produktionsfirma.

Was wollten Sie als Kind oder nach der Schule werden?

Webdesigner oder gefragter Tänzer.

Was haben Sie gelernt?

Kommunikationsdesign, das meiste aber autodidaktisch.

Was war Ihr erster bezahlter Job?

Da habe ich für einen Rapper ein Video in einem Club gefilmt und geschnitten. Meine Gage waren hundert Euro.

Wie sind Sie zu Ihrem Job gekommen?

Ich habe einfach 2012 mein erstes Video auf YouTube hochgeladen. Dann hat die Reise begonnen.

Was braucht man, um Ihren Job besonders gut zu machen?

Ausdauer und Disziplin, das Ablegen des eigenen Perfektionismus.

Was gefällt Ihnen besonders gut an Ihrem Job?

Jeder Tag ist unvorhersehbar.

Was gefällt Ihnen nicht so sehr?

Jeder Tag ist unvorhersehbar.

Wie wichtig war in Ihrer Karriere Mut? Sind Sie Risiken eingegangen?

Den ersten Schritt zu wagen und mit seinem persönlichen Werk an die Öffentlichkeit zu gehen, erforderte Mut. Sowohl damals als auch heute, jede Woche.

Wie wichtig war in Ihrer Karriere Glück?

No luck, just hard work.

Was raten Sie (jungen) Leuten, die vor der Entscheidung stehen: »Was soll ich mal werden?«

Egal was du machst, mach es jetzt, sonst macht es jemand anders.

ZEINA NASSAR
ALS ERSTE FRAU STIEG SIE
MIT KOPFTUCH IN DEN BOXRING.
HEUTE IST SIE DEUTSCHE MEISTERIN
*1998

»Fighting is not about winning or losing. It's about learning.«

Ich bin ...

... Sportlerin, Studentin und Schauspielerin. Heute wende ich am meisten Zeit für meinen Sport, das Boxen, auf, studiere Soziologie und Erziehungswissenschaften in Potsdam und spiele aus Leidenschaft am Maxim Gorki Theater.

GORKI
maxim gorki theater

Was wollten Sie als Kind oder nach der Schule werden?

Ich habe am liebsten immer gemacht, was ich wollte, das war damals schon Musik, Theater und Sport. Diese Richtung habe ich nie aus den Augen verloren und mich, solange es ging, in allen Bereichen weiterentwickelt.

Was haben Sie gelernt?

(*Lacht*) Ich habe gelernt zu studieren, und ich studiere immer noch im sechsten Semester Soziologie und Erziehungswissenschaften in Potsdam. Bin aber auch erst 21.

Was war Ihr erster bezahlter Job?

Das erste Mal habe ich als Schiedsrichterin im Basketball Geld verdient. Nachdem ich auch selber gespielt habe, habe ich mich dort auch als Schiedsrichterin ausprobiert.

Wie sind Sie zu Ihrem Job gekommen?

Ich war eigentlich immer schon extrem sportbegeistert. Als Kind war ich immer draußen und habe Fußball gespielt. In der Schule habe ich dann mit einer Freundin mal ganz zufällig Videos gesehen, von Mädchen und Frauen, die geboxt haben. Das hat mich damals extrem inspiriert, weil ich das überhaupt nicht kannte. Ich dachte damals, dass Boxen nur etwas für Männer ist. Als ich das erste Mal dann im Boxstudio war und als ich meine Trainerin kennengelernt habe, hatte ich sofort ein gutes Gefühl. Ich konnte mich so richtig auspowern. Das hat mir gefallen.

Nachdem dann ein wenig Zeit vergangen war, hat meine Trainerin gesagt: »Jetzt bist du bereit, an Wettkämpfen teilzunehmen.« Aber das kam für mich am Anfang überhaupt nicht infrage. Mir ging es nur darum, zu trainieren, etwas Neues auszuprobieren, Spaß zu haben. An Wettkämpfe habe ich überhaupt nicht gedacht. Eine

»Eigentlich leben wir heute in einer Zeit, in der alles möglich sein sollte.«

Hürde war, dass erst mal die Wettkampfbestimmungen geändert werden mussten, weil ich Kopftuch trage. Das ging damals nicht, mit Kopftuch boxen. Aber da hat sich dann meine Trainerin drum gekümmert, und kurze Zeit später wurden die Regeln in Deutschland tatsächlich geändert.

Was braucht man, um Ihren Job besonders gut zu machen?

Man braucht sicher Respekt und Disziplin, Motivation und Ausdauer. Außerdem viel Ehrgeiz, Eigenmotivation und auch Mut, sich im Sparring zu stellen. Und man braucht Durchhalte- und Durchsetzungsvermögen, Leidenschaft und Menschen um dich herum, die dich unterstützen. Es ist sicher gut, wenn man seine Emotionen nicht zeigen kann. Das verwirrt die Gegner. Und man muss sich vor allem fokussieren, also auf eine Sache konzentrieren können.

Was gefällt Ihnen besonders gut an Ihrem Job?

Wenn ich nicht mehr kann oder mich frage, warum ich das eigentlich alles mache, dann fällt mir wieder auf, dass ich liebe, was ich tue. Auch wenn es ein großer zeitlicher Aufwand ist, kann ich nicht mehr ohne den Stress.

Boxen ist auf das Leben übertragbar. Es geht im Boxen nicht darum, im Kampf zu gewinnen oder zu verlieren. Es geht auch um das Leben. Zum Beispiel darum, dass man im normalen Leben lernt, mit Niederlagen umzugehen. Dass man ständig dazulernt. Und sich weiterentwickelt. Das bietet mir der Sport. Und so ist auch das Leben. Mein Lieblingsspruch heißt: »Fighting is not about winning or losing. It's about learning.«

Boxen spielt für mich im Alltag eine ganz große Rolle. Ich fühle mich einfach stärker. Ich kann mich selbst verteidigen. Ich habe ein stärkeres Selbstbewusstsein.

Ich freue mich aber auch, dass ich durch meinen Sport Vorurteile bekämpfen kann. Dass ich ganz viele junge Mädchen und Jugendliche motivieren kann, für ihre Ziele einzustehen. Dass ich ihnen Mut machen kann, sich einfach mal auszuprobieren.

Was gefällt Ihnen nicht so sehr?

Kann ich gar nicht sagen. Vielleicht, dass ich nachts nicht schlafen kann, weil ich immer so aufgewühlt bin.

Wie wichtig war in Ihrer Karriere Mut? Sind Sie Risiken eingegangen?

Mut oder Ehrgeiz sind ausschlaggebend gewesen. Ich bin als Mädchen in einen Boxverein gegangen und musste meine Eltern erst einmal davon überzeugen. Eigentlich leben wir heute in einer Zeit, in der alles möglich sein sollte. Und dafür muss man sich manchmal einsetzen. Um Dinge in der Gesellschaft zu verändern.

Jetzt hat die International Boxing Association (AIBA), der Weltverband des Olympischen Boxsports, auch beschlossen, dass Frauen international mit Kopftuch boxen dürfen. Das war unser Ziel. Und wir haben es geschafft. Vielleicht gehörte ein bisschen Mut dazu. Aber für mich war klar: Ich habe einen Traum. Und den möchte ich leben.

Wie wichtig war in Ihrer Karriere Glück?

Ich denke, Glück kommt nicht von ganz allein. Dahinter steht viel Arbeit und ein gutes Umfeld. Wenn man durch Leistung auffällt, spricht sich das herum. Dass ich aber so früh meine Trainerin gefunden habe, war sicher ein großes Glück. Aber vielleicht sollte es am Ende auch alles so sein.

Was raten Sie (jungen) Leuten, die vor der Entscheidung stehen: »Was soll ich mal werden?«

Einfach machen! Fangt an, euch zu begeistern, und sucht euren Weg. Ich kann Jugendliche nur dazu ermuntern, das zu machen, worauf sie Lust haben. Das zu tun, wovon sie träumen. Ich sage immer: »Wenn du ein Ziel hast, tue alles dafür, dass du es erreichen kannst. Auch dann, wenn dir alle sagen, du schaffst das nicht. Probiere es. Tue alles, um deinen Traum zu verwirklichen. Dream crazy!«

JÜRGEN MILSKI
VOM FEINBLECHNER IN DEN CONTAINER
UND HEUTE EINER DER ERFOLGREICHSTEN
PARTY-SCHLAGERSÄNGER
*1963

»Wenn du ein Arschloch gewesen bist, sehen dich alle gerne ganz tief fallen.«

Ich bin ...

... Pausenclown. Oder auch Partyschlagersänger, Moderator oder Entertainer. Ich nehme das alles nicht so ernst, was ich mache. Ich kann auch diese Medien- und Musikwelt überhaupt nicht ernst nehmen. Für mich ist das eine große Kirmes, ein großes Kasperletheater. Und ich spiele das Spiel nach meinen Regeln mit.

Was wollten Sie als Kind oder nach der Schule werden?

Ich wollte Fußballprofi werden. Als ich ganz klein war, war ich großer Fan von Borussia Mönchengladbach. Bin danach aber Bayern-Fan geworden. Weil mich so Typen wie Uli Hoeneß total faszinieren. Ich habe das immer verfolgt, was der als 27-jähriger Manager von Bayern München gemacht hat. Solche Menschen wie Hoeneß bewundere ich. Er war ja Quereinsteiger. Ist Manager geworden mit 27, weil er als Fußballer verletzt war und nicht mehr spielen konnte. Und dann legt der so einen Job hin. Ich bewundere diesen Menschen so unglaublich. Und deswegen bin ich irgendwann mal Bayern-Fan geworden.

Ich wollte also mal Fußballprofi werden. Bin als Kind schon im Verein gewesen. Ich bin dann sogar mal eingeladen worden beim FC Kaiserslautern und bei Borussia Mönchengladbach zum Profitraining. Aber um Profi zu werden, war ich doch zu schwach.

Was haben Sie gelernt?

Ich war Feinblechner bei Ford. Viele schreiben immer »vom Fließbandarbeiter zum Millionär«. Aber das stimmt nicht. Ich habe nie am Fließband gearbeitet. Ich war beim Prototypenbau. Wie meine ganze Familie. Meine beiden Brüder waren da, und mein Vater war auch schon da.

Was war Ihr erster bezahlter Job?

Wir haben als Kinder Zeitungspapier gesammelt, und das haben wir dann einem Altpapierhändler verkauft. Da waren wir fünf oder sechs Jahre alt. Danach habe ich als Flaschensammler mein Geld verdient. Ich bin als Kind in einer Siedlung groß geworden, die damals gerade aus dem Boden gestampft wurde. Als Kinder sind wir über die Baustellen und haben die leeren Bierflaschen gesammelt und dann das Pfand dafür geholt. Das war eigentlich mein erstes »selbst verdientes« Geld.

Wie sind Sie zu Ihrem Job gekommen?

Ich saß auf der Toilette bei Ford und habe in der *Bild*-Zeitung gelesen, dass es im Jahr 2000 ein Fernsehformat geben wird, das *Big Brother* heißen soll. Dass da zehn Menschen über drei Monate in einem Haus eingesperrt und rund um die Uhr beobachtet werden sollen. Ich habe mir nur gedacht: »Was ist das für eine kranker Müll? Was für Kriterien müssen die Leute erfüllen, die da genommen werden?!« Und aus diesem Grund habe ich mich damals dafür beworben. Mich hat eigentlich nur das Casting interessiert.

Man musste damals bei dem Auswahlverfahren sieben Runden überstehen. Die Produktionsfirma hat immer wieder bei mir angerufen:
»Du bist eine Runde weiter.« – »Du bist eine Runde weiter.« Das ging über Wochen. Und irgendwann habe ich den Anruf bekommen: »Du bist dabei.« Da habe ich gesagt: »Nee, ich will gar nicht dabei sein, mich hat nur das Casting interessiert.« Letztendlich habe ich mich überreden lassen und habe doch an *Big Brother* teilgenommen. Und daraus ist *alles* danach entstanden.

Was braucht man, um Ihren Job besonders gut zu machen?

Viele stellen immer die Frage, warum ist aus mir was geworden und aus den anderen Kandidaten der ersten *Big-Brother*-Staffel nichts. Denn wir alle hatten ja am Ende den gleichen Aufmerksamkeitsgrad. Man muss einfach sehr, sehr diszipliniert sein. Man muss pünktlich sein. Man muss bodenständig sein. Und man darf nie den Boden unter den Füßen verlieren. Das habe ich bei so vielen Kollegen und bei so vielen in der Medienlandschaft gesehen. Dass Menschen, die nur zweimal ihre Fratze vor eine Fernsehkamera gehalten haben, »Weltstars« waren. Alle Menschen, die du auf dem Weg nach oben triffst, die siehst du auf dem Weg nach unten auch wieder. Wenn du ein Arschloch gewesen bist, dann sehen die dich gerne ganz tief fallen. Aber wenn du zu jedem nett und freundlich gewesen bist, sagt der eine oder andere auch mal: »Hey, wir machen mal wieder was mit dir. Du warst immer nett, immer freundlich. Bist ein toller Typ.« Und ich glaube, das ist ganz, ganz wichtig in der Medienwelt.

Was gefällt Ihnen besonders gut an Ihrem Job?

Mir gefällt, dass ich das machen kann, was ich will. Ich bin Gott sei Dank mittlerweile in der finanziellen Lage, auch gut bezahlte Jobs abzusagen, wenn sie mir keinen Spaß machen. Diese Freiheit, die ich habe, das machen zu können, worauf ich Bock habe, das gefällt mir.

Was gefällt Ihnen nicht so sehr?

Ich trete jetzt schon seit achtzehn Jahren am Ballermann auf Mallorca auf. Die Auftritte sind immer nachts um halb drei. Privat bin ich überhaupt kein Nachtmensch. Ich gehe wahnsinnig gerne früh ins Bett. Ich stehe total gerne früh auf. Insofern gefallen mir die Uhrzeiten meiner Auftritte auf Mallorca leider nicht.

Wie wichtig war in Ihrer Karriere Mut? Sind Sie Risiken eingegangen?

Ich habe das unglaubliche Glück gehabt, für eine große Firma zu arbeiten, nämlich bei Ford. Ich konnte mich also erst mal im Mediengeschäft ausprobieren. Ich bin zu meinem Chef gegangen und habe gesagt: »Du, hör mal, ich würde da mal gerne was in der Medienlandschaft machen und mich als Sänger ausprobieren. Könnt ihr mich nicht für ein Jahr beurlauben?« Ich habe also immer die Möglichkeit gehabt, in meinen Job zurückzugehen. Ich war nie erpressbar. Wenn mir irgendwas nicht gepasst hätte, hätte ich gesagt: »Leck mich am Arsch. Ich gehe wieder in meinen Job als Feinblechner zurück.«

Das konnte ich fünf Jahre lang machen. Ich habe immer wie-

»Ich habe das unglaubliche Glück gehabt, für eine große Firma zu arbeiten, nämlich bei Ford. Ich konnte mich also erst mal im Mediengeschäft ausprobieren.«

der neu gefragt: »Hör mal, könnt ihr mich noch mal für ein Jahr beurlauben? Es läuft gerade gut.« Das hat mein Arbeitgeber fünf Jahre lang gemacht. Und das hat mir immer diese Lockerheit bei allem gelassen. Da bin ich den Ford-Werken heute immer noch sehr dankbar für. Das war ein ganz großer Vorteil für mich. Weil ich immer wieder wusste: »Wenn es zu Ende ist, dann habe ich eine schöne Zeit erlebt, dann habe ich viel Geld verdient, und jetzt gehe ich wieder ganz normal in meinen Job zurück.« Das war das Positivste an der ganzen Sache.

Wenn ich darüber nachdenke, ob bei *Big Brother* mitzumachen mutig war, dann muss ich zurückblickend sagen, dass ich mir gar nicht bewusst war, was das für Ausmaße annehmen könnte oder würde und am Ende angenommen hat. Keiner von der ersten Staffel hätte je gedacht, dass das solche Ausmaße annimmt. Und ich war ja einer von denjenigen, die aus dem Haus rausgekommen sind und gesagt haben: »Um Himmels willen. Das ist mir alles viel zu viel. Ich möchte in mein ganz normales Leben zurück.« Ich bin ja direkt nach *Big Brother* erst mal wieder arbeiten gegangen, an meinen alten Arbeitsplatz. Weil da die Menschen waren, die mich auch vorher kannten. Für die war ich nicht der gehypte »Superstar Jürgen aus dem Fernsehen«. Für die war ich der ganz normale Arbeitskollege. Ich wollte in diese Normalität zurück. Das habe ich dann drei Monate gemacht. Das war finanziell sicher nicht zu klug. Aber das hat mich in dem Moment nicht interessiert. Aber für mein Seelenleben war es das Beste, was ich machen konnte. Und diesem Schritt habe ich zu verdanken, dass ich heute noch, nach so langer Zeit, im Geschäft bin. Ich konnte das alles erst mal sacken lassen und von außen beobachten. Ich konnte lernen, mit der Popularität und dem Bekanntheitsgrad umzugehen. Und nach diesen drei Monaten kam ich mit der Situation besser klar. Erst danach habe ich bei der Produktionsfirma angerufen und gesagt: »Hey, ich will jetzt doch was machen.« Das war dann der Startschuss.

Wie wichtig war in Ihrer Karriere Glück?

Ich bin jemand, der vom Glück gesegnet ist. Aber mein Vater hat schon immer gesagt: »Glück haben nur die Tüchtigen.« Ich bin ein sehr tüchtiger, fleißiger und disziplinierter Mensch. Und deswegen habe ich auch eine Menge Glück gehabt. Ich hab zum Beispiel das Glück gehabt, am Anfang meiner Karriere einen super Produzenten kennenzulernen, mit dem ich heute noch zusammenarbeite. Ich glaube aber auch daran: Glück muss man sich erarbeiten.

Was raten Sie (jungen) Leuten, die vor der Entscheidung stehen: »Was soll ich mal werden?«

Man soll eigentlich immer seinem Herzen folgen. Es nützt ja nichts, seiner Vernunft zu folgen und einen Beruf zu machen, nur weil es vernünftig ist. Ich glaube, da wirst du auf lange Sicht nicht glücklich. Du musst einfach das machen, wozu du Lust hast. Und irgendwann merkst du: »Hast du damit Erfolg? Macht es dir Spaß?« Und wenn du keinen Erfolg hast, kannst du immer noch rückwirkend sagen: »Ich habe es aber ausprobiert!« Wenn du das nicht machst, wirst du in deinem späteren Leben immer sagen: »Hätte ich nur.« Und das tut dann am meisten weh.

RENA ACHTEN
EINE VON NUR ZWEI KAPITÄNINNEN
AUF DER A380-FLOTTE DER LUFTHANSA
*1963

»Es macht mir Freude, die Stimmung an Bord mitzugestalten.«

Ich bin ...

... Kommandantin oder auch Captain und fliege den Airbus A380 durch die Welt. Dabei führe ich als Verantwortliche ein Team von 23 Leuten, das jedes Mal neu zusammengestellt wird.

Was wollten Sie als Kind oder nach der Schule werden?

Als Jugendliche dachte ich an Psychologie und Medizin oder Jura. Ohne genaue Inspiration wusste ich, dass ich gern mit Menschen zu tun haben wollte, idealerweise auch mit Sprachen, vielleicht aber auch Naturwissenschaften. Ein Besuch beim Arbeitsamt brachte keine Erhellung.

Was haben Sie gelernt?

Vor meiner Arbeit als Flugbegleiterin habe ich ein Studium auf Magister in Englisch, Spanisch und Psychologie begonnen. Während meiner gesamten Zeit als Pilotin habe ich immer wieder Ausbildungen gemacht, weil mich auch andere Bereiche faszinieren. So bin ich Gesundheitsberaterin nach GGB-Lahnstein, Trainerin für das Critical Incident Stress Management (CISM), wofür ich auch seit zwanzig Jahren ehrenamtlich koordiniere. Hierbei handelt es sich um ein Vertrauensteam, das eine Form von psychosozialer Betreuung ausübt für Kollegen nach belastenden Ereignissen im fliegerischen Zusammenhang. Eine Art Ersthelfer nach potentiell traumatisierenden Erlebnissen. Dazu schule ich als CRM-Trainerin (Crew Resource Management) Besatzungen anderer Airlines und Ärzte sowie Pflegepersonal in der Weiterbildung. Hier übertragen wir die Sicherheitsprinzipien der Luftfahrt auf den klinischen Alltag.

Was war Ihr erster bezahlter Job?

Als Jugendliche Nachhilfe geben, Prospekte austragen, beim Bäcker Pfännchen schrubben, für das Allensbach Institut Umfragen durchführen, Kartoffeln lesen, Erdbeeren pflücken. Nach der Schule für ein paar Monate bei der Akzo-Gruppe in der Nachzwirnerei am Fließband. Falls das nicht gemeint sein sollte (*schmunzelt*), so war der erste auf gewisse Dauer angelegte »Job« beziehungsweise Beruf der der Flugbegleiterin von 1984 bis 1988.

Wie sind Sie zu Ihrem Job gekommen?

Mein Vater war als Zeitsoldat bei der Bundeswehr an Fliegerhorsten beschäftigt, allerdings am Boden. Ich fand die Technik faszinierend und war voller Vertrauen darin. Ein Magisterstudium brach ich schnell ab, weil es angeblich keine Zukunftsaussichten hatte. Also bewarb ich mich als Flugbegleiterin, um ein wenig in das Leben hineinzuschnuppern, bis mir etwas einfiel, das meine anderen Kompetenzen auch fordern würde. 1986 wurden dann die ersten beiden Frauen zur Fliegerschule zugelassen, und inzwischen hatte ich viel ins Cockpit geschnuppert, Fragen gestellt und fand die Verbindung von Handwerk, Technik, Sprachkenntnissen, Teamwork, Kommunikation und Menschenführung spannend.

Was braucht man, um Ihren Job besonders gut zu machen?

Räumliches Vorstellungsvermögen, Hand-Auge-Koordination beziehungsweise Psychomotorik, Mehrfachbelastbarkeit, mathematisch-technisches Verständnis, Kommunikation, Teamfähigkeit, Führungsfähigkeit, Resilienz und eine gute Gesundheit. Dazu die soziale Kompetenz, Beziehungspflege auch über räumliche und zeitliche Distanz auszuüben, und die Bereitschaft, sich immer wieder neu auf den Prüfstand stellen zu lassen.

Was gefällt Ihnen besonders gut an Ihrem Job?

Ich habe auf der Kurzstrecke sehr lange sehr gerne mit kleinen Teams gearbeitet und meine Gäste »betreut«. Zum Ende meiner fliegerischen Laufbahn bin ich doch noch mal auf die Langstrecke gewechselt und habe erstaunlich viel Freude an den großen Teams und dem Unternehmen Langstreckenflug. Auf einem Flug erwirtschaften wir oft den Jahresumsatz eines kleinen mittelständischen Unternehmens, und das funktioniert nur in einer konzertierten Aktion. Ich liebe es, verschiedene Handlungsstränge zu verfolgen und auftretende Herausforderungen zu bewältigen. Es macht mir Freude, zu führen und die Stimmung an Bord mitzugestalten. Natürlich ist das reine fliegerische Handwerk eine wunderbare Aufgabe, und so ganz nebenbei lerne ich zumindest ansatzweise die Welt kennen und verschiedene Kulturen.

Was gefällt Ihnen nicht so sehr?

Ich könnte gut und gerne auf die eine oder andere schlaflose Nacht verzichten und etwas mehr schlafen.

Wie wichtig war in Ihrer Karriere Mut? Sind Sie Risiken eingegangen?

Mut definiere ich als die Annahme von Herausforderungen trotz einer Angst davor. Ohne diesen Faktor wäre es kein Mut, sondern Ausdauer oder Stärke. Ich brauchte ein wenig Mut, um mich als Flugbegleiterin und nach einigen Jahren außerhalb des Lerngeschehens um die Aufnahme in die Fliegerschule zu bewerben. Und später benötigte ich wieder Mut, um in einer Männerdomäne gegen fremde – noch viel stärker eigene – Programmierungen des Unterbewusstseins über die Rolle als Frau in der Gesellschaft meine persönliche Note zu finden.

Ich habe einen damals gut bezahlten Job verlassen und ohne Unterstützung meine Ausbildung selber finanziert. Das bedeutete einen großen Umschwung; einen Aufbruch ins unbekannte Abenteuer. Den plane ich auch jetzt wieder. Es soll auch noch ein Leben nach der Fliegerei geben, in dem ich meine anderen Kompetenzen noch weiterentwickeln möchte.

Ein Teil meines Charakters ist sicher auch Starrsinnigkeit, dieses Gefühl von »jetzt erst recht«. Früher hatte ich Angst, vor größeren Gruppen zu sprechen, und habe die Herausforderung daher gesucht. Nach einem Motorradunfall bin ich sofort wieder auf das Motorrad gestiegen, um die aufkeimende Angst loszulassen.

Wie wichtig war in Ihrer Karriere Glück?

Glück und Zufall sind nach meinem Verständnis Einstellungssache. Wenn ich offen bleibe für Neues und Fremdartiges, Lust an der Weiterentwicklung habe, auch Freude an Veränderung und daran, über den eigenen Schatten springen zu lernen (neudeutsch sagt man so schön, sich aus der Komfortzone herauszuwagen), begegnen einem die erstaunlichsten Wunder, und das Leben offenbart viele glückliche Wendungen.

Was raten Sie (jungen) Leuten, die vor der Entscheidung stehen: »Was soll ich mal werden?«

Ich finde es wichtig, sich von der scheinbaren Endgültigkeit einer Berufswahl nicht einschüchtern zu lassen. Letztlich sagt der Beruf nicht immer etwas über den Menschen aus, der ihn ausübt. Für manche Menschen gibt es abwechslungsreiche Pfade oder Laufbahnen. Man kann sich einfach an einer Sache ausprobieren und mit etwas Mut oder wachsender Selbstkenntnis auch die Laufbahn wechseln. Solange das, was ich tue, mir Spaß macht, ist das Leben schön, und ich bin mit ihm im Einklang. Angst vor Veränderung ist ein Faktor, der viele Menschen in einer Situation festhält, die nicht erfüllend ist, oder sie eine Chance verstreichen lässt, die es sein könnte.

TITUS DITTMANN
VATER DER DEUTSCHEN SKATBOARDSZENE.
DER PIONIER,QUERDENKER, MUTMACHER
UND GRENZGÄNGER BRENNT SEIT VIERZIG JAHREN
FÜR DAS SKATEBOARDING
*1948

»Man muss immer ein Mal mehr aufstehen, als man hingefallen ist.«

Ich bin ...

... stolze 71 Jahre alt, Social Entrepreneur und an der Uni Münster Lehrbeauftragter für Skateboarding. Ich bin Spezialist für pubertierende Rotzlöffel in Sachen Persönlichkeitsbildung. Der Slogan von »skate-aid«, der gemeinnützigen Organisation, die ich gegründet habe, ist: »Wir machen Kinder stark«. Als Werkzeug dafür habe ich die Skateboard-Jugendkultur entdeckt, die ich als ästhetische Gesinnungsgenossenschaft sehe.

skat

Was wollten Sie als Kind oder nach der Schule werden?

Achtzehn! (*lacht*) Weil man mit achtzehn endlich den Führerschein machen konnte.

Ich habe, wenn ich ehrlich bin, nie klassische Pläne oder Berufswünsche gehabt. Heute weiß ich, dass ich auch als Kind schon ADHS hatte. Früher, in den Fünfzigern, war man als Kind damit einfach nur ein Zappelphilipp und kriegte eins in die Fresse. Oder man wurde vor die Klasse gestellt, und den Mitschülern wurde gesagt: »Wenn aus euch im Leben nichts werden soll, dann müsst ihr nur so sein wie der Titus.«

Ich war als Kind das abschreckende Beispiel, obwohl ich alles gegeben habe, um den Erwachsenen zu gefallen. Das hat mich geprägt. Wenn alle Erwachsenen einen als Kind für einen Loser halten, weil man hyperaktiv und nicht normierbar ist – und unsere Schule ist eine Normierungsanstalt durch fremdbestimmtes Lernen –, dann ist man eigentlich »draußen«. Dann ist man isoliert. Mir wurde als Kind immer gesagt: »Halt den Mund, wenn die Erwachsenen reden« oder »Werde doch erst mal groß«. Deswegen habe ich mich als Kind von der Erwachsenenwelt ferngehalten und habe Erwachsene nie als Vorbild gesehen. Ich fand auch alle Berufe, die Erwachsene hatten, nicht erstrebenswert. Ich habe als Kind mein eigenes Ding gemacht, und eigentlich wollte ich nur glücklich werden und selbstbestimmt sein.

Es gab aber tatsächlich doch irgendwann einen Berufswunsch. Denn die Menschen, die mir am nächsten standen, und die, die mich akzeptiert haben, wie ich bin, waren alle Elektriker. Mein Vater war Elektromeister, und mein Bruder war Elektrogeselle. Mein Vater hatte einen kleinen Handwerksbetrieb, und in den Sommerferien durfte ich mit auf den Neubau und die niedrigen Schlitze für die Stromleitungen kloppen, weil ich der Kleinste war. Für mich war das das Allerschönste. Ich wurde ernst genommen. Ich hatte Verantwortung. Ich konnte was bewegen. Für mich war das wunderbar, dass ich mitarbeiten durfte, obwohl ich kein Geld dafür bekommen habe. So viel zu »Kinderarbeit«.

Was haben Sie gelernt?

Ich habe erst acht Jahre Volksschule zu Ende gemacht. Meine Eltern wollten zwar unbedingt, dass ich nach der vierten Klasse aufs Gymnasium gehe. Ich wollte aber die Scheißschule so schnell wie möglich hinter mich bringen und Elektriker werden. Ich habe deshalb meinen Eltern gedroht – wenn sie mich zwingen, aufs Gymnasium zu gehen –, dass ich nur Sechsen schreibe, damit ich ganz schnell wieder auf der Volksschule bin.

Als ich beim Volksschulabschluss in der achten Klasse vierzehn war, wurde sehr viel Werbung für das Sonderabitur gemacht. Wir haben damals immer Schmalspur-Abitur gesagt (*lacht*). Mit diesem Abi konnte man Volksschullehrer werden. Das war zu der Zeit, als in Deutschland großer Lehrermangel war. Also bin ich ins Internat, um auf dem zweiten Bildungsweg das Abitur nachzuholen. Als ich dann auf die Mittlere Reife zulief, habe ich gemerkt, dass alle auch nur mit Wasser kochen und nicht schlauer sind als ich. Ich habe dann doch noch das vollwertige Abi gemacht und Gymnasiallehrer für Sport und Geografie studiert. Ich war also Studienrat am Gymnasium.

Was war Ihr erster bezahlter Job?

Ich habe als Schüler in den Sommerferien in einer Matratzenfabrik sechs Wochen lang Federkerne in die Matratzen gedreht. Das war sozusagen Fließbandarbeit ohne Fließband. Da habe ich pro Woche hundert D-Mark verdient. Von dem Geld habe ich mir einen alten Fiat 770 Jagst gekauft. Das Problem war nur, dass ich dann zwar ein Auto hatte, aber kein Geld für Sprit. Wo kriege ich also die Kohle für Benzin her? Da habe ich mir ein einfaches Geschäftsmodell überlegt: Ich habe mein Abitur im Internat in einem Aufbaugymnasium in der Eifel auf dem zweiten Bildungsweg nachgemacht. Und ich war derjenige, der im Internat das erste Auto hatte. Die Jungs in der Oberstufe wollten bei den Mädels natürlich richtig auf die Kacke hauen. Und da ich der Einzige mit Auto und

Führerschein war, habe ich mich als Fahrer angeboten und die Jungs mit ihren Freundinnen für zehn Pfennig pro Kilometer zur Eisdiele gefahren. Ich hatte hinten eine Matratze reingelegt in Hellblau mit vielen rosa Röschen, und so konnten die Jungs den Mädels imponieren. Ich habe aber auch viele Schüler vom Internat aus der Eifel nach Hause in den Westerwald gefahren, weil ich mit meinem Auto billiger war als die Bahn. Ich hatte zwar selber keine Freizeit mehr, aber ich hatte immer Kohle für die Karre.

Wie sind Sie zu Ihrem Job gekommen?

Ich habe den Lehrerberuf eigentlich angefangen, um mich mit Jugendlichen zu beschäftigen, weil das am Ende die erfüllendste Aufgabe war. Ich konnte Jugendliche und Pubertierende nachvollziehen. Ich hatte einen supergeilen Draht zu denen. Und wenn man als Lehrer einen guten Draht zu seinen Schülern hat und die Jugendlichen einen nicht mehr nur als Lehrer oder Erwachsenen sehen, sondern als Gesinnungsgenossen, dann hat man einen ganz anderen Zugang und kann im Leben dieser kleinen Menschen etwas bewegen. Das hat mir als Lehrer sehr viel Spaß gemacht. Nur hat mich das Korsett der Schule gestört. Ich hatte zum Bespiel ein Disziplinarverfahren am Hals, weil ich Skateboarden als erster Lehrer überhaupt in der Schule eingeführt habe. 1977 hat der *Tagesschau*-Sprecher noch dem deutschen Volk verkündet, dass die Bundesregierung darüber nachdenkt, das Skateboardfahren zu verbieten, weil man solche gefährlichen Rollbretter nicht auf Jugendliche loslassen kann. Da lacht man sich heute kaputt drüber, aber 1978 war es wohl für das Establishment noch eine kleine Revolution.

1977 habe ich als Lehrer in spe die ersten Skateboarder live gesehen. Ich war sofort fasziniert. Es war kein Erwachsener dabei. Keine Mutter. Kein Vater. Kein Lehrer. Die Jugendlichen waren allein unter sich. Die waren begeistert. Die waren motiviert. Das waren nicht die Jugendlichen, von denen man uns an der Uni immer erzählt hatte, dass die null Bock auf nichts haben und alles scheiße finden. Im Gegenteil. Beim Skateboardfahren konnten sie vom Ler-

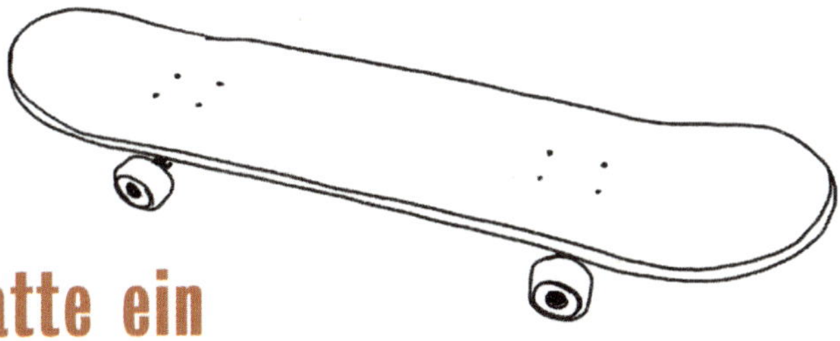

»Ich hatte ein Disziplinarverfahren am Hals, weil ich Skateboarden als erster Lehrer überhaupt in der Schule eingeführt habe.«

nen nicht genug kriegen. Und das musste ich ergründen. Wo kommt diese intrinsische Motivation her?

Das war der Grund, warum ich angefangen habe, Skateboard zu fahren. Als ich dann Referendar wurde und die Schüler mich ansprachen, ob wir nicht in der Schule auch Skateboard im Sport machen können, habe ich gleich durchgesetzt, dass ich meine zweite Examensarbeit übers Skateboardfahren schreiben kann. Und so war ich auch der Erste weltweit, der eine wissenschaftliche Arbeit über das Skateboard geschrieben hat.

Meine Schüler brauchten also Skateboards. Ich bin dann in den Ferien in die USA geflogen und habe angefangen, direkt ab Fabrik günstige Skateboards zu besorgen. Und daraus hat sich am Ende alles entwickelt.

Da ich aber als Lehrer das alles nicht wirklich nach vorne treiben konnte, habe ich 1984 meinen Beamtenjob an den Nagel gehängt, um ganz dieser pädagogischen Leidenschaft zu folgen.

Das hat mich ausgefüllt. Es hat mir Anerkennung gegeben, wenn ich Jugendlichen zeigen konnte, wie sie im Leben klarkommen. Wenn ich zeigen konnte, wie man Jugendliche fördern kann. Dass Sie selbstbewusst und vor allem selbstbestimmt werden. In der Schule kann man nicht die Dinge lernen, die man später im Leben am meisten braucht. Wie Leidensfähigkeit. Leidenschaft. Leistungsbereitschaft. Festen Willen. Verantwortung und Konsequenzen tragen. Das Gefühl, nicht aufgeben zu wollen. Wenn man auf die Schnauze fällt, wieder aufzustehen. Das ist Skateboarding. Man muss immer ein Mal mehr aufstehen, als man hingefallen ist, sonst ist das Leben vorbei.

Ich bin dann zeitweise auch ins Business abgerutscht mit eigenen Firmen und 550 Mitarbeitern. Wir waren mal die größte Skateboard-Firmengruppe der Welt. Das hat mir alles viel Spaß gemacht. Aber jetzt, wo meine Frau und mein Sohn die Firma leiten und ich die Stiftung gegründet habe, macht mir das Leben noch mehr Spaß. Weil ich jetzt den Kindern, denen es am dreckigsten geht, in Syrien, Afghanistan oder Afrika, helfen darf bei ihrer Persönlichkeitsentwicklung.

Was braucht man, um Ihren Job besonders gut zu machen?

Ein brennendes Herz. Eine Vision und eine Mission. Begeisterung ist ganz wichtig. Professor Hüther sagt: »Begeisterung ist Dünger fürs Gehirn.« Ich sage: »Skateboarding ist Begeisterung pur. Folglich ist Skateboarding Dünger fürs Gehirn.«

Was gefällt Ihnen besonders gut an Ihrem Job?

Die Sinnstiftung, die ich spüre. Dieses Glück, was ich empfinde, wenn mich Hunderte strahlende Kinderaugen in Syrien, in Afrika, in Bethlehem oder Afghanistan ansehen und dankbar sind für das, was ich tue. Das ist pure Erfüllung. Das ist einfach geil. Das kann ich gar nicht beschreiben, wie geil das ist. Konfuzius hat mal gesagt: »Such dir einen Job, den du liebst, und du wirst nie wieder arbeiten müssen.« Das habe ich immer schon befolgt, obwohl ich Konfuzius noch nie gelesen habe.

Was gefällt Ihnen nicht so sehr?

Es gibt eine ganze Menge, was mir nicht gefällt. Aber das schiebe ich direkt in die Ecke. Natürlich kann ich durch die Gegend laufen und alles scheiße finden. Aber es dauert gar nicht lange, dann weiß ich wieder, dass es Quatsch ist, wenn ich mich in so einen Kleinscheiß fallen lasse. Im Endeffekt muss ich mich nur umkucken und zurückblicken. Und dann sehe ich, dass eigentlich alles in die richtige Richtung läuft. Es ist halt auch eine Frage des positiven Bewertungsstils.

Wie wichtig war in Ihrer Karriere Mut? Sind Sie Risiken eingegangen?

Mut ist extrem wichtig. Wobei entscheidend ist, was man unter Mut versteht. Einer meiner Vorträge heißt »Mut ist, wenn man es trotzdem macht«. Dabei erkläre ich, dass ich eine ganz bestimmte Art von Mut meine. Nicht den Mut »Augen zu und durch«, sondern den Mut, einem brennenden Herzen gegen alle Widerstände und Ratschläge des Umfelds zu folgen.

Ich mache nur Sachen, bei denen ich genau weiß: Das habe ich im Griff, das schaffe ich. Im Grenzbereich alles im Griff zu haben, ist für Menschen ein sehr erhabenes Gefühl. Darum geht es. Ich bin eigentlich ein sehr ängstlicher Mensch. Aber ich habe früh angefangen, darüber nachzudenken und mich zu fragen: »Warum habe ich Angst?« Und ich habe schnell festgestellt: »Der Mensch hat oft unbegründete Angst vor Dingen, die er nicht kennt.« Mut ist, wenn man die unbegründete Angst überwindet. Wenn die Angst bleibt, obwohl man sich mit etwas beschäftigt hat, dann ist die Angst auch vernünftig. Und dann ist das auch kein Mut, wenn man die Angst überwindet. Man muss sich fragen, wo die Angst berechtigt ist. Wenn man auf einem Hochhaus steht und Angst hat, da runterzuspringen, dann ist es eine berechtigte Angst. Diese Angst zu überwinden, hat nichts mit Mut zu tun.

Als ich meinen Beamtenjob 1984 an den Nagel gehängt habe, das war richtiger Mut. Kollegen und Freunde haben gesagt: »Wie kannst du nur? Dein Sohn ist gerade geboren. Wie kannst du deine Familie einer solchen Gefahr aussetzen?« Aber Sicherheit oder Geld waren für mich nicht der Weg zum Glück. Sondern selbstbestimmt zu leben. Lieber Dreck fressen, aber selber entscheiden, dass man Dreck frisst. Das macht glücklicher, als fremdbestimmt Schmerzensgeld statt Gehalt zu kassieren.

Wie wichtig war in Ihrer Karriere Glück?

Das ist mir eigentlich scheißegal. Für mich gibt es dieses »Glück haben« nicht. Oder wenn Leute sagen: »Oh Mann, da habe ich aber kein Glück gehabt.« Für mich ist das ganz einfach. Es passiert einfach was. Und dann versuche ich die Chance zu nutzen und das Beste draus zu machen. Für mich war das »Glück«, das ich im Leben spüren wollte, viel wichtiger.

Manche sagen statt Glück auch Zufall. Aber das ist doch das Normale am Leben. Da man ein Leben nicht echt planen kann,

»Ein Mensch ohne Ziel ist ne arme Sau. Deswegen sollte man sein Ziel immer wieder höher setzen, bevor man es erreicht.«

passieren halt viele ungeplante Sachen. Warum soll man das dann Glück, Unglück oder Zufall nennen? Ich bin da der Kölschen Philosophie etwas näher: »Et wor, wie et wor, et es, wie et es. Et kütt, wie et kütt. Und et hätt noch emmer joot jejange.«

Was raten Sie (jungen) Leuten, die vor der Entscheidung stehen: »Was soll ich mal werden?«

Das Problem ist, dass Kinder und Jugendliche heute keine erwachsenenfreie Zeit mehr haben. Es findet kaum noch selbstbestimmtes Lernen statt. Diese Überbesorgnis und die 24-Stunden-Rundumbetreuung der Erwachsenenwelt sind heute extrem geworden. Das führt dazu, dass Kinder und Jugendliche keine selbstbestimmen Räume mehr haben. Dadurch können Jugendliche sich nicht mehr aufs Leben vorbereiten. Wenn du in deiner Jugend nie erwachsenenfreie Zeit hattest und damit auch nie Langeweile, dann hattest du nie Zeit zum Nachdenken. »Wer bin ich überhaupt? Was macht mir Spaß? Was ist das Leben?« Deshalb spricht aus heutigen Jugendlichen nur die Stimme der Eltern und Gesellschaft.

Deswegen wäre mein Rat: Beschäftige dich doch mal mit dir selber. Überlege mal, wo du überhaupt hinwillst. Nicht nur im Rahmen der gesellschaftlichen Konventionen, bei denen alle was von dir erwarten. Sondern einfach nur mal fragen: »Wo will ich hin? Was macht mich glücklich? Was begeistert mich?«

Suche einen Job, den du liebst, und du wirst nie mehr arbeiten müssen. Denn wenn man sich im Job quält, bekommt man kein Gehalt, sondern Schmerzensgeld. Und das ist scheiße.

Und noch was. Ich habe mal in der Zeitung gelesen, dass 75 Prozent aller Abiturienten nach dem Abi in ein Loch fallen und in der Regel ein Jahr lang pausieren, weil sie komplett orientierungslos sind. Das kommt daher, dass unsere Gesellschaft, auch die Eltern, den Kindern ein falsches Ziel suggerieren. Den Kindern wird nicht mehr mitgegeben: »Überleg, was dich glücklich macht! Was ist sinnstiftend? Was ist überhaupt Leben? Wer bist du? Mach dir Gedanken über dich!« Es wird immer nur gesagt »Du brauchst eine 1,0 im Abi, dann ist das Leben gelaufen und du wirst glücklich«. Wenn ein Jugendlicher dann als Lebensziel nur eine 1,0 im Abi hat, dann bleibt überhaupt keine Zeit, sich zu orientieren, was man im Leben überhaupt machen will. Und wenn man dann das Ziel, also das Abi, erreicht hat, dann kommt die Leere. Dann hat man auf einmal kein Ziel mehr. Ein Mensch ohne Ziel ist ne arme Sau. Deshalb sollte man sein Ziel immer wieder höher setzen, bevor man es erreicht.

Man darf diesen ganzen Kram nicht so ernst nehmen. Das ist das, was ich Jugendlichen erzähle. Nimm diese ganze Scheiße, die dir die Erwachsenen erzählen, nicht so ernst. Es geht um dich und nicht um deine Eltern. Wenn deine Eltern möchten, dass du ein 1,0-Abi machst, überlege doch mal selber, ob du sie brauchst für das, was du willst.

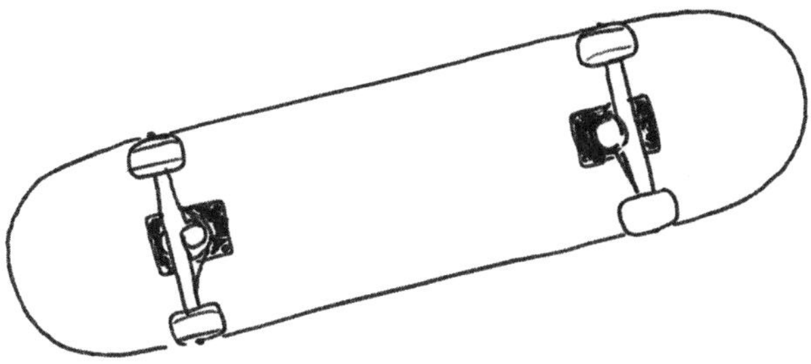

CHARLOTTE KNOBLOCH
PRÄSIDENTIN DER ISRAELITISCHEN KULTUSGEMEINDE
MÜNCHEN UND OBERBAYERN UND EHEMALIGE
PRÄSIDENTIN DES ZENTRALRATS DER JUDEN
IN DEUTSCHLAND
*1932

»Ich habe nie auf diese Position hingearbeitet. Das ist nicht meine Art.«

Ich bin ...

... 1982 in den Vorstand der Israelitischen Kultusgemeinde gewählt worden. Mein Beruf heute ist also eine rein ehrenamtliche Tätigkeit. Schon zuvor hatte ich mich im Sozialbereich eingebracht, nachdem die Kinder mich nicht mehr so dringend brauchten. In dieser Zeit bin ich hauptsächlich mit Holocaust-Überlebenden, die alleinstehend waren, zusammengekommen, um sie zu besuchen und über die Vergangenheit zu sprechen. Erst danach bin ich in die Politik gegangen. Ich war drei Jahre lang im Vorstand, bis man mich schließlich zur Präsidentin gewählt hat. Von 2006 bis 2010 war ich außerdem Präsidentin des Zentralrats der Juden in Deutschland. Meine Aufgabe war es, die jüdische Gemeinschaft gegenüber der Politik zu vertreten und alle relevanten Probleme und Themen, die die jüdischen Gemeinden vielleicht nicht allein bewerkstelligen konnten, in den Blick zu nehmen und zu erledigen.

Was wollten Sie als Kind oder nach der Schule werden?

Als ich klein war, wollte ich nur überleben. Bei der Befreiung war ich zwölf Jahre alt, und man wusste nicht so genau, was man nun mit mir anfangen sollte. Der Einstieg in eine weiterführende Schule war mir nicht mehr möglich, meine bisherige Volksschulbildung genügte dafür nicht. So bin ich in eine Handelsschule gegangen und habe dort die Mittlere Reife erlangt.

Was haben Sie gelernt?

Da ich meine Schullaufbahn wegen der Verfolgung durch das NS-Regime nicht beenden konnte, war ich nach Kriegsende froh, überhaupt noch einmal zur Schule gehen zu können. Ich bin im Sommer 1945 aus meinem Versteck zurückgekehrt. Mein großer Traum war es eigentlich, Jura zu studieren. Aber das ging nicht, weil mir der Schulabschluss dafür fehlte. Ich habe mich aber auch sehr für die Stenografie, für die Kurzschrift, interessiert und war auch sehr gut darin. Ich hätte mir daher auch gut vorstellen können, Reporterin zu werden, auch weil ich in Aufsätzen immer zu den Besten gehörte.

Meine privaten Pläne ließen dafür jedoch keinen Raum. Ich habe zu dieser Zeit meinen Mann kennengelernt und geheiratet, und gemeinsam wollten wir unbedingt in die Vereinigten Staaten von Amerika auswandern. Um den dafür nötigen Beruf zu erlernen, habe ich in München auf einer Spezialschule im Schnellverfahren das Handwerk der Damenschneiderin erlernt. Das hatte ich nie werden wollen, aber mit diesem Beruf wusste ich, dass ich in die USA würde einreisen können. Ich hatte bereits eine Arbeitsstelle in St. Louis in Aussicht.

Weil aber in den Folgejahren unsere Kinder zur Welt kamen, blieben wir am Ende in Deutschland. Wir haben unsere Pläne damals nicht ganz aufgegeben; die Koffer waren nicht ausgepackt, sondern nur auf den Dachboden gestellt. Die Auswanderung war nur verschoben. Aber mit kleinen Kindern in ein fremdes Land, das wollten wir nicht. Und so sind wir geblieben.

Als gläubiger Mensch denke ich mir inzwischen, das musste so sein. Ich freue mich heute, dass ich in Deutschland geblieben bin und hier das jüdische Leben wieder mitaufbauen konnte. Und ich hoffe, dass dieses jüdische Leben auch eine Zukunft hat, so wie ich mir das wünsche.

Was war Ihr erster bezahlter Job?

Alle Tätigkeiten, denen ich in meinem Leben nachgegangen bin, waren Ehrenämter – ob im sozialen Bereich oder in der Politik. In den Jahren nach meiner Ausbildung war ich vor allem für meine Familie da, und heute setze ich mich für die Gemeinde ein.

Wie sind Sie zu Ihrem Job gekommen?

Nachdem ich bereits in der Sozialabteilung der Israelitischen Kultusgemeinde aktiv gewesen war und mich auch anderweitig sozial engagiert hatte, wurde ich nach dem Ableben von Hans Lamm sel. A. im Jahr 1985 an die Spitze der Gemeinde gewählt und seither in diesem Amt immer wieder bestätigt. Die Verantwortung war enorm, doch ich nehme sie bis heute gerne an.

Ähnlich war es als Präsidentin des Zentralrats: Ich habe mich nie um diese Position beworben oder gar aktiv darauf hingearbeitet. Das ist nicht meine Art.

Ich war schon seit Mitte der Neunzigerjahre in den verschiedenen Bereichen des Zentralrats tätig und verstand mich hervorragend mit dem damaligen Präsidenten Ignatz Bubis sel. A. Auf diese Weise lernte ich viel darüber, wie der Zentralrat arbeitet. Nach dem Tod von Bubis' Nachfolger Paul Spiegel sel. A. im Jahr 2006 wurde ich gefragt, ob ich mich zur Verfügung stellen würde – und ich habe Ja gesagt.

Es war kein interner Kampf, und es gab vorher meinerseits keinen Karriereplan. Lange standen Frauen in der jüdischen Gemeinschaft kaum in führenden Positionen. Auch bei der Wahl an die Spitze der Israelitischen Kultusgemeinde in München hatte ich deswegen gesagt, dass man erst die Rabbiner fragen solle, ob sie mich überhaupt akzeptierten. Ich war mir sicher, dass die Rabbiner das nie akzeptieren würden, aber sie hatten nichts gegen mich einzuwenden.

Ich habe nach der Wahl nie offene Ressentiments erfahren oder etwas gehört, weil ich als Frau diese Ämter bekleidet habe. Ich bin mir aber sicher, dass es in Hinterzimmern oder hinter meinem Rücken solche Äußerungen gegeben hat. Schließlich muss man als Vorsitzender einer Organisation oder Religionsgemeinde auch mal gegen den Mainstream gehen und unpopuläre Entscheidungen treffen. Dass dann Kommentare oder Ausdrücke auf dem Niveau von »Frau am Steuer« fallen, ist klar (*lacht*).

Was braucht man, um Ihren Job besonders gut zu machen?

Geduld, Ausdauer, Beharrlichkeit, Mut und die Fähigkeit, Freude an der eigenen Tätigkeit zu haben. Man muss andere Menschen auf Augenhöhe sehen. Man braucht Fingerspitzengefühl. Und man muss wissen, wovon man spricht. Wer sich dieser Aufgabe nicht mit Leib und Seele verschreibt, dem wird sie zur Bürde. Ich darf aber sagen, ich genieße sie bis heute sehr.

Was gefällt Ihnen besonders gut an Ihrem Job?

Ich trage gerne die Verantwortung für die nachfolgenden Generationen und für die Zukunft, auch wenn ich sie selbst wie gesagt nie aktiv gesucht habe. Vielleicht lag das auch an meiner Vergangenheit in der NS-Zeit, weil man als jüdisches Kind immer an den Rand gedrängt wurde und sich nie in den Vordergrund stellen durfte. Die Erfahrungen der Kindheit prägen einen Menschen bekanntlich für das ganze Leben. Vielleicht habe ich mich auch geändert. Wenn man so lange Verantwortung trägt, verändert man sich sicherlich auch.

Ich wäre sehr glücklich, wenn ich meine heutigen Erfahrungen und Kenntnisse schon vor fünfzig Jahren gehabt hätte. Dann wäre mir vielleicht vieles leichtergefallen (*lacht*). Tatsächlich wird man großzü-

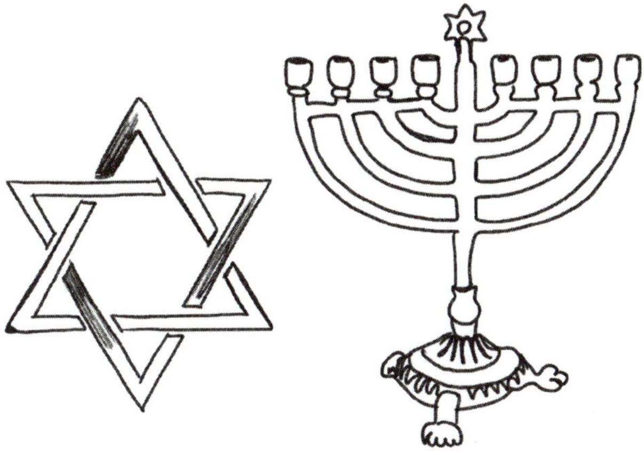

»Klar fallen Kommentare auf dem Niveau von ›Frau am Steuer‹.«

giger. Man wird bedachter. Man wird weniger emotional, obwohl sich gerade das bei mir nicht ganz ausgewachsen hat. Aber jeder Abschnitt des Lebens, jedes Jahrzehnt hat seine Eigenheiten. Und wenn man freudig auf all das zurückblicken kann, ist das doch sehr schön.

Meine Tätigkeit als Präsidentin der Kultusgemeinde bietet mir die Möglichkeit, vielen Menschen direkt und indirekt zu helfen. Ich kann mich für das jüdische Leben in Deutschland einsetzen und so dazu beitragen, etwas Bleibendes aufzubauen. Was viele Menschen sich wünschen, erlebe ich jeden Tag: Ich kann etwas bewegen. Das ist das Wichtigste.

Was gefällt Ihnen nicht so sehr?

Ich hatte und habe oft keine Zeit für mein Privatleben und keine Zeit für meine Freunde. Es gibt natürlich Menschen mit verantwortungsvollen Berufen, die es schaffen, ihre Freundschaften zu pflegen; mir war das aber in vielen Fällen nicht vergönnt.

Wie wichtig war in Ihrer Karriere Mut? Sind Sie Risiken eingegangen?

Das Leben besteht aus Risiken, egal ob im Privaten oder im Beruf. Jeder muss Entscheidungen treffen, und die sind oft mit Risiken behaftet.

Ich bin ein eher impulsiver und dadurch risikofreudiger Mensch und muss damit umgehen. Ich lese zum Beispiel etwas in der Zeitung, was mich wahnsinnig ärgert: Anfeindungen, Hass, Aussagen der AfD. Am liebsten würde ich sofort darauf reagieren – aber ich gebiete mir selbst, eine Nacht darüber zu schlafen. So kann ich sicher sein, dass ich überlegt das Richtige sage. Aber ich kann auch meine Fehler eingestehen und mich entschuldigen.

Ich habe in meinem Leben oft Mut gebraucht, um weitermachen zu können, und Mut habe ich heute sicher mehr als früher. Ohne die Bereitschaft, Risiken in Kauf zu nehmen und mich mit dem Unbekannten zu arrangieren, wäre ich heute womöglich nicht mehr hier.

Wie wichtig war in Ihrer Karriere Glück?

Ein bisschen Glück braucht jeder Mensch im Leben. Ich hatte davon schon als Kind viel. Dank einer mutigen Bauernfamilie, die mich bei sich aufnahm und als uneheliches Kind ausgab, konnte ich während der NS-Zeit überleben. Dafür bin ich bis heute unendlich dankbar.

Heute verbinde ich Glück mit meiner Familie. Ich habe drei wunderbare Kinder, sieben herrliche Enkelkinder und drei süße Urenkel. Das ist mein ganz großes Glück.

Was raten Sie (jungen) Leuten, die vor der Entscheidung stehen: »Was soll ich mal werden?«

Das Wichtigste ist, sich von niemandem in die eigenen Entscheidungen hineinreden zu lassen und sein Leben in die eigenen Hände zu nehmen. Die Freiheit der Wahl darf man sich nicht nehmen lassen – den Mut, eine Entscheidung zu treffen, aber ebenso wenig!

Natürlich ist es wichtig, in sich hineinzuhören: Was ist mein Talent, was möchte ich? Was kann ich? Junge Menschen unterschätzen heute aber oft die Möglichkeit, mit ihren Eltern zu reden. Keiner kennt ein Kind so gut wie seine Eltern. Man muss nicht jeden Rat befolgen, aber die Meinung der Eltern kann sehr hilfreich sein. Viele junge Leute denken, wenn sie achtzehn sind, sind sie volljährig und brauchen keine Hilfe und keine Hinweise mehr, ganz besonders nicht von den Eltern. Tatsächlich brauchen sie beides in dieser Phase ganz besonders. Das für sich anzunehmen, ist kein Zeichen von Schwäche, sondern von Stärke.

MARK BENECKE, DIPL.-BIOL. DR. RER. MEDIC., M.SC., PH.D.
BEKANNTESTER KRIMINALBIOLOGE DER WELT.
ALS DEUTSCHLANDS EINZIGER ÖFFENTLICH BESTELLTER UND VEREIDIGTER SACHVERSTÄNDIGER FÜR BIOLOGISCHE SPUREN UNTERSUCHTE ER UNTER ANDEREM DEN SCHÄDEL VON ADOLF HITLER
*1970

»Macht, was ihr wollt. Aber wollt etwas.«

Ich bin ...

… Kriminalbiologe und Spezialist für Blutspuren, Tatort-Rekonstruktion und forensische Entomologie. Wobei der Beruf des freiberuflichen Kriminalbiologen in Deutschland eigentlich gar nicht existiert. Es gibt ihn eher in angloamerikanischen Ländern. Deshalb versteht man in Deutschland darunter eher eine Tätigkeitsbeschreibung. Ich bin beispielsweise öffentlich bestellter und vereidigter Sachverständiger für biologische Spuren, um alle möglichen Verbrechen zu bearbeiten. Bei der Polizei würde ich vermutlich bei der Spurensicherung, dem Erkennungsdienst oder der Kriminaltechnik – das ist eigentlich alles dasselbe – arbeiten. Ich baue auch in aller Welt Labore auf und bin Gastdozent, beispielsweise in Peru, den USA, Vietnam, Kolumbien und auf den Philippinen. Nebenbei bin ich noch Leiter der Transylvanian Society of Dracula, im Bund Deutscher Kriminalbeamter und Donaldist.

Was wollten Sie als Kind oder nach der Schule werden?

Direkt nach der Schule hat es niemanden interessiert, was beruflich kommen könnte, mich auch nicht. Meine Kindheit habe ich in einem coolen Plattenbau in Köln-Zollstock verbracht, mit einem riesigen Park vor der Haustür, mit Hunderten Kaninchen, Bäumen und gefühlt Millionen von Vögeln. Vielleicht kommt daher meine Liebe zu Tieren. Meine Eltern haben mir als Kind Detektiv-, Physik- und Chemiekästen geschenkt. Später habe ich Biologie studiert. Mein Interesse an dem, was ich heute mache, war also schon früh vorhanden, ohne dass das jemand – auch ich nicht – gemerkt hat.

Was haben Sie gelernt?

Ich habe Biologie – Genetik, Psychologie und Zoologie – studiert und danach viele Zusatzausbildungen, auch bei der Polizei und dem FBI, gemacht. Meine biomedizinische Doktorarbeit habe ich im Institut für Rechtsmedizin gemacht. Sie handelte von genetischen Fingerabdrücken.

Was war Ihr erster bezahlter Job?

Ich habe als Schüler Werbezettel ausgetragen, im Reisebüro Kataloge sortiert und abends vorbestellte Medikamente für die Apotheke mit dem Fahrrad ausgeliefert.

Wie sind Sie zu Ihrem Job gekommen?

Ich bin da eigentlich reingeschlittert. Meine Vorbilder waren Batman, Spiderman und Blade Runner. Wenn ich darüber nachdenke, bin ich auch wirklich ein bisschen wie diese Figuren geworden. Spiderman, also Peter Parker, studiert Biochemie. Ich habe auch Biologie studiert. Batman hat einen Tick für Ausrüstungsgegenstände, die er ständig am Gürtel trägt. Das mache ich auch. Und Blade Runner erkennen, ob ein Mensch echt oder nachgebaut ist, weil sie

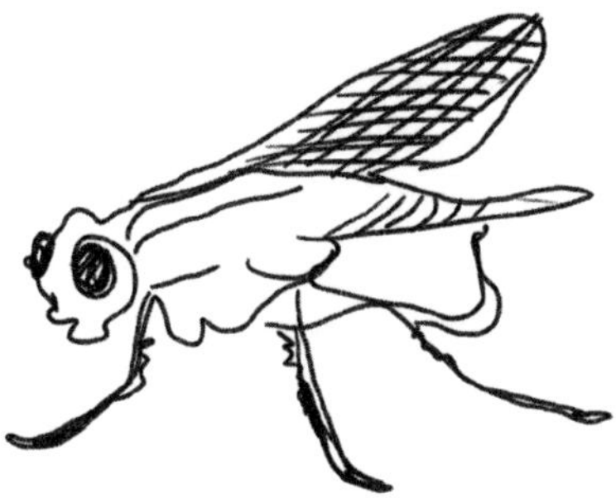

»Meine Vorbilder waren Batman, Spiderman und Blade Runner.«

humanoide Androiden prüfen. Alle drei, Spiderman, Batman und die Blade Runner, sind stur und bearbeiten Kriminalfälle. Genau wie ich. Vielleicht bin ich deswegen ganz unbewusst in die naturwissenschaftliche Kriminalistik gerutscht.

Während meines Biologiestudiums und für meine Promotion über genetische Fingerabdrücke wollte ich eigentlich Vaterschaftstests bei Flamingos im Zoo machen. Das hat nicht geklappt, weil kein Geld für die Chemikalien da war, und so habe ich stattdessen Fadenwürmer untersucht. Davor hatte ich ein Praktikum in der Rechtsmedizin gemacht. Und zwar wurde irgendwann mal verboten, dass man Tierversuche an Affen macht: dass man Affen nicht mehr für Experimente erhängen, verstrahlen oder erschießen darf. Deswegen wurden damals diese Labors in der Rechtsmedizin frei, in denen die Affen vorher waren.

Als dann genetische Fingerabdrücke erfunden wurden, hat man gesagt, für die Biologen gibt es eigentlich kein Platz. Aber da unten im Keller, bei den alten Affenställen, da könnt ihr Biologen rein. Und so war auf einmal Platz für uns Biologen und Biologinnen, die am Institut für Rechtsmedizin Experimente mit genetischen Fingerabdrücken machen konnten.

Genau da habe ich dann ein Genetik-Praktikum gemacht und genetische Fingerabdrücke gelernt. Auf derselben Etage waren auch die Leichen. Da habe ich mir dann aus reiner Neugier die Insekten auf den Faulleichen angesehen, denn wirbellose Tiere sind meine Lieblinge. So ging es dann hin und her: Mal haben mich die Polizistinnen und Polizisten gefragt, was ich an den Leicheninsekten so spannend finde. Ich habe dazu immer mehr gelesen und recherchiert. Irgendwann kamen die ersten offiziellen Anfragen von Richtern, Richterinnen und allen anderen.

Im Grunde war es also eher Zufall, dass ich Forensiker geworden bin. Wobei: Fäulnis, Leichenfraß und Lebensnetze – heute das Insektensterben – haben mich irgendwie immer schon interessiert.

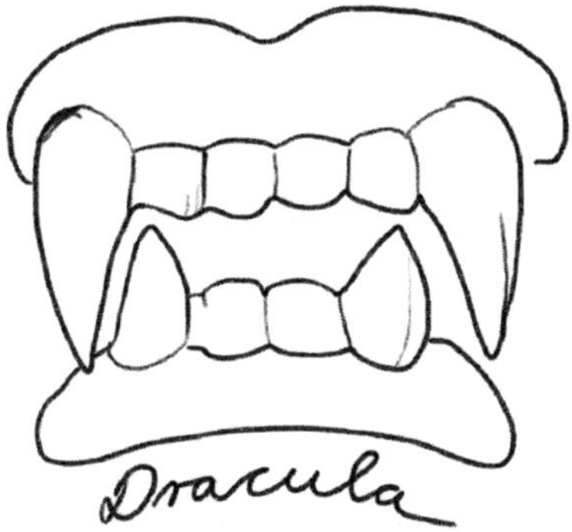

»Humor ist die mit Abstand beste Art, um auch den größten Shit zu akzeptieren.«

Was braucht man, um Ihren Job besonders gut zu machen?

Man braucht vor allem anderen Akribie und Neugier. Und Humor. Humor ist die mit Abstand beste Art, um auch den größten Shit zu akzeptieren und sich nicht daran aufzureiben. *Shit is real* heißt ein guter Comic, und das Lachen ist wirklich die beste »Waffe« oder Medizin oder wie man es halt sehen möchte.

Was gefällt Ihnen besonders gut an Ihrem Job?

Ich habe ein Plätzchen, in dem ich die Welt eine Streichholzbreite weit voranbringen kann. Die Formulierung mit dem Streichholz hat Fritz Bauer, einer der Ankläger der Frankfurter Auschwitz-Prozesse, geprägt. Es ist wahrscheinlich das Sozialste und Schlauste, was ich je gehört habe. Da ich kein anderes Plätzchen gefunden habe, an dem ich etwas tun und die Welt eine Streichholzbreite voranbringen kann, mache ich es eben im Bereich der Kriminalistik und Forensik und möchte damit auch nicht aufhören. Es ist jeden Tag was Neues los. Jeder Tag und jeder Fall ist anders. Mir wird also nie langweilig.

Was gefällt Ihnen nicht so sehr?

Ich habe nie frei. Und an 320 Tagen im Jahr schlafe ich nicht im eigenen Bett.

Wie wichtig war in Ihrer Karriere Mut? Sind Sie Risiken eingegangen?

Ich habe als Erwachsener mehr als zwanzig Jahre lang überhaupt kein Geld gehabt. Da braucht man Geduld sowie mächtig Spaß am Job, um einfach weiterzumachen. Riskant finde ich das nicht, denn was gab es schon zu verlieren? Gar nichts. Wie es in Köln heißt: Et kütt, wie et kütt.

Wie wichtig war in Ihrer Karriere Glück?

Wenn damit der Zufall gemeint ist: Das weiß ich nicht. Ich bin Naturwissenschaftler. In meiner Welt ist kein Platz für höhere Mächte. Für mich existiert nur die Wahrheit. Ich habe vielleicht ein Heer von Schutzengeln, nur kann ich das nicht beweisen. Es fühlt sich aber manchmal so an – Einstellungssache … Ich habe im Leben und in über 25 Jahren im Beruf gelernt, dass alles verschwindet und irgendwann in anderer Form irgendwo wieder auftaucht. Alles auf der Welt ist ein riesiges, erst mal irdisches Recycling und Netzwerk: Es kommt und geht und gehört irgendwie zusammen. Die Welt ist ein riesiges Netzwerk von physikalischen Wirkungen und chemischen Bausteinen. Es ist aber auch kosmisch, denn wir sind alle in diesen sozusagen »galaktischen« Zusammenhang eingebettet. Ob also Glück in meiner Karriere eine Rolle gespielt hat, kann ich mangels Festlegung des Begriffes »Glück« und meines zu geringen Wissens über die Welt nicht sagen. Eine gute Darstellung dieser Ebenen – menschliche, irdische, planetarische – findet sich übrigens in *Watchmen* (Comic und Film sind dabei gleichwertig). Das Netzwerk und »Wunder« des Lebens ist tatsächlich cool, wundersam, schön und schützenswert, auch wenn es gerade vor unseren Augen stirbt.

Was raten Sie (jungen) Leuten, die vor der Entscheidung stehen: »Was soll ich mal werden?«

Macht, was ihr wollt. Aber wollt etwas.

BEATRICE EGLI
GEWINNERIN VON *DEUTSCHLAND SUCHT DEN SUPERSTAR* UND HEUTE ERFOLGREICHE SCHLAGERSÄNGERIN
*1988

»Das Gefühl, zu gewinnen, ist zu schön, um es nicht zu riskieren.«

Ich bin ...
... Entertainerin, Moderatorin, Schauspielerin und Sängerin.

Was wollten Sie als Kind oder nach der Schule werden?

Es gab nie etwas anderes. Ich wollte immer Schlagersängerin werden. Dieser Wunsch hat sich nie geändert. Ich stehe seit meinem neunten Lebensjahr auf der Bühne und singe. Ich habe schon als Kind Schlager gesungen und gerne gehört, weil ich die Lieder verstanden habe. Englisch war – als ich klein war – als Sprache natürlich noch gar nicht da. Damals gab es auch nichts anderes, was auf Deutsch gesungen wurde. Heute ist das anders. Heute singen viele Popsänger auch auf Deutsch. Aber das war ja nicht immer so. Insofern war für mich das Schönste, die Sprache zu verstehen. Es gab also immer den Willen, das zu werden, was ich heute bin.

Was haben Sie gelernt?

Meine Eltern waren nicht begeistert, dass ich Sängerin werden wollte. Das ist ja auch kein sicherer Job. Deswegen habe ich erst mal Friseurin gelernt. Ich habe eine dreijährige Ausbildung gemacht und auch abgeschlossen. Direkt danach war ich schon auf dem Weg zur Schauspielschule nach Hamburg. Aber auch da mit dem Hintergrund und dem Willen, bühnensicherer zu werden. Damit ich mich in der Musik und im Schlager sicherer fühle bei meinen Auftritten und auf der Bühne. Ich habe auf der Schauspielschule den Filmabschluss gemacht. Das ist mir heute eine gute Basis, auf der ich weitergearbeitet habe. Heute merke ich, dass es für mich als Sängerin schon gut ist, diese Ausbildung gemacht zu haben.

Was war Ihr erster bezahlter Job?

Bei uns gab es als Kinder nie Taschengeld, sondern Stundenlohn (*lacht*). Ich habe bei meinen Eltern in der heimischen Metzgerei gearbeitet. Ich habe zum Beispiel Würste vakuumiert, Fleischspieße oder Sandwiches gemacht. Alles, was man so beim Metzger machen kann.

Wie sind Sie zu Ihrem Job gekommen?

Ich glaube, der ganz tiefe Ursprung ist der Wille und die Vision. Und ich glaube, dass das immer in mir drin war. Der Glaube daran, es irgendwie zu schaffen; ohne erst mal zu wissen, wie. Auch dieser unermüdliche Wille, es unbedingt machen zu wollen, egal was alle sagen und egal ob alle lachen, wenn man sagt: »Ich will Schlagersängerin werden, und ich werde irgendwann meine eigene CD aufnehmen.« Ich habe mir aber auch immer wieder klargemacht auf dem Weg, wo ich hinmöchte. Und so habe ich Stück für Stück das Mosaik zusammengebaut zu dem, was ich immer werden wollte.

Wichtig war bestimmt die Leidenschaft zu allem. Denn es gibt immer mal Momente, in denen der Wille aufgibt, in denen man denkt, man schafft es nicht. Aber es sind dann die Liebe und die Leidenschaft, die die Wärme und das Feuer erhellen.

Die Fernsehshow *Deutschland sucht den Superstar* (*DSDS*) war für mich sicher ein wichtiges Sprungbrett, das sehr viele Türen geöffnet hat. Aber die Castingshow hat gleichzeitig für den ersten Moment auch gewisse Türen wieder zugemacht. Weil nach dem Gewinn viele gedacht haben: »Nee, die kommt von da. Die wollen wir nicht.« Es hat ja immer zwei Seiten, wenn man eine Castingshow gewonnen hat.

Bei mir gingen zum Glück sehr viele Türen auf. Aber es war sehr harte Arbeit danach. Der Gewinn von DSDS war nur der Anfang. Danach musste ich mich aber auch fragen: »Wo will ich denn hin?« Von der Geschichte wäre es normal gewesen, dass es nach dem Gewinn von DSDS ein Jahr gut gegangen wäre. Dass ich heute aber normalerweise nicht mehr als Sängerin und Entertainerin da wäre und Erfolg hätte.

Das merke ich schon. Dass es auch ein Glück war, sehr gute Leute um mich herum zu haben, die den gleichen Traum hatten: um heute die Beatrice Egli zu sein, die da steht. Sechs Jahre später. Und in meinem Fall noch erfolgreicher als damals, und heute eben nicht nur die DSDS-Gewinnerin, sondern die erfolgreiche Sängerin und Moderatorin.

Am Ursprung ändert sich nie etwas. Es ist viel Arbeit. Sehr viel Arbeit. Es hört nie auf. Die Leidenschaft und die Liebe zur Musik und zum Job müssen immer dableiben. Sonst wäre ich heute nicht da, wo ich bin.

Was braucht man, um Ihren Job besonders gut zu machen?

Ich bin fest davon überzeugt, dass man im Leben seine Leidenschaft und sein Ziel finden muss, um jede Hürde zu schaffen. Wenn diese Energie da ist, ist auch der Glaube da. Wenn ich meine Arbeit tue, ist eine gewisse Liebe da, wie wenn andere ihr Kind beschreiben. Jede Mama sagt irgendwann mal: »Es ist so viel, ich weiß gar nicht, wie ich das schaffen soll.« Oder: »Ich könnte mein Kind manchmal auf den Mond schießen, weil es mir so viel abverlangt.« Und so ist es mit meiner Liebe zu der Musik und dem, was ich mache. Ich gebe ganz viel preis von mir selber. Von meinem ganz tiefen Inneren. Und ich glaube, deswegen bringt man diese ganz große Kraft auf, die man nur so aufbringen kann.

Was gefällt Ihnen besonders gut an Ihrem Job?

Ich liebe die Party auf der Bühne. Alles vergessen, zu feiern und gut drauf zu sein, Energie zu haben und zu sehen, wie eine Dynamik im Publikum entsteht, die einfach jeden aus dem Alltag herausreißt und alles vergessen lässt und Leute glücklich macht. Das macht mich glücklich.

Was gefällt Ihnen nicht so sehr?

(*Lacht*) Ja, es gibt Momente, in denen ich das Reisen echt manchmal verfluche und denke: »Oh Gott, wie soll ich das jetzt noch schaffen?« Wenn ich morgens um drei Uhr erst ins Bett komme und nach drei Stunden Schlaf der Wecker um sechs Uhr schon wieder klingelt. Da gibt es schon Momente, wo ich denke: »Aaahhhhh, was hab ich mir für einen Job ausgewählt?« Und ich

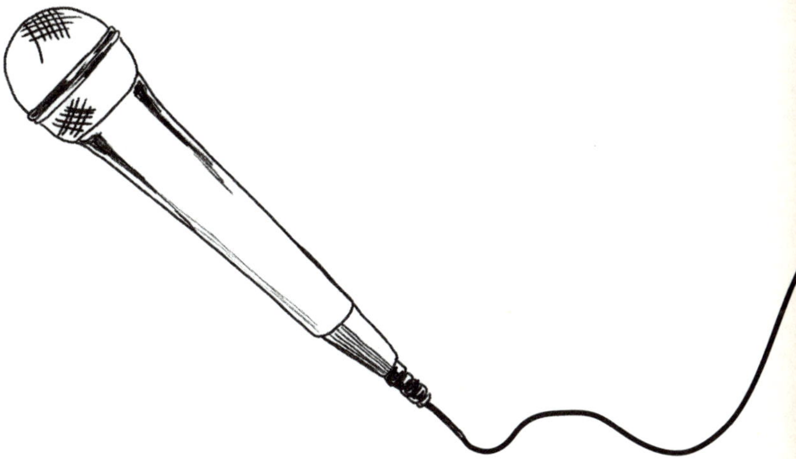

»Es ist mutig, sich hinzustellen und zu sagen: Ja, das bin ich!«

glaube auch, manchmal ist es nicht immer einfach, in der Öffentlichkeit zu stehen mit allem, was man tut und sagt. Jeder, der deine Meinung liest oder hört, hat eine eigene Meinung darüber. Aber ich habe gelernt, damit umzugehen. Aber es ist und bleibt eine Entwicklung, die nie aufhört, ein öffentliches Leben zu führen.

Durch das viele Reisen habe ich auch ab und zu Heimweh. Heimweh nach dem »ein Mal länger irgendwo zu sein« und nicht jeden Tag irgendwo anders. Ich vermisse aber auch die Entwicklung der Familie. Eben nicht alles miterleben zu können. Ich bin dreifach Tante, und die Kleinen wachsen natürlich Jahr für Jahr. Und da merkt man, dass man einige Schritte nicht miterlebt hat. Oder einfach spezielle Familienanlässe, bei denen man nicht dabei sein kann. Das ist manchmal schon hart. Da denke ich mir dann oft: »Wäre auch schön, mal dabei zu sein.«

Aber auch damit lernt man umzugehen. Vor allem habe ich gelernt, die Zeit, die ich habe, und die Zeit, die ich mit meiner Familie verbringen darf, viel mehr wertzuschätzen. Zeit ist für mich inzwischen etwas ganz Kostbares.

Wie wichtig war in Ihrer Karriere Mut? Sind Sie Risiken eingegangen?

Mut ist ein ständiger Begleiter, von Anfang bis Ende. Mutig zu sein, mich überhaupt anzumelden bei der Castingshow *Deutschland sucht den Superstar*. Mutig zu sein, nach Hamburg auf die Schauspielschule zu gehen. Mutig zu sein, wegzugehen von zu Hause. Mutig zu sein, anders zu sein und Schlager zu singen, was vor vielen Jahren nicht selbstverständlich war. Heute hat sich die Akzeptanz von Schlager wahnsinnig geändert. Und mutig auch zu sich selber zu sein. Zu sich selber zu stehen. Sich hinzustellen und zu sagen: »Ja, das bin ich.« Das kann auch mit Mut zu tun haben, in der Öffentlichkeit zu stehen.

Risiken gehe ich immer wieder ein. Ich bin jemand, der immer wieder etwas Neues probiert und dadurch allein auch etwas riskiert. Jeder öffentliche Auftritt ist ein Risiko. Denn den Leuten kann es nicht gefallen. Es kann heute sofort im Internet alles darüber geschrieben werden.

Jedes neue Album ist ein Risiko. Denn da riskiere ich, neue Facetten von mir zu zeigen, die nicht jedem gefallen, und damit riskiere ich auch Kritik. Aber dieses Risiko ist mir wichtig. Für meine Entwicklung als Mensch, aber auch um zu gewinnen. Denn das Gefühl, zu gewinnen, ist zu schön, um es nicht zu riskieren.

Wie wichtig war in Ihrer Karriere Glück?

Glück war bestimmt ein Begleiter auf meinem Weg. Und dessen bin ich mir auch bewusst. Menschen um mich herum zu haben, die mich gefördert haben. Die an mich geglaubt haben. Menschen, die auch mal kritisch waren, von Anfang an. Auch die Menschen, die gedacht haben, sie stellen mir Steine in den Weg. Die haben mir im Nachhinein wahnsinnig geholfen. Deswegen war es sicher ein Glück, dass die Zweifler und Verhinderer auch da waren, denn durch die bin ich noch stärker geworden.

Ich hatte aber auch großes Glück, wie ich aufgewachsen bin. Meine Familie ist eine große Beständigkeit in meinem Leben; das ist auch ein großes Glück.

Was raten Sie (jungen) Leuten, die vor der Entscheidung stehen: »Was soll ich mal werden?«

Das Beste ist, offen zu sein für alles. Dinge mal auszuprobieren und auch mal etwas zu riskieren. Vielleicht mal über den Tellerrand hinauszuschauen. Es gibt heute so viele Berufe, von denen man gar nicht weiß, dass es sie überhaupt gibt. So viele neue Berufe, die entstanden sind durch die Veränderungen der Welt. Man braucht diese Offenheit und Neugier, die vielleicht in einem das Feuer entfachen können. Und man darf nie aufgeben, dieses Feuer zu finden.

BERND DAS BROT
SCHLECHT GELAUNTES KASTENBROT,
TV-STAR UND GRIMME-PREISTRÄGER
*29. FEBRUAR, FÜHLT SICH ABER AN WIE 1. APRIL

»Ihr könnt alles werden und ausprobieren. Aber nicht ›irgendwas mit Medien‹.«

Ich bin ...
… ein Überlebensbrot.

©KIKA

Was wollten Sie als Kind oder nach der Schule werden?

Astronaut.
Um die unendliche Stille und Weite des Universums zu entdecken.

Was haben Sie gelernt?

Das Leben ist mein Lehrer … und es lehrt mich jeden Tag.

Was war Ihr erster bezahlter Job?

Ich habe Erfindungen getestet in einer TV-Verkaufsshow.
Allerdings ohne Bezahlung.

Wie sind Sie zu Ihrem Job gekommen?

Diese Frage stelle ich mir selber jeden Tag aufs Neue.

Was braucht man, um Ihren Job besonders gut zu machen?

Eine dicke Kruste und die Einsicht,
dass das Licht am Ende des Tunnels ein Schnellzug ist.

Was gefällt Ihnen besonders gut an Ihrem Job?

Nichts.

Was gefällt Ihnen nicht so sehr?

Das öffentliche Interesse an meinem Kastenlaib.

Wie wichtig war in Ihrer Karriere Mut? Sind Sie Risiken eingegangen?

Ich gehe jeden Tag ein Risiko ein, sobald ich meinen Zufluchtsort verlasse. Ich laufe Gefahr, von einem Rudel Enten verfolgt zu werden, von Hänsel und Gretel im Wald zerbröselt zu werden oder – am schlimmsten – für eine neue TV-Sendung entdeckt zu werden.

Wie wichtig war in Ihrer Karriere Glück?

Glück ist die Abwesenheit von Pech. Diesen Zustand kenne ich nicht.

Was raten Sie (jungen) Leuten, die vor der Entscheidung stehen: »Was soll ich mal werden?«

Ihr könnt alles werden und ausprobieren.
Aber nicht ›irgendwas mit Medien‹.

ALEXANDER HERRMANN
VOM *GUIDE MICHELIN* AUSGEZEICHNETER 2-STERNEKOCH
UND GOURMETBOTSCHAFTER FRANKENS
*1971

»Man bekommt nichts geschenkt.«

Ich bin ...

... Sternekoch, Gastronom und darf in den Medien arbeiten, aber in erster Linie bin ich Unternehmer. Meine Heimat ist Wirsberg (Oberfranken), und die Dependance ist in Nürnberg. Also Stadt und Land. Es ist schwierig, alles, was ich tue, in einen einzelnen Beruf zu fassen.

Was wollten Sie als Kind oder nach der Schule werden?

Während der Schulzeit wollte ich irgendetwas zwischen Tierarzt, Rennfahrer, Schauspieler und Jedi-Ritter werden; also irgendetwas Spannendes, Aufregendes. Da ich in einem gastronomischen Betrieb aufgewachsen bin und alle Stationen im Hotel ausprobiert habe, war mir nach der Schule sofort klar: Jetzt will ich kochen.

Was haben Sie gelernt?

Ich war klassisch in der Realschule und ein mittelmäßig guter Schüler, weil die sogenannte Absolutbeschulung für mich einfach schwierig war. Bestes Beispiel: Mathematik war für mich begreifbar. Die Gesetze und Regeln waren verständlich, und ich habe sie akzeptiert. Während in der Grammatik die Groß- und Kleinschreibung für mich nicht greifbar war. Denn der Sinn hat sich in einem groß- oder kleingeschriebenen Wort nicht wirklich verändert. So habe ich das zumindest als Schüler gesehen. Natürlich ein Irrglaube. Nach der Schule habe ich eine klassische Kochlehre angefangen, also kreativ gearbeitet und ein Handwerk gelernt.

Was war Ihr erster bezahlter Job?

Eigentlich meine Kochlehre. Aber der erste außergewöhnliche Job, bei dem ich mir gedacht habe: »Boah, geil, jetzt krieg ich mal nebenbei noch ein bisschen Kohle«, war wirklich mein erstes Engagement beim *Kochduell* im Fernsehen. Ich glaube, da gab es pro Auftritt tausend Mark.

Wie sind Sie zu Ihrem Job gekommen?

Es ist eine Reise und eine Entwicklung. Ich hatte immer das Ziel, den elterlichen Betrieb in Wirsberg irgendwann zu übernehmen. Damit war mir vom ersten Tag an auch klar: Wenn ich das gut machen möchte, dann muss ich eine überflüssige Person im eigenen Betrieb sein. Das heißt, der Ablauf des Betriebes darf nicht an meine Person oder an die Leistung meiner Hände gebunden sein. Infolge dessen brauchte ich ein Team, das aufgebaut werden musste und von sich aus funktioniert. Damit habe ich mir die nötige Zeit verschafft, um am Betrieb und nicht im Betrieb zu arbeiten. Das basiert auf meiner Haltung, und für die brauche ich Vertrauen. Damit schaffe ich mir genügend Freiraum, um Dinge im Betrieb von einer anderen Perspektive aus zu sehen, und gleichzeitig schaffe ich die Möglichkeit, Neues zu entwickeln. Mit dieser Haltung konnte ich immer mehr zum Unternehmer werden. Ich konnte weitere Betriebe eröffnen und war in der Lage, die Möglichkeiten zu nutzen, die mir Radio und Fernsehen boten. Ich habe mehrere Kochbücher geschrieben, bin mit einer Livetour in ganz Deutschland unterwegs und betreibe seit zehn Jahren das Palazzo in Nürnberg.

Was braucht man, um Ihren Job besonders gut zu machen?

Vor allem ein hervorragendes Team, Vertrauen und die richtige innere Haltung. Davon habe ich ja eben schon gesprochen. Wenn man jemanden befördert oder jemanden in eine andere Position hebt, muss er oder sie alle notwendigen Entscheidungen treffen dürfen. Es hilft nichts, wenn man ein Team um sich herum schart, und am Schluss kann keiner etwas entscheiden. Das lähmt den Betrieb. Eine Beförderung oder eine neue Aufgabe haben immer mit Kompetenz, Freiraum, Vertrauen und einem gemeinsamen Ziel zu tun.

Was gefällt Ihnen besonders gut an Ihrem Job?

Grundsätzlich arbeite ich sehr gerne mit Menschen zusammen. Was mich begeistert, ist, dass ich mit Stolz die Leistung und Entwicklung meiner Mitarbeiter sehen kann. Und es gibt nichts Schöneres, als Gäste oder Publikum zu haben, die sagen: »Der Abend oder der eine Moment hat mich bereichert.«

Es ist toll, Kinder zu sehen, die durch Kochshows vom Thema

Essen plötzlich fasziniert sind. Es gab auch mal eine Dame, die vor zwanzig Jahren Bulimie hatte und sich durch mein Kochbuch und durch meine TV-Auftritte von dieser Krankheit befreien konnte. Diese Nachhaltigkeit gefällt mir besonders gut an meinem Job. Nachhaltigkeit bei Gästen und Publikum. Aber auch bei meinen Mitarbeitern, das ist wichtig. Du musst Mitarbeiter, um sie perfekt zu führen, nicht an ihren Fehlern messen, sondern immer an dem, was sie besonders gut können.

Was gefällt Ihnen nicht so sehr?

Der Selbstständige arbeitet immer selbst und ständig. Das ist sein Los. Dafür hat er aber Freiheiten, die er sich selbst einräumen kann.

Wie wichtig war in Ihrer Karriere Mut? Sind Sie Risiken eingegangen?

Ohne Mut und Risiko geht gar nichts. Da braucht man gar nicht drüber nachzudenken oder zu reden. Nur ein Beispiel: Unser Betrieb stand noch nie so gut da wie heute. Natürlich auch mit dem Rückenwind der Medien. Trotzdem sind hier immer starke Konzentration und Aufmerksamkeit gefragt. Wir sind in Wirsberg zwar nicht am Arsch der Welt, aber in einer Region, die in sich nicht so stark ist. Im Naturpark Frankenwald zwischen Kulmbach und Bayreuth. Wir müssen uns also unsere Gäste jeden Tag erarbeiten. Man bekommt hier nichts geschenkt, und genau deshalb machen wir es mit viel Liebe und Leidenschaft.

Und jetzt komme ich zum Mut und Risiko. Wenn irgendwann mal die Präsenz im Fernsehen weniger wird oder wenn fünf bis zehn Prozent Gäste weniger kommen, dann ist das mit so einem großen Unternehmen in einer Zwei-b-Lage in Oberfranken nicht so einfach. Man muss sich unternehmerisch gut überlegen, wie man sich aufstellt, um langfristig zu bestehen. Deswegen habe ich mit 47 Jahren ein weiteres Mal etwas komplett von vorn angefangen und einen zweiten Betrieb mit zwei Restaurants in Nürnberg eröffnet. Die Investition war natürlich ein Risiko, aber Risiken

»Wenn ich meinen Job gut machen möchte, dann muss ich eine überflüssige Person im eigenen Betrieb sein.«

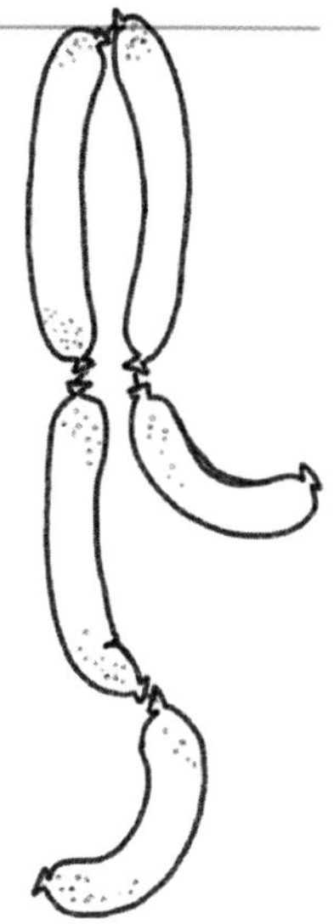

sind wichtig und sinnvoll. Dazu braucht man Mut, Selbstvertrauen und ein gutes Team, sonst erreicht man im Geschäftsleben leider langfristig gar nichts.

Wie wichtig war in Ihrer Karriere Glück?

Die Frage ist: Wie definiert man Glück? Neulich habe ich eine Reportage über Deutschlands Torhüter gehört. Da sagte einer: »Ich hatte nie Glück.« Aber er habe sich das Glück erarbeitet. Wenn du nichts tust, dann wird das Glück dich auch nicht finden. Ich bin da ähnlich. Ich glaube, eines der wichtigsten Dinge ist, immer etwas zu tun, alles in Bewegung zu halten. Den Lauf der Dinge zu beobachten und schnell zu reagieren. Sich das Glück erarbeiten, denn was man sät, kann man auch ernten.

Wenn du in dir Dinge realisierst, die du erreichen willst, und diese Dinge als Vision in deinem Kopf reifen und wachsen, entstehen die Momente, in denen du genau das aussäst, was du willst, und es beginnt zu wachsen. Das Glück kommt also zu dir, wenn du deinen Kopf und dein Herz auf dein Ziel ausrichtest, auf das, was du dir wünschst.

Was raten Sie (jungen) Leuten, die vor der Entscheidung stehen: »Was soll ich mal werden?«

Das ist die schwierigste Frage von allen. Jeder Beruf hat Handicaps und auch schöne Momente. Es gibt heute kaum etwas, das Sicherheit vermittelt, was für junge Menschen möglicherweise ein Problem darstellt. Ich würde jedem dazu raten, etwas zu finden, für das bereits ein gewisses Talent vorhanden ist. Wenn ich mit meinen Stärken erfolgreich sein kann und die negativeren Seiten des Berufs aushalten kann, habe ich schon viel gewonnen. Entscheidend für mich waren immer eine gewisse Freiheit und Unabhängigkeit. Ich würde mir immer wieder einen Job suchen, in dem ich mein Leben selbst in der Hand habe und nicht abhängig von einem einzelnen Unternehmen bin. Als Koch kann ich überall auf der Welt arbeiten. Ob auf einem Schiff, in einer Currywurstbude oder im Sternerestaurant.

ANDRÉ RIEU
WALZERKÖNIG UND LEITER DES GRÖSSTEN
PRIVATEN ORCHESTERS DER WELT,
MIT ÜBER VIERZIG MILLIONEN VERKAUFTEN CDS
UND DVDS, DREISSIG NUMMER-1-CHART-PLATZIERUNGEN
UND 500-PLATIN-AUSZEICHNUNGEN
*1949

»Am Anfang haben alle gesagt: ›Geh nach Hause und spiel für deine Oma.‹«

Ich bin ...

... zuallererst Violinist und Orchesterleiter, also Musiker, aber auch ein Unternehmer mit rund 110 fest angestellten Mitarbeitern und eigenem Tonstudio. 1987 habe ich mein Johann Strauss Orchester gegründet, welches heute das größte private Orchester der Welt ist. Damit touren wir um die Welt und geben jedes Jahr rund 90 Konzerte auf fünf Kontinenten.

Pizza Paganini

Was wollten Sie als Kind oder nach der Schule werden?

Mein Vater war Dirigent, und alle meine Geschwister – wir waren drei Mädchen und drei Jungs, ich war der Älteste – spielten mehrere Instrumente, die unsere Mutter für uns aussuchte. Ich habe mit fünf Jahren angefangen, Geige zu spielen, später auch Klavier, Oboe und Flöte. Meine Geschwister und ich sind alle Musiker geworden. Für mich war das Musikmachen so »normal«, dass ich in der Grundschule die anderen Kinder gefragt habe, welche Geige sie spielen. Aber Musik war bei uns zu Hause Arbeit, kein Vergnügen. Wir haben auch oft die Konzerte meines Vaters besucht. Schon als Kind habe ich meine Liebe zum Walzer entdeckt, aber auch gespürt, dass ich niemals als Solist um die Welt reisen wollte, denn die waren fast immer allein, und das kann schnell ein sehr einsames Leben werden. Ich wollte mit Freunden musizieren. Ich hätte mir auch vorstellen können, Architekt zu werden, aber Musik war mir in die Wiege gelegt.

Was haben Sie gelernt?

Ich wurde sehr streng erzogen. Bei uns zu Hause hörten wir ausschließlich Bach, Beethoven, Mahler, die große Klassik. Ich hatte keine Ahnung von den Beatles oder den Rolling Stones, das ist alles total an mir vorbeigegangen. Meine Frau hatte auch eine sehr strenge Erziehung. Erst als Studenten nahmen wir uns vor, die Pubertät nachzuholen. Vorher war das gar nicht möglich. Ich sperrte meine Geige in den Schrank, und sie legte die Bücher weg (sie studierte Germanistik und Italienisch). Ich trug Flower-Power-Hemden und Ohrringe, und wir wollten eine Pizzeria aufmachen! Die teuerste Pizza sollte Pizza Paganini heißen, und ich wollte spielen, wenn sie serviert wurde. Aber dafür musste ich wieder anfangen zu üben! Das Ganze dauerte drei Wochen. Dann fing ich wieder an, Geige zu spielen – und, wie mein Lehrer meinte, besser als vorher. Die Pause hatte mir gutgetan. Also den wilden André Rieu gab's genau drei Wochen lang. Von 1968 bis 1973 studierte ich Geige am Konservatorium in Lüttich und Maastricht, unter anderem bei Jo Juda und Herman Krebbers, und von 1974 bis 1977 am Konservatorium in Brüssel bei André Gertler. 1977 gewann ich dann den Premier Prix am Brüsseler Konservatorium, und ein Jahr später gründete ich das Maastrichter Salonorchester, mein erstes eigenes Ensemble, bestehend aus fünf Musikern.

Was war Ihr erster bezahlter Job?

Wir hatten ein Ferienhaus in Südfrankreich, und dort habe ich mir als Jugendlicher als Tankwart an der Tankstelle öfter etwas dazuverdient. Als Student war ich auch mal Hosen-Model, recht erfolgreich, denn ich wurde immer wieder gefragt. Ich sollte sogar Nacktmodel sein, aber das wollte ich nicht. Irgendwann fragte mich meine spätere Frau Marjorie, ob ich denn schon mal das Geld dafür bekommen hätte. Leider nicht! Da war's mit dem Modeln schnell vorbei. Auch für Kaugummi modelte ich und steckte mir vor der Kamera auf Kommando total fröhlich einen Kaugummi in den Mund.

Wie sind Sie zu Ihrem Job gekommen?

Ich habe als junger Mann einige Jahre im Symphonieorchester meines Vaters gespielt. Aber ich habe mich in der klassischen Musikwelt immer allein gefühlt. Warum sind alle so ernst? Warum tragen die Frauen Schwarz und sehen so streng aus? Ich glaube, ich habe den Humor in die Welt der klassischen Musik gebracht. Und natürlich wollte ich mein eigenes Repertoire spielen. Musik, die wirklich zu Herzen geht. Ich habe kürzlich ein Zeugnis aus meiner Grundschulzeit wiedergefunden. Darauf hatte mein Lehrer geschrieben: »André ist ein netter Junge mit einem großen Herzen, aber viel Talent besitzt er nicht.« So hat man anfangs über mich gedacht. Auch meine Eltern haben lange nicht an mich geglaubt. Alles änderte sich, als ich meiner Frau Marjorie begegnete. Sie hat sofort an mich geglaubt. Das war der Moment, in dem ich mich öffnete und anfing, meine Träume zu verwirklichen.

Was braucht man, um Ihren Job besonders gut zu machen?

Natürlich muss die musikalische Qualität stimmen. Aber das allein reicht nicht. Man braucht viel Herz, Leidenschaft, Energie. Es ist mir wichtig, dass sich alle um mich herum wohlfühlen, dass eine positive, fröhliche Atmosphäre herrscht und dass meine Mitarbeiter Spaß haben an dem, was sie tun. Ich kann sehr ungeduldig sein und will alles sofort, aber immer mit Spaß. Und ich glaube, unser Publikum spürt das auch. Bei uns ist alles echt. Ich bin ein sehr emotionaler Mensch. Viele meiner Musiker sind seit über zwanzig Jahren bei mir, wir sind eine große Familie. Hinzu kommt, dass ich im Grunde ein sehr romantischer Mensch bin. Walt Disney hat einmal gesagt: »If you can dream it, you can do it!« Dazu fokussiere ich mich bei jeder Aufgabe immer mehr auf die Chancen als die Risiken. Eine sehr wichtige Rolle spielt auch meine Familie. Ich habe mir immer eine Frau gewünscht, mit der ich nicht nur privat glücklich sein würde, sondern auch zusammen arbeiten könnte. Bei uns verschmelzen die Grenzen zwischen beruflich und privat, wir sprechen schon beim Frühstück über neue Programme, DVDs, CDs oder Tourneen. Mein jüngerer Sohn Pierre hat bereits eigene Firmen gegründet, André Rieu Travel, die Reisen zu meinen Konzerten anbietet, und Piece of Magic Entertainment, das meine Konzerte weltweit in die Kinos bringt. Wir sind eigentlich ein richtiger Familienbetrieb – vielleicht der größte in der Musikwelt. Und last but not least: Um drei Stunden auf der Bühne zu stehen, braucht man auch eine gute Kondition. Daher mache ich regelmäßig Sport, richtigen Kraftsport.

Was gefällt Ihnen besonders gut an Ihrem Job?

Es gibt für mich nichts Schöneres, als Abend für Abend die fröhlichen Gesichter meiner Zuschauer zu sehen. Wir spielen jedes Jahr für rund 600 000 Menschen live. Das gibt eine so unglaubliche Energie. Ich selbst spiele, dirigiere und moderiere auf der Bühne. Ich freue mich auch, dass wir so viele wunderschöne Melodien und Musikstücke einem breiten Publikum bekannt machen können, das vielleicht

»Ich war 2008

mit 34 Millionen verschuldet.«

sonst eher nicht zu klassischen Konzerten geht. Meine Musik ist für alle da, nicht nur für eine Elite. Ich würde mich sehr freuen, wenn meine Musik die Menschen auch noch in hundert Jahren oder mehr berührt. Das ist das Schöne daran, wenn man Künstler ist, egal ob Maler, Sänger oder Schriftsteller – die Werke bleiben.

Was gefällt Ihnen nicht so sehr?

Da gibt es eigentlich nichts. Natürlich ist das viele Reisen manchmal anstrengend, aber auch das wird alles von unserem Büro perfekt organisiert. Wenn mir etwas nicht gefällt, ändere ich es.

Wie wichtig war in Ihrer Karriere Mut? Sind Sie Risiken eingegangen?

Mut war wichtig, ja, aber noch wichtiger war, dass ich gelernt habe, an mich zu glauben, und meinen Traum, mit meinem eigenen Orchester um die Welt zu reisen, immer weiter verfolgt habe. Ich habe 1987 mit zwölf Musikern angefangen, in der Schule meiner Söhne zu proben, ohne Heizung mitten im Winter. Niemand hat ein Honorar bekommen. Einer ist gleich wieder aufgestanden und hat gesagt: »Ich bin doch nicht verrückt!« Der ärgert sich jetzt vielleicht (*lacht*)! Rund zwanzig Jahre später habe ich das größte Konzert meiner Karriere in Melbourne gegeben, vor 38 000 Zuschauern. Ich war einfach überzeugt davon, dass das, was ich mache, die Menschen glücklich machen könnte – und habe meine Idee verfolgt, gegen alle Widerstände von Managern und Plattenfirmen, die am Anfang alle gesagt haben: »Geh nach Hause und spiel für deine Oma.«

Bin ich Risiken eingegangen? Oh ja (*lacht*). Ich war 2008 mit 34 Millionen verschuldet, weil ich das Schloss Schönbrunn in Originalgröße als Kulisse für meine Stadiontournee habe nachbauen lassen, und zwar drei Mal. Alle Konzerte waren ausverkauft. Es war wunderschön und nicht zu bezahlen. Allein 500 Leute haben das Schloss fünf Tage aufgebaut und drei Tage wieder abgebaut. Aber es hat so viel Werbung gemacht, dass alle Konzerte der nächsten

Jahre voll waren. Ich hatte das Glück, weiter an mich zu glauben und die volle Unterstützung meiner Familie, meines damaligen Promoters, meiner Plattenfirma zu haben. Und die Bank hat gesagt: Lasst ihn weiterspielen. Wir haben es dann in einem Jahr geschafft, die Schulden zurückzuzahlen. 2017 haben wir 46,3 Millionen Euro Umsatz gemacht, vor allem mit Ticketverkäufen. Das hängt alles hauptsächlich von mir ab. Es ist eine große Verantwortung, die ich aber mit Freude trage. Zum Glück schlafe ich nachts sehr gut! Aber ein Schloss baue ich sicher nicht mehr – ich glaube, dann würde meine Frau mit Scheidung drohen!

Wie wichtig war in Ihrer Karriere Glück?

Das größte Glück war, dass ich meiner Frau begegnet bin. Ohne sie wäre ich in der Gosse gelandet. Glück braucht man natürlich, aber Talent, Fleiß, Disziplin und Ausdauer sind mindestens genauso wichtig! Als großer Rom-Fan möchte ich gerne Seneca zitieren: »Glück ist, wenn Vorbereitung auf Gelegenheit trifft.«

Was raten Sie (jungen) Leuten, die vor der Entscheidung stehen: »Was soll ich mal werden?«

Höre in dich hinein. Spüre, woran dein Herz hängt, und überlege, was du wirklich machen möchtest. Folge deiner Leidenschaft, und lass dich von anderen nicht davon abbringen, sondern suche dir Menschen, die deinen Traum unterstützen. Arbeite hart, aber immer mit Spaß!

HELGA HENGGE
ERSTE DEUTSCHE FRAU AUF DEM
HÖCHSTEN BERG DER WELT,
DEM MOUNT EVEREST (8848 METER)
*1966

»Das größte Risiko bist du und dein Ego.«

Ich bin ...

... Keynote Speaker, Autorin und Bergsteigerin.

Was wollten Sie als Kind oder nach der Schule werden?

Ich wollte Reporter für *National Geographic* werden, in die entlegensten Ecken der Welt wandern und über wilde Natur, fremde Menschen, Traditionen und Götter berichten. New York sollte mein Base Camp sein. Dort wollte ich leben.

Was haben Sie gelernt?

Nach dem Abitur habe ich mich an der Journalistenschule der *Süddeutschen Zeitung* beworben. Unter mehr als hundert Bewerbern habe ich es in die Endrunde geschafft, aber einen Platz habe ich nicht bekommen. Sie haben mich vertröstet, ich sei noch so jung, könnte bei einer Zeitung ein Praktikum machen und mich im nächsten Jahr noch mal bewerben. Später, mit 25 Jahren, habe ich in New York studiert: Philosophie, Marketing und Film – und meinen Bachelor of Arts with Honors gemacht.

Was war Ihr erster bezahlter Job?

Meinen ersten richtigen Job hatte ich bei der Zeitschrift *Mädchen*. Dort hatte ich als Teenager ein paarmal gemodelt und mich, wie von den Redakteuren der Journalistenschule empfohlen, um ein Praktikum beworben. Während der Sommerferien durfte ich am Front Desk arbeiten, Telefonate weiterleiten, Leserbriefe beantworten und in den verschiedenen Redaktionen aushelfen. Als die Modeassistentin ein paar Wochen später in Tränen davongestürmt und nicht zurückgekommen ist, haben sie mir ihren Job angeboten. Die Mode hat mich eigentlich nie besonders interessiert, aber die Arbeit hat Spaß gemacht. Wir waren nur zu zweit – die Modechefin und ich –, und ich durfte von Anfang an überall mit anpacken, Castings und Fotoshootings organisieren, Kleider und Accessoires zusammenstellen, Models, Studios, Fotografen, Haarstylisten und Make-up buchen und bis spät in die Nacht Modetexte schreiben. Zu meiner ersten Modereise flogen wir nach Gran Canaria. Nicht ans Ende der Welt, aber schon ein kleines Stück hinaus. Als ich ein Jahr später Redakteurin werden sollte, hat die *Vogue* mich abgeworben für ein junges Magazin, das damals *Miss Vogue* und heute *Glamour* heißt.

Wie sind Sie zu Ihrem Job gekommen?

Nach dem Studium war ich mir sicher, dass ich Filmemacherin werde, aber zu einem Masters Degree konnte ich mich nicht durchringen – auch weil ich meine finanzielle Freiheit nicht verlieren wollte. Das war der Sommer, in dem in meinem Yogastudio eine Kletterwand eröffnet hat. Ein paar Wochen später habe ich das Buch *Seven Summits* gelesen – die höchsten Berge der sieben Kontinente. Mein Herz war entflammt, und ein halbes Jahr später bin ich auf den ersten meiner Seven Summits gestiegen, den Aconcagua, 6960 Meter hoch. Das Höhenbergsteigen hat mich gleich in seinen Bann gezogen. Ich habe Tag und Nacht gearbeitet, um genug Geld für die nächste Expedition zu verdienen, und bin dann aufgebrochen, erst die Sechstausender in den Anden, dann ein kleiner Achttausender im Himalaya und drei Jahre später der Aufstieg auf den Mount Everest, den höchsten Berg der Welt. Dass ich die erste Deutsche sein würde, die das erfolgreich schafft, wusste ich vorher nicht.

Mein heutiger Job als Keynote Speaker ist aus den Lesungen entstanden, die ich für mein erstes Buch gemacht habe. Das gehörte zu »angemessener Pressearbeit« und stand in meinem Vertrag. Mein Agent hatte mir diesen Punkt verschwiegen, aus gutem Grund, denn er wusste, dass ich lieber hinter als vor der Kamera stand. Die Vorstellung, in einer Buchhandlung vor fremden Menschen zu sitzen und aus meinem Buch vorzulesen – ein Albtraum. Mithilfe der Pressereferentin konnte ich eine Buchhandlung in Berlin überreden, zu meiner Lesung eine Leinwand aufzustellen, wo ich die Bilder vom Aufstieg auf den Mount Everest zeigen konnte. Das war perfekt, der Raum wurde abgedunkelt, alle schauten auf die Leinwand, und ich habe nur ein kleines Stück aus meinem Buch gelesen. Das kam gut an, und weitere Buchhandlungen folgten der Idee. Bei einer Lesung im Engadin hat mich der Vorstand einer Bank gesehen und eingeladen, beim Führungskräfte-Meeting zu seinem Team zu sprechen. Tief geschmeichelt habe ich zugesagt. Als ich dann in Frankfurt vor den 300 Bankern in dunklen Anzügen auf die Bühne hinaufsteigen musste, bin ich fast gestorben vor Angst. Der Vorstand hat mir auf die Schulter geklopft und gesagt, ich soll mich nicht so anstellen, ich sei schließlich auf dem Mount Everest gewesen. »Zeigen Sie den Männern, wie man es bis ganz nach oben schafft!« Als sich dann herumsprach, dass es eine gibt, die zwar nicht so aussieht, aber auf dem Mount Everest war und Beweisfotos hat, bekam ich mehr Vortragsanfragen. In den ersten Jahren waren es nur ein paar Vorträge, und ich konnte weiter hauptberuflich als Moderedakteurin arbeiten. Dann wurden es mehr Vorträge, weniger Mode, die Seven Summits und ein zweites Buch kamen dazu, bis ich schließlich ganz umsteigen konnte zu meinem heutigen Job als Keynote Speaker und Autorin.

Was braucht man, um Ihren Job besonders gut zu machen?

Mut, vorne zu stehen, Begeisterung für fremde Menschen, Neugier für das, was sie antreibt, starke Nerven und gute Stimmbänder.

Was gefällt Ihnen besonders gut an Ihrem Job?

Am besten an meinem Job gefällt mir, dass ich viele unterschiedliche Menschen und Firmen kennenlerne. Als Moderedakteurin habe ich lange unter dem großen Modezelt gelebt. Wir waren überall auf der Welt zu Hause und haben uns in Trends und Farben, Accessoires und Stoffen, aber immer in einem eher kleinen Kreis um unsere eigene Wichtigkeit gedreht. Da konnte man schnell das Gefühl bekommen, die Mode sei das Zentrum der Welt und alles um uns herum nur mehr oder weniger schmückendes Beiwerk. Jetzt sehe ich, dass es viele solcher Welten gibt – die Automobilwelt, die IT-Welt, die Bankenwelt, Air und Space, Pharma, Chemie, Versicherung, Beratung, Beauty, Sport, Einzelhandel. Überall sind die Herausforderungen groß, die Zusammenarbeit im Team wichtig,

»Man darf etwas Großes nur wagen, wenn man auch loslassen kann.«

der Aufstieg schwierig, die Zukunft ungewiss. Das liebe ich an meinem Job – einen Einblick in so viele Welten zu bekommen, Menschen in meinen Vorträgen mit auf den Berg zu nehmen und zu inspirieren, groß zu denken und die Herausforderungen mit Enthusiasmus anzupacken.

Was gefällt Ihnen nicht so sehr?

Es fällt mir manchmal schwer, loszulassen, mich von den Menschen, mit denen ich mich vorbereitet, abgestimmt und dem großen Tag entgegengefiebert habe – und vom Team, das ich inspirieren durfte –, wieder zu trennen. Es gibt so viele faszinierende Firmen und Projekte, manchmal würde ich gerne ein Teil des Teams werden und beim großen »Aufstieg« mitarbeiten. Oft denke ich, im nächsten Leben, da fange ich mein Arbeitsleben ganz anders an.

Wie wichtig war in Ihrer Karriere Mut? Sind Sie Risiken eingegangen?

Mut bedeutet, dass man sich traut und fähig ist, etwas zu wagen. Ich glaube, es ist wichtig, sich immer wieder zu trauen, Risiken einzugehen und etwas zu wagen. Nur so entsteht Vertrauen in die eigene Kraft, und das braucht man, um sich noch mehr zu trauen. Man kann das sehr gut in kleinen Schritten üben. Für das Fähigsein kann man meistens einen Workshop machen.

Ich habe lange davon geträumt, viele Jahre trainiert und noch länger darüber nachgedacht, ob ich bereit bin für den Aufstieg auf den Mount Everest – physisch und emotional. Bin ich stark genug, habe ich genug Erfahrung, kann ich mit Rückschlägen umgehen, werde ich rechtzeitig umdrehen? Die meisten Bergsteiger am Mount Everest sterben, nachdem sie den Gipfel erreicht haben, weil sie den Rückweg nicht mehr schaffen. Ein großer Bergführer hat mir damals gesagt: »Wenn du dir sicher bist, dass du zwei Monate im Himalaya im Zelt verbringen und auch ohne den Gipfel glücklich nach Hause fahren kannst, dann kannst du gehen.« Man darf etwas Großes nur wagen, wenn man auch loslassen kann. Um Gletscherspalten und steile Felswände zu überwinden, brauchst du keinen Mut, sondern jahrelanges Training und Erfahrung. Das Risiko am Mount Everest bist du und dein Ego. Ich gehe immer sehr behutsam in die Berge, mit großem Respekt vor der gewaltigen Natur, den Gefahren und meiner Angst, dem, was kommt, nicht gewachsen zu sein.

Große Risiken bin ich im Leben nie eingegangen. Ich bin einfach stetig weiter aus meiner Landkarte hinausgewandert, ohne die Komfortzone eines sicheren Jobs zu verlassen. »Don't give up your day job«, heißt es in New York. Ich habe als Moderedakteurin gearbeitet und abends an der New York University Philosophie, Marketing und Film studiert. Die Fächer haben mich interessiert, und dass ich vorher nicht wusste, was ich später damit anfangen sollte, hat mich nicht gestört.

Als ich vom Mount Everest zurückkam, als erste deutsche Frau, die den höchsten Berg der Welt bezwungen hatte, hat ein Verlag angefragt, ob ich ein Buch schreiben würde. 300 Seiten, so viele Wörter kannte ich gar nicht. Ich solle mich nicht so anstellen, ich sei schließlich auf dem Mount Everest gewesen. »Da können Sie doch sicher was erzählen«, sagte die Redakteurin damals. »Schreiben Sie mal und schicken Sie mir was. Wenn es ganz furchtbar ist, dann bringe ich Ihnen das schonend bei und finde einen Journalisten, der Ihnen hilft.« Das klang gut, so hatte ich nichts zu verlieren. Mein Beruf als Moderedakteurin hat mir Spaß gemacht und eine sichere Basis gegeben. Abends habe ich mein Buch geschrieben. Dass ich heute Vorträge halte und Menschen damit begeistern kann, habe ich sicher meinem Philosophie- und Filmstudium zu verdanken und ein paar wunderbaren Professoren, die mir viel, viel Mut gemacht haben.

Wie wichtig war in Ihrer Karriere Glück?

Ich hatte oft Glück in all meinen Karrieren. Sicher auch, weil ich zugepackt und mich getraut habe, wenn die Gelegenheit kam. Hart zu arbeiten, Rückschläge zu ertragen und manchmal noch mal ganz von vorn anzufangen, gehört dazu, das sind die Steine, die man treten muss, um Glück zu haben. Meine Neugier und mein Enthusiasmus haben mir sicher geholfen, das Glück einzufangen, denn damit habe ich mich in viele Abenteuer gestürzt, die anfangs sicher nicht erfolgversprechend waren. Oft weil meine Begeisterung größer war als die Angst vor einem Fehlschlag. Ich hatte immer das Gefühl, wenn es ganz schlimm wird, kann ich immer noch nach Hause fahren. Vielleicht haben meine Eltern und später meine Professoren an der Uni dieses Gefühl sehr tief in mir verankert.

Was raten Sie (jungen) Leuten, die vor der Entscheidung stehen: »Was soll ich mal werden?«

Gelegenheiten beim Schopf packen, sich mit Begeisterung engagieren und Schwierigkeiten nicht aus dem Weg gehen. Nur an Herausforderungen können wir wachsen, erst wenn es schwierig wird, sehen wir, was in uns steckt, die Stärken und auch die Schwächen. Und je besser man sich kennt, desto erfolgreicher ist man, egal was man tut. Es gibt nur ganz wenig Menschen, die am ersten Tag schon genau planen können, was sie für den Rest des Lebens machen werden. Viele haben einfach nur einen großen oder viele kleine Träume, die auf den ersten Blick unrealistisch und unerreichbar scheinen, und das ist perfekt für den Start: den ersten Schritt wagen, groß denken und bereit sein, auf dem Weg nach oben dazuzulernen. Die meisten Jobs, die es heute gibt, werden sich verändern, manche wird es in ein paar Jahren gar nicht mehr geben. Wir werden uns alle immer wieder umorientieren und neue Jobs und Wirkungsfelder finden – und das ist das Beste an der Zukunft.

RAINER MARIA KARDINAL WOELKI
PRIESTER, ERZBISCHOF VON KÖLN
*1956

»Mut wird belohnt.«

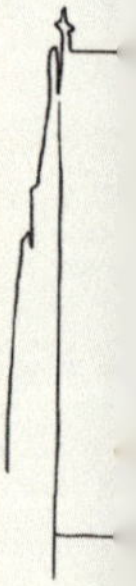

Ich bin ...

… zunächst einmal Priester. Das bedeutet, dass ich vor nunmehr 34 Jahren bei meiner Priesterweihe dem damaligen Erzbischof von Köln, Josef Kardinal Höffner, versprochen habe, in seiner Diözese für ihn und seine Nachfolger meinen Dienst für die Menschen zu tun. Und dieser Dienst war und ist sehr erfüllend und vielfältig: Ich war unter anderem Kaplan in einer Gemeinde in Neuss in der Nähe von Düsseldorf, dann aber auch Sekretär von Höffners Nachfolger Joachim Kardinal Meisner. Später durfte ich junge Menschen als Leiter eines Ausbildungshauses auf ihrem Weg in den Priesterberuf begleiten und schließlich als Weihbischof Jugendlichen das Sakrament der Firmung spenden. Im Jahr 2011 wurde ich dann Erzbischof von Berlin und bin seit 2014 Erzbischof von Köln sowie seit 2012 Kardinal der Weltkirche.

Was wollten Sie als Kind oder nach der Schule werden?

Der Wunsch, Priester zu werden, war mir schon früh sehr klar. Als Kind habe natürlich auch ich zeitweise die klassischen Berufsträume gehabt, die Kinder so haben. Doch auch wenn es heutzutage etwas ungewöhnlich klingt, es stimmt: Priester sein ist meine Berufung. Immer habe ich einen Ruf in mir gespürt, der über eine reine »Berufswahl« hinausging. Es ist etwas, das die gesamte Person erfasst, eine ganze geistliche Lebensweise. Es ist Christus selbst, der mich in seine besondere Nachfolge gerufen hat und ruft.

Was haben Sie gelernt?

Um Priester zu werden, muss man zunächst Theologie studieren, ein Studium, das eine besondere inhaltliche Vielfalt bietet. Man lernt die Sprachen der Bibel: Latein, Griechisch und Hebräisch. Außerdem auch Kirchengeschichte, Kirchenrecht, Bibel- und Liturgiewissenschaft, Christliche Gesellschaftslehre und Pastoraltheologie. Und schließlich die sogenannten systematischen Fächer Dogmatik und Fundamentaltheologie und auch Philosophie. Diese Vielschichtigkeit des Studiums hat mich als junger Mensch sehr gereizt: Man schaut über den Tellerrand und trainiert sich in jedem Fach eigene Methoden an. Das weitet den Horizont!

Was war Ihr erster bezahlter Job?

Ab meinem vierzehnten Lebensjahr hatte ich immer wieder Schüler- und später Studentenjobs in einem Warenhaus und einer Bäckereikette. Mein erstes kleines Gehalt bezog ich als Diakon und das erste richtige als Kaplan.

Wie sind Sie zu Ihrem Job gekommen?

Kirche und Gemeinde gehörten schon in meiner Familie und meiner Kindheit ganz selbstverständlich zum Leben, an dem ich

»Als Priester ist man nicht einfach Arbeitnehmer.«

auch aktiv beteiligt war, sowohl als Ministrant als auch in der Jugendarbeit in der Bruder-Klaus-Siedlung in Köln. Als dann die Frage der Berufswahl anstand, spürte ich die Berufung, als Priester zu leben und zu arbeiten, ganz deutlich. Ich meldete mich also zu Studienbeginn bei meiner Diözese und wurde so Alumne. Man wohnt dann während des Studiums in einem Seminar in Gemeinschaft mit anderen Priesteramtskandidaten, hat gemeinsame Lehrveranstaltungen und Mahlzeiten, feiert gemeinsam die Messe und wächst so allmählich in eine feste Gemeinschaft hinein. Das ist bis heute gleich geblieben.

Was braucht man, um Ihren Job besonders gut zu machen?

Als Priester ist man Vermittler: Auf der einen Seite stehen wir auf dem Boden der frohen Botschaft des Evangeliums und der Tradition der Kirche. Auf der anderen Seite sprechen wir zu den Menschen von heute mit ihren Fragen, Perspektiven und Hoffnungen. Als Priester muss man also im wahrsten Sinne »Seelsorger« sein und sich wie ein guter Hirte um die Menschen kümmern, sie treu begleiten und Orientierung vermitteln. Immer nach dem Vorbild Jesu. Wenn die Menschen den Eindruck haben, da nimmt mich jemand ernst, kennt die Sorgen und Fragen der Zeit und kann Antworten geben, die Hoffnung und Orientierung vermitteln, haben wir unsere Aufgabe gut erfüllt.

Was gefällt Ihnen besonders gut an Ihrem Job?

Es ist ein kostbares Geschenk, Menschen in allen Facetten und allen Phasen ihres Lebens begleiten zu dürfen. Priester spenden Trost und Hoffnung bei Trauerfällen, dürfen dabei sein, wenn sich Eheleute vor Gott gegenseitig zusagen, sich ein Leben lang treu sein zu wollen. Wir freuen uns mit jungen Eltern bei der Taufe ihres Kindes, das wir Jahre später vielleicht als Schulseelsorger oder im Feriencamp wiedersehen. All das geschieht aus der Gewissheit heraus, dass Gott die Menschen liebt und bei den Menschen ist, und dafür stehen wir mit unserer ganzen Person ein.

Was gefällt Ihnen nicht so sehr?

Ich kann ganz ehrlich sagen, dass ich mich jederzeit wieder für diesen Weg entscheiden würde! Nach wie vor bin ich jeden Tag gerne Priester und dankbar, dass ich den Menschen von heute von Gott erzählen darf. Wir leben zwar in einer Zeit, in der der Glaube an Gott nicht mehr selbstverständlich ist. Aber ich sehe das als eine Herausforderung: Wir müssen unsere Botschaft von Gott als dem innersten Grund und Sinn der Welt immer wieder schärfen und neue Wege finden, sie den Menschen nahezubringen.

Wie wichtig war in Ihrer Karriere Mut? Sind Sie Risiken eingegangen?

Als Priester ist man nicht einfach »Arbeitnehmer«, sondern steht mit seiner ganzen Existenz sichtbar für die Wirklichkeit Gottes in dieser Welt ein. Dazu gehört es zum Beispiel, ehelos zu leben und seinem Bischof bei der Weihe zu versprechen, überall eingesetzt werden zu können. Und sicher gehört dazu auch eine reife und reflektierte Persönlichkeit. Aber dieser Mut wird belohnt.

Wie wichtig war in Ihrer Karriere Glück?

Für mich war es in meiner Biografie ein großes Glück, dass es in meinem Umfeld immer Menschen gegeben hat, für deren Vorbild und Begleitung ich bis heute zutiefst dankbar bin. Ich denke an viele Menschen, die mich in meiner Berufung gestärkt haben oder von denen ich etwas lernen durfte.

Was raten Sie (jungen) Leuten, die vor der Entscheidung stehen: »Was soll ich mal werden?«

Jugendliche haben heute angesichts des schier unüberschaubaren Job-Angebots wirklich die Qual der Wahl. Bei der Berufswahl sollte sich deshalb der erste Blick immer nach innen richten: Was kann ich gut? Bei welchen Tätigkeiten fühle ich eine innere Erfüllung? Wer auf diese Weise einen Beruf für sich identifiziert, wird mit dem nötigen Eifer sicher erfolgreich sein. Und wer bei der inneren Suche auf einen Ruf stößt und sich für eine geistliche Existenz interessiert, darf sich gerne jederzeit bei uns melden!

FRAUKE LUDOWIG
SEIT 25 JAHREN *EXCLUSIV*
AUF TUCHFÜLLUNG MIT DEN STARS
* 1964

»Ich wollte nicht von Leuten abhängig sein, die dein Gesicht gut finden.«

Ich bin ...

… Journalistin und Moderatorin.

Was wollten Sie nach der Schule werden?

Ich wollte Tierärztin werden, weil ich immer eine große Affinität zu Tieren hatte. Ich hatte aber auch die Möglichkeit, in die Fleischerei meiner Eltern einzusteigen. Was mein Bruder dann schließlich gemacht hat. Das Tolle war, dass ich Eltern hatte, die meinem Bruder und mir immer die Sicherheit gegeben haben, uns zur Not auf die Beine zu helfen, wenn irgendetwas nicht klappen sollte. Diese Freiheit zu haben, war natürlich Luxus für mich.

Was haben Sie gelernt oder studiert?

Nach dem Abitur habe ich in Wunstorf in Niedersachsen eine Banklehre gemacht. Die Ausbildung habe ich mit einer recht mittelmäßigen Note 3 abgeschlossen. Danach folgte ein Volontariat bei einem Radiosender zur Ausbildung als Redakteurin.

Was war Ihr erster bezahlter Job?

Mein erstes Geld verdiente ich als Kassiererin in der Fleischerei meiner Eltern.

Wie sind Sie zu Ihrem heutigen Job gekommen?

Mir war schon sehr früh klar, dass Bankkauffrau kein Beruf ist, der mich glücklich macht und in dem ich erfolgreich sein kann. Ich wusste, dass da »karrieremäßig« für mich irgendwann Schicht ist. Deswegen habe ich mir nach einem Jahr in der Bank überlegt, dass ich irgendwas anderes machen muss. Und dann war es Zufall, dass ich schnell zum Radio nach Hannover ging. Das war zu der Zeit, als in Deutschland das Privatradio anfing. Bei Radio ffn wurde eine Stelle frei, die sich aber schnell als Luftpumpe herausstellte. Denn ich habe anfangs nur Schallplatten im Archiv sortiert. Aber ich bin relativ schnell von meinem damaligen Förderer entdeckt worden, der gesagt hat: »Du bist ein tolles Mädchen, du bist fleißig und engagiert. Aus dir kann was werden.« Dadurch konnte ich mich im Sender schließlich ausprobieren und ein Volontariat machen. Ich habe dann relativ schnell die Frühsendung moderiert, was im Radio ein großes Kompliment ist. Ich habe aber schnell gemerkt, dass das frühe Aufstehen um drei Uhr nachts extrem auf den Körper geht. Und wieder durch Zufall habe ich ein Angebot bekommen, beim Regionalsender von RTL West zu moderieren. So kam ich zum Fernsehen. Ich habe dann eine Zeit lang zwei Wochen Radio und zwei Wochen Fernsehen gemacht, was ich am Anfang ganz cool fand. Aber ich habe schnell gemerkt, dass ich nicht nur eine Moderatorin bin. Ich wollte Reporterin sein, das Handwerk lernen und Beiträge machen. Und ich wollte als Moderatorin nicht von Leuten abhängig sein, die dein Gesicht gut finden. Ich wollte den Job beim Fernsehen richtig lernen, und so habe ich mich bei RTL in Köln als Redakteurin beworben. Zum Glück hat RTL mich genommen. Und so habe ich zeitgleich mit Barbara Eligmann bei *Explosiv* angefangen. Sie als Moderatorin, ich als Reporterin.

Irgendwann kam der Zeitpunkt, dass bei RTL die Zeitschiene von 18:30 Uhr bis 18:45 Uhr neu besetzt werden sollte. *Explosiv* war damals sehr erfolgreich, sodass die RTL-Chefs uns gefragt haben, ob uns nicht etwas einfällt, was man in der Zeit machen könne. Daraus wurde am Ende ein Mini-*Explosiv* mit dem Namen *Explosiv Telegramm*. Aber wir wollten etwas Eigenes machen. Eine Sendung mit einem eigenen USP, auch wenn damals noch niemand den Begriff USP kannte (*lacht*). Deswegen haben wir ein Celebrity-Format vorgeschlagen, eine Sendung nur über Prominente. Der damalige RTL Chef, der berühmte Helmut Thoma, sagte darauf, dass Deutschland keine Prominenten hat, sondern nur Hollywood. Aber wir haben schnell erkannt, dass es nicht immer Hollywood sein muss, denn es war die Zeit der Sternchen in Deutschland. Und es hat funktioniert. *Exclusiv* gibt es inzwischen seit 25 Jahren. Wenn man sich heute im Fernsehen umschaut, werden überall ganze Sendungen mit Menschen gefüllt, die damals total irrelevant waren.

»Bei Mick Jagger habe ich mir fast in die Hose gemacht.«

Was braucht man, um Ihren Job besonders gut zu machen?

Auf jeden Fall Disziplin und Durchhaltevermögen. Man sollte fleißig und natürlich auch talentiert sein. Man braucht aber auch eine gewisse Gelassenheit und Selbstvertrauen, wenn man Prominente trifft und Interviews führt. Das musste ich über die Jahre auch erst lernen. Ich erinnere mich noch, als ich das erste Mal Mick Jagger gegenüberstand, habe ich mir fast in die Hose gemacht vor Aufregung. Heute kann ich das. Heute traue ich mir viel mehr zu als früher.

Was gefällt Ihnen besonders gut an Ihrem Job?

Dass der Job so unglaublich vielseitig ist! Mit Disziplin und Fleiß kann man alles erreichen. Und man kann sich selbst verwirklichen! Viele glauben, dass ich Stars und rote Teppiche besonders toll finde. Aber mir gefällt viel mehr, zu Hause bei meiner Familie zu sein. Ich weiß, dass ich von vielen um meinen Job beneidet werde, was ich auch verstehe. Denn der Job an sich ist ja auch wirklich beneidenswert. Aber es ist harte Arbeit. Wenn ich zum Beispiel bei der Oscar-Verleihung am roten Teppich neben all den Stars stehe, sieht das natürlich super aus. Aber diese fünf Tage in Hollywood bedeuten, dass man wegen der Zeitverschiebung und der vielen Arbeit vor Ort so gut wie gar nicht schläft. Was für mich schon die Höchststrafe ist.

Es ist immer mein Anspruch, Geschichten zu erzählen, tolle Storys zu finden und neue Dinge auszuprobieren. Ich bin eben nicht nur eine Puppe, die vor der Kamera etwas moderiert. Und dafür braucht man viel Fleiß und Disziplin, und man muss es wollen.

Was gefällt Ihnen nicht so sehr?

Mir gefällt alles!

Wie wichtig war in Ihrer Karriere Mut? Sind Sie Risiken eingegangen?

Ja, ich bin einige Risiken eingegangen. Als ich für das Volontariat beim Radio bei der Bank gekündigt habe, dachte ich mir: »Das ist ganz schön gefährlich.« Es war wirklich nicht einfach beim Radio. Aber ich konnte mich immer auf mein stabiles Elternhaus verlassen, denn ich wusste, wenn etwas schiefgeht, sind sie da. Sie gaben mir immer Sicherheit.

Wie wichtig war in Ihrer Karriere Glück?

Glück gehört immer dazu! Wenn damals bei RTL niemand die Sendung *Exclusiv* gewollt hätte, wäre ich wahrscheinlich immer noch Reporterin. Aber das weiß man nicht. Manchmal gehört zum Leben einfach dazu, zur richtigen Zeit am richtigen Ort zu sein. Ich glaube aber, dass man sich Glück auch erarbeiten kann. Man kann es nur nicht festhalten. Ich hatte aber auf jeden Fall das große private Glück, dass ich relativ alt einen tollen Mann kennengelernt habe, und es war ein großes Glück, dass ich meine beiden Kinder auf die Welt bringen konnte.

Was raten Sie (jungen) Menschen, die vor der Entscheidung stehen: »Was soll ich mal werden?«

Man sollte überall reinschnuppern und die Möglichkeiten, die man bekommt, nutzen. Das heißt viele Praktika zu absolvieren, bis man sich wirklich sicher ist! So ging es mir ja auch. Ich habe bei der Bank gearbeitet, und das war super, doch wusste ich, dass ich es nicht mein ganzes Leben lang machen möchte, also habe ich eine neue Herausforderung gesucht. Wenn man Gas gibt, Initiative ergreift und wenn man zeigt, was man kann, dann bleibt man nicht auf der Stelle stehen. Dann kommen irgendwann tolle Sachen auf einen zu.

HERBERT HAINER
SPORTVERRÜCKTER MANAGER, TRÄGER DES BUNDESVERDIENSTKREUZES AM BANDE SOWIE DES BAYERISCHEN VERDIENSTORDENS
*1954

»Wer nichts macht, macht zwar keine Fehler, kann aber auch nichts gestalten.«

Ich bin ...

... Präsident beim FC Bayern München und ansonsten Ruheständler. Ich war mein ganzes Leben lang Manager, unter anderem CEO von adidas. Mein heutiges Amt des Präsidenten ist allerdings eher eine Position. Das ist kein Beruf, also zumindest gibt's das nicht im Berufsbild der Industrie und Handelskammer (IHK).

Was wollten Sie als Kind oder nach der Schule werden?

Als Kind wollte ich Profi-Fußballer werden. Ich habe in einem relativ kleinen Dorfverein gespielt, da gab es eine Schülermannschaft von zehn bis vierzehn und die Jugend von fünfzehn bis achtzehn Jahren. Aber ich habe schon in der Jugend gemerkt, dass ich zwar gut bin, aber eben nicht gut genug für höhere Weihen. Immerhin habe ich es bis zur Landesliga geschafft. Für mich war relativ schnell klar, dass ich in die Wirtschaft gehen und eine Arbeit im Marketing- und/oder Verkaufsbereich anstreben will.

Was haben Sie gelernt?

Ich habe den zweiten Bildungsweg gemacht. Wir waren drei Kinder, der ältere Bruder wurde aufs Gymnasium geschickt und ich als zweiter Sohn sollte eventuell mal die Metzgerei meiner Eltern übernehmen. Also ging ich auf die Realschule, weil die wirtschaftlicher orientiert war. Ich war allerdings ein eher lausiger Schüler und als ich die Mittlere Reife in der Tasche hatte, hatte ich von der Schule erst mal genug. Ich wollte etwas »machen«. Insofern hat mir meine darauf folgende Lehre zum Großhandelskaufmann auch Spaß gemacht. Sie hat mich ins reale Leben eingeführt. Ich habe aber nie in diesem Beruf gearbeitet. Denn nach der Lehre habe ich gemerkt, dass mir doch ein gewisses Wissen, eine gewisse Ausbildung fehlt.

In schulischen Dingen war ich wohl eher ein Spätzünder. Und so habe ich erst mit achtzehn gemerkt, dass das mit der Realschule so toll dann doch nicht ist. Ich habe also noch mein Abitur gemacht und anschließend Betriebswirtschaft studiert.

Was war Ihr erster bezahlter Job?

Ich komme aus Dingolfing und habe meine ganzen Ferienjobs dort bei BMW gemacht. In Dingolfing überstrahlt BMW alles. Die haben dort ein Werk mit 23 000 Mitarbeitern, und die Stadt selber hat nur gut 19 000 Einwohner. Der Präsident vom Fußballclub Dingolfing, bei dem ich damals gespielt habe, war Bereichsleiter bei BMW, so bin ich zu meinen Ferienjobs gekommen.

Direkt nach dem Studium habe ich dann bei Procter & Gamble, einem der größten amerikanischen Konsumgüterkonzerne, im Marketing-und-Sales-Bereich angefangen und dort acht Jahre in den unterschiedlichsten Positionen, bis zum Bereichsleiter Süddeutschland, gearbeitet. 1986 wurde ich von einer Personalberatungsfirma angesprochen, dass der Sportartikelhersteller adidas gut ausgebildete Manager, vornehmlich aus dem amerikanischen Konsumgütersektor, sucht, und so bin ich meiner Leidenschaft Sport gefolgt und habe am 1. April 1987 bei adidas in Herzogenaurach angefangen. Dort war ich insgesamt dreißig Jahre, ab 2001 Vorstandsvorsitzender der adidas AG.

Wie sind Sie zu Ihrem Job gekommen?

Meine Tätigkeit bei adidas hat mich zum FC Bayern gebracht. Dort bin ich seit siebzehn Jahren im Aufsichtsrat. Adidas war damals der erste Geschäftspartner, der sich an der FC Bayern AG beteiligt hat. Dadurch hat adidas dann auch eine Person in den Aufsichtsrat des FC Bayern geschickt. Das war ich.

2002 bin ich bei Bayern München zum stellvertretenden Aufsichtsratsvorsitzenden ernannt worden. Das bin ich auch bis heute. Insofern hatte ich immer eine sehr enge Beziehung zum FC Bayern. Auch zu den handelnden Personen, besonders zu Uli Hoeneß. Wir haben unheimlich viel zusammengearbeitet und wir sind auch befreundet.

Eines Tages, kurz vor Weihnachten 2018, fahren wir mit dem Auto vom Tegernsee nach München rein, weil wir zu einem Basketballspiel der Bayern wollten. Und da hat mich der Uli gefragt, ob ich mir vorstellen könnte, auch mehr zu machen beim FC Bayern. Ich habe spontan gesagt: »Ja, also wenn ich dir helfen kann, dann sag mir Bescheid. Was soll ich denn noch machen?« Da sagt der Uli: »Nein, nein, ich meine Präsident.« Darauf wäre ich im Leben nicht gekommen. Für mich war Uli Hoeneß Präsident bis an sein Lebensende, ich war wirklich komplett überrascht. Ich habe ihm gesagt, dass ich erst mal nachdenken muss. Insgeheim habe ich mir gedacht, dass er bestimmt verärgert ist, weil er bei der Jahreshauptversammlung kurz zuvor ziemlich kritisiert wurde. (Da war ja der Herr Bachmeier.) Ich dachte mir: Jetzt versuche ich mal, das über Weihnachten zu bringen, und dann ist der Ärger bei Uli Hoeneß sicher wieder verflogen. Und das habe ich ihm auch gesagt: »Weißt du, Uli, jetzt steht Weihnachten an, lass mal das Weihnachtsfest vergehen und dann können wir uns im Januar noch mal zusammensetzen.« Aber kaum war Weihnachten vorbei, hat Uli wieder gefragt. »Wie schaut's aus? Hast du dir das schon überlegt?« Irgendwann im Februar habe ich ihm gesagt, ich würde das machen. Er müsse aber bitte verstehen, dass ich das erst mit meiner Frau besprechen muss, weil das ja eigentlich nicht meine Lebensplanung war. Ich habe dafür den richtigen Zeitpunkt abgewartet und sie hat letztendlich gesagt, wenn du das unbedingt machen willst, dann mach es.

Was braucht man, um Ihren Job besonders gut zu machen?

Ich glaube, dass ich mehrere Dinge mitbringe, um mich für dieses Amt zu befähigen. Das ist auf der einen Seite mein großer Sachverstand aus der Wirtschaft. Das sind jetzt fast vierzig Jahre, die ich in großen Unternehmen gearbeitet habe, bei Procter & Gamble oder eben adidas, wo ich fünfzehn Jahre einen multinationalen Konzern mit 60 000 Mitarbeitern geleitet habe. Das Zweite ist, dass ich ein unheimlich großes Netzwerk habe, sowohl im Sport als auch in der Wirtschaft. Das Dritte ist, dass ich eine unheimliche Leidenschaft für den FC Bayern habe, weil ich eben den ganzen Club und die handelnden Personen sehr gut kenne. Und last but not least glaube ich, das soll jetzt nicht arrogant klingen, dass ich schon eine Art an mir habe, dass ich Menschen einbinden und begeistern kann und dass Menschen auch merken, dass ich es ehrlich meine. Viele sagen, ich wäre authentisch und bodenständig. Das sind die Dinge, die mich dazu befähigen, das Amt des Präsidenten auszufüllen. Generell braucht es aber sicher Begeisterung, Lernbereitschaft, Gestaltungswillen, Durchsetzungsvermögen und Spaß, mit Menschen zu arbeiten.

Was gefällt Ihnen besonders gut an Ihrem Job?

Dass ich mich in der Sportwelt und in der Fußballwelt bewegen kann, denn ich bin ein Sportverrückter. Das macht mir unheimlich Spaß.

Ich konnte früher alle Olympiasieger im Dressurreiten aufzählen. Von 1964 angefangen mit Josef Neckermann über Dr. Reiner Klimke und, und, und. Obwohl mich Dressurreiten nie sonderlich interessiert hat. Aber wenn Olympia war, habe ich alles angekuckt. Konrad Wirnhier, der die Goldmedaille im Tontaubenschießen gewonnen hat. Das wusste ich alles!

Auch bei adidas konnte ich diese Leidenschaft mit meinem Beruf verbinden. In einer Umgebung mit sportbegeisterten jungen Menschen, mit Athleten aus aller Welt und allen Sportkategorien zusammen zu arbeiten, war für mich immer Freude und Ansporn zugleich, und ich habe jeden Tag genossen.

Was gefällt Ihnen nicht so sehr?

Als Präsident des FC Bayern kann ich das jetzt noch nicht sagen, dafür ist es noch zu früh. Bisher habe ich ja nur Lobeshymnen, Glückwünsche und Mails bekommen und alles drum und dran. Ich habe noch nicht die administrativen Seiten der Präsidentschaft kennengelernt. Das heißt: Wann muss ich auf Beerdigungen gehen, auf Hoch-

zeiten, auf Ehrungen? Es könnte sein, dass das etwas ist, was mir nicht so gefällt, aber das muss ich erst herausfinden. Auf jeden Fall ging mir das bei adidas so. Für ein Unternehmen mit 60 000 Mitarbeitern und einem Umsatz von 20 Milliarden verantwortlich zu sein, bringt eine gehörige Portion Stress mit sich. Am wenigsten mochte ich die administrativen Dinge an meiner Arbeit, die bei einem börsengelisteten Unternehmen auch zur täglichen Arbeit gehören.

Wie wichtig war in Ihrer Karriere Mut? Sind Sie Risiken eingegangen?

Das Wort Unternehmer stammt von etwas unternehmen und wer nichts macht, macht zwar keine Fehler, kann aber auch nichts gestalten. Da man in der heutigen globalen, sich unheimlich schnell wandelnden Welt nicht alles genau vorausberechnen und analysieren kann, muss man auch oft sehr schnell Entscheidungen treffen, die eine Menge Mut erfordern und auch ein gewisses Risiko in sich bergen; wer dazu nicht bereit ist, wird auch nichts bewegen.

Was meine Aufgabe als Präsident des FC Bayern betrifft, so glaube ich nicht, dass die Entscheidung dafür sonderlich mutig war. Zumindest empfinde ich es nicht so, weil ich der absoluten Überzeugung bin, dass ich das kann. Auch viele Menschen im Verein und im Umfeld des FC Bayern München glauben, dass ich die ideale Lösung als Nachfolger von Uli Hoeneß bin. Und die Fußstapfen sind ja nicht klein. Es war kein Mut, es war eher die Entscheidung, mein Leben nochmal ein Stück weit zu verändern. Ich habe bis zum meinem 62. Lebensjahr ununterbrochen gearbeitet und ich habe mir dann gesagt: Ich gehe jetzt in einen neuen Lebensabschnitt, wo ich mehr Zeit für mich, für meine Familie, für die privaten und die persönlichen Dinge habe. Ich habe noch ein paar Aufsichtsratsmandate, damit ich im Wirtschaftsleben vernetzt bin, aber bin bei Weitem nicht mehr so beschäftigt.

Diese Entscheidung zu treffen, wieder mehr zurückzugehen, auch ins administrative Geschäft, ins tägliche operative Geschäft, das war eine Entscheidungsfindung. Aber ich finde nicht, dass sie besonders mutig war.

Wie wichtig war in Ihrer Karriere Glück?

Eine gewisse Portion Glück hilft immer, aber wie sagt das bekannte Sprichwort so schön: »Glück hat auf die Dauer nur der Tüchtige.«

Was raten Sie (jungen) Leuten, die vor der Entscheidung stehen: »Was soll ich mal werden?«

Seiner Leidenschaft und seinen natürlichen Begabungen zu folgen. Ich höre manchmal von jungen Leuten, wenn sie das Abitur gemacht haben: Ich habe überhaupt keine Ahnung, was ich studieren soll. Diese Menschen werden nie glücklich. Zumindest nicht glücklich in dem, was sie beruflich tun. Jeder hat bestimmte Begabungen. Die muss man herausfinden. Jeder hat gewisse Leidenschaften. Denen soll er auch nachgehen.

Ich sehe das an meiner Tochter. Unsere Kinder sind schon früh immer zum Reiten gegangen. Meine Tochter hat in München im Hotel Königshof Köchin gelernt. Später hat sie das Abitur nachgemacht, danach Eventmanagement studiert und später bei der Hypo Vereinsbank gearbeitet. Aber sie war immer ein Pferdenarr. Sie hat sich nebenbei weitergebildet, hat Kurse gemacht und, und, und. Heute haben wir ein Gestüt in Österreich, das sie betreibt, mit knapp fünfzig Pferden. Und ich sehe, was das dieser jungen Frau für einen Spaß macht. Wie sie da aufgeht. Sie arbeitet rund um die Uhr, aber sie fühlt das überhaupt nicht als Belastung. Das ging mir auch immer so. Weil ich das Glück hatte, einen Beruf zu haben, der meiner Leidenschaft entspricht. Das kann ich jungen Menschen nur empfehlen.

Natürlich müssen junge Menschen offen sein zu lernen, auch die Augen und die Ohren offen zu halten. Zu sehen, was in der Welt passiert. Dass man neue Dinge erfasst und die digitale Zeit mitgeht. Aber das Wichtigste ist, dass man herausfindet, was einen wirklich antreibt, was man wirklich gerne macht, und dann versucht, das zu seinem Beruf zu machen.

MARIA HÖFL-RIESCH
SKILEGENDE, DREIFACHE OLYMPIASIEGERIN
UND DOPPEL-WELTMEISTERIN
*1984

»Einen richtigen Plan B hatte ich nie.«

Ich bin ...

... ehemalige Skirennläuferin und heute Ski-Alpin-Expertin für Print und TV sowie Fitness- und Motivationstrainerin.

Was wollten Sie als Kind oder nach der Schule werden?

Ich wollte immer schon Skirennläuferin werden. Meine Eltern waren zwar selber keine Rennläufer, aber trotzdem sehr skibegeistert. Ein befreundeter Skilehrer gab mir Privatunterricht, da war ich gerade mal zwei Jahre alt. Schon nach wenigen Wochen konnte ich die Kandahar-Abfahrt, eine der schwierigsten Abfahrten der Welt, bereits allein runterfahren. Damit war klar, dass ich wohl ein besonders talentiertes Kind bin.

Was haben Sie gelernt?

Ich habe Abitur gemacht, bin aber damals schon Skiprofi gewesen. Es gab eine Phase – ich war in der elften Klasse –, da hat mich die Doppelbelastung Schule und Sport so gestresst, dass ich die Schule abbrechen wollte. Ich war schon kurz vor der Weltcup-Mannschaft, und für mich gab es nichts anderes mehr als Skifahren. Aber meine Eltern und auch die Trainer haben das nicht zugelassen. Als ich mich dann einige Jahre später zweimal hintereinander schwer verletzte, war ich froh, das Abitur in der Tasche zu haben. Einen richtigen Plan B hatte ich nie, ich wollte unbedingt mein Comeback schaffen und hatte noch große Ziele. Schließlich war ich erst Anfang zwanzig und hatte eigentlich noch alles vor mir. Aber hätte es nach den Verletzungen nicht mehr geklappt, dann hätte ich wohl irgendein Studium begonnen.

Was war Ihr erster bezahlter Job?

Preisgelder und Werbeprämien aufgrund der ersten sportlichen Erfolge. Direkte Motivation war das Geld in dem Alter (vierzehn oder fünfzehn Jahre) noch nicht, aber es war natürlich schon ein cooles Gefühl, dass ich, obwohl ich so jung war, schon ein bisschen was verdient habe. Welche Ausmaße das irgendwann annehmen würde, konnte ich damals noch gar nicht einschätzen. Aber mein größter Antrieb war von Anfang bis Ende meiner Karriere der Spaß und die Leidenschaft fürs Skifahren.

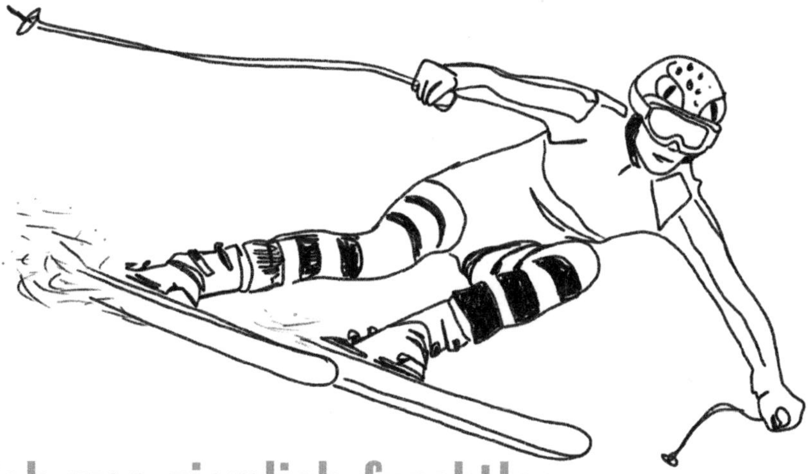

»Ich war ziemlich furchtlos und unbekümmert.«

Wie sind Sie zu Ihrem Job gekommen?

Heute ergeben sich die meisten Dinge nachfolgend an die erfolgreiche Sportkarriere, aber bei einigen Dingen ist auch Eigeninitiative gefragt. Das Rennenfahren selbst vermisse ich gar nicht. Ich hatte eine tolle, erfolgreiche Karriere mit vielen unvergesslichen Momenten, auf die ich sehr stolz bin und worauf ich gerne zurückblicke. Aber es war auch eine Zeit mit vielen Entbehrungen, Enttäuschungen, Schmerzen, Druck und Misserfolg. Wenn man alle seine Ziele erreicht hat und dann auch noch am

Höhepunkt aufhört, dann ist das schon auch ein Stück weit eine Befreiung von all den unangenehmen Dingen, die der Leistungssport mit sich bringt.

Was braucht man, um Ihren Job besonders gut zu machen?

Man braucht schon ein paar Dinge. Zum Beispiel Fachwissen, Erfahrung, Selbstvertrauen, Professionalität, Zuverlässigkeit, Glaubhaftigkeit. Und natürlich sollte man gut Ski fahren können.

Was gefällt Ihnen besonders gut an Ihrem Job?

Dass ich Dinge machen kann, die mir Spaß machen. Dass ich im Winter weiterhin mit meiner Leidenschaft Ski Alpin zu tun habe. Und dass ich in einem Umfeld arbeite, in dem ich mich sehr wohlfühle.

Was gefällt Ihnen nicht so sehr?

Dass die Jobs meistens noch immer mit sehr viel Reiseaufwand verbunden sind. Dass ich im Winter meistens am Wochenende arbeiten muss. Und dass man als Person, die in der Öffentlichkeit steht, oft mit Neid und Missgunst konfrontiert ist.

Wie wichtig war in Ihrer Karriere Mut? Sind Sie Risiken eingegangen?

Als Skirennläuferin war Mut natürlich sehr wichtig. Definitiv entscheidet sich beim Skifahren auch ein großer Teil im Kopf, aber es müssen auch noch sehr viele andere Faktoren zusammenspielen: die Tagesform, das Material, die Bedingungen, ein bisschen Glück braucht man auch ab und zu. Vor meinen Verletzungen war ich ziemlich furchtlos und unbekümmert. Mit den beiden Kreuzbandrissen innerhalb eines Jahres hat sich das natürlich drastisch geändert. Speziell meine Comeback-Saison verlief extrem schwierig. Es fiel mir sehr schwer, mich zu überwinden und wieder ans Limit zu gehen, vor allem bei schwierigen Verhältnissen wie schlechter Sicht und/oder unruhiger Piste. Dementsprechend waren auch viele Ergebnisse in dieser Saison sehr schlecht, und ich hatte ziemliche Selbstzweifel, ob ich es jemals wieder an die Spitze schaffen werde. Jedoch schon eine Saison später lief es wieder richtig gut, und ich konnte meine beiden ersten kleinen Weltcup-Kristallkugeln gewinnen. Trotz der vielen Erfolge, die ich noch feiern sollte, konnte ich bei gewissen schwierigen Bedingungen nach den Verletzungen nie mehr dieses hundertprozentige bedingungslose Risiko gehen.

Vor allem die gesundheitlichen Risiken waren sehr hoch, da Ski Alpin eine sehr gefährliche Sportart ist. Das Schwierigste war, sich nach Verletzungen wieder zurückzukämpfen und sich wieder zu überwinden.

Wie wichtig war in Ihrer Karriere Glück?

Natürlich hatte ich bei dem ein oder anderen Rennen auch das Glück auf meiner Seite. Manchmal hat man Glück mit den Bedingungen oder eben auch das sogenannte »Hundertstel-Glück« bei extrem knappen Entscheidungen. Aber während einer so langen Karriere gleicht sich das immer irgendwie aus. Man hat auch oft genug Pech.

Was raten Sie (jungen) Leuten, die vor der Entscheidung stehen: »Was soll ich mal werden?«

Das Wichtigste ist immer, dass man alles mit Freude und Leidenschaft anpackt. Wenn einem Dinge grundsätzlich Spaß machen, dann fällt es auch leichter, sich zu motivieren und bei unangenehmen oder schwierigen Aufgaben mal auf die Zähne zu beißen und sich durchzukämpfen.

WOLFGANG BOSBACH
MITGLIED DES DEUTSCHEN BUNDESTAGS
VON 1994 BIS 2017, EHEMALIGER STELLVERTRETENDER
VORSITZENDER DER CDU/CSU UND VORSITZENDER DES
INNENAUSSCHUSSES DES DEUTSCHEN BUNDESTAGS
*1952

»Nicht rasen, aber zügig das Neue wagen und nie das Ziel aus den Augen verlieren.«

Ich bin ...

… selbstständiger Rechtsanwalt in der Kanzlei
Winter Rechtsanwälte in Bergisch Gladbach
und Politiker.

Was wollten Sie als Kind oder nach der Schule werden?

Das, was ich zunächst auch geworden bin: Einzelhandelskaufmann im Lebensmittelhandel. Nach der Ausbildung zunächst Substitut, dann Leiter eines Supermarkts.

Was haben Sie gelernt?

Zunächst die Ausbildung im Handel, dann Fortbildung zum staatlich geprüften Betriebswirt. Danach Abitur auf dem zweiten Bildungsweg, Jurastudium an der Universität zu Köln, erstes und zweites juristisches Staatsexamen.

Was war Ihr erster bezahlter Job?

Die Ausbildungsförderung der Konsumgenossenschaft Köln eG. Soweit ich mich erinnere, waren das 225 D-Mark im Monat. Davon musste ich allerdings fünfzig D-Mark zu Hause abliefern, da ich damals noch bei meinen Eltern gewohnt habe.

Wie sind Sie zu Ihrem Job gekommen?

Mehr durch Zufall als durch generalstabsmäßige Planung.Eigentlich wollte ich nach der Ausbildung zum Betriebswirt wieder in den Handel zurück. Allerdings hatte ich während dieser Fortbildung zum ersten Mal Kontakt zur Juristerei, und plötzlich wusste ich: »Eigentlich willst du genau das machen!« Dafür musste ich jedoch zunächst das sogenannte Vollabitur nachholen, um überhaupt Jura studieren zu können. Während dieser Zeit habe ich als Mitarbeiter eines MdB (Mitglied des Deutschen Bundestags) gearbeitet, um meinen Lebensunterhalt selber zu sichern. Parallel wuchs mein politisches Interesse, zumal historische, politische, aber auch religiöse Themen zu Hause oft diskutiert wurden. 1972 war ein politisch sehr bewegtes, geradezu turbulentes Jahr. Viele, vor allem auch junge Menschen engagierten sich für und in Parteien. So führte mich

»Ich habe nur das Risiko getragen, es vielleicht nicht zu schaffen. Ja und?«

mein Weg zunächst in die Junge Union, dann in die CDU. 24 Jahre Kommunalpolitik und zwölf Jahre Arbeit für ein MdB waren eine hervorragende »Ausbildung« für meine eigene Zeit als Mitglied des Deutschen Bundestags.

Was braucht man, um Ihren Job besonders gut zu machen?

Wie in vielen anderen Berufen auch: großes Interesse, ja Leidenschaft für die beruflichen Herausforderungen, Freude am Umgang mit Menschen, keine Angst vor einer Fünfzig- oder gar Sechzigstundenwoche und Spaß an der Lösung kniffliger juristischer Probleme.

Was gefällt Ihnen besonders gut an Ihrem Job?

Jeder Tag ist anders, ständig neue Aufgaben und Herausforderungen und die Chance, Menschen und Mandanten auch in sehr schwierigen Situationen ganz konkret helfen zu können.

Was gefällt Ihnen nicht so sehr?

Wer Berufspolitiker werden will, sollte sich das sehr gut überlegen. Ein Leben in der Öffentlichkeit, nie nur ein Achtstundentag, auch am Wochenende ständig im Wahlkreis unterwegs, das halbe Jahr fern der Heimat in Berlin, großer Aufwand für oft bescheidene Ergebnisse – das muss man mögen, ja sogar wollen. Dann ist es eine faszinierende Aufgabe.

Und als Rechtsanwalt: Die laaaaange Zeit, die sehr oft zwischen der Annahme des Falles und den gerichtlichen Entscheidungen vergeht. Daran verzweifeln nicht wenige Mandanten.

Wie wichtig war in Ihrer Karriere Mut? Sind Sie Risiken eingegangen?

Mut vielleicht weniger als jede Menge Optimismus und Vertrauen in den bekannten Kölner Spruch: »Et hätt noch emmer joot jegange!« (»Es ist noch immer gut gegangen«). Ich habe doch nur das Risiko getragen, es vielleicht nicht zu schaffen – dann wäre ich eben in den alten Beruf zurückgegangen. Ja und?

Wie wichtig war in Ihrer Karriere Glück?

Glück? Ja, jede Menge! Eltern, die für uns Kinder immer da waren und uns die Tugenden vermittelt haben, ohne die man keinen Erfolg haben kann. Einen Chef, bei dem ich unendlich viel über Politik lernen konnte, und eine Kanzlei, die mir schon im Referendariat ein Angebot als Anwalt gemacht hatte, das ich nicht ablehnen konnte. Dieser Kanzlei bin ich auch aus Dankbarkeit treu geblieben.

Was raten Sie (jungen) Leuten, die vor der Entscheidung stehen: »Was soll ich mal werden?«

Da ich selber ein klassischer Quereinsteiger bin: jeden Spurwechsel gut überlegen, sorgfältig vorbereiten, behutsam vollziehen und dann Gas geben. Nicht rasen, aber zügig das Neue wagen und das Ziel nie aus den Augen verlieren.

JOHANNES B. KERNER
TV-QUOTENKÖNIG
*1964

»Ich war früher fertig als das Studium.«

Ich bin ...

… nicht ganz leicht zu sagen. Journalist und Moderator wohl am ehesten, weil sich darunter auch jeder etwas vorstellen kann. Es sind ja beides keine geschützten Berufsbezeichnungen, aber ich hoffe, dass mir niemand Anmaßung vorwirft.

Was wollten Sie als Kind oder nach der Schule werden?

Ich wollte nach der Schule Sportreporter werden, und zwar nach der Grundschule. Stimmt tatsächlich. Ich habe beim Fußballspielen als Kind immer schon mitkommentiert, manchmal zum Leidwesen der Mitspieler. Aber früh übt sich. Ich hätte mir auch den diplomatischen Dienst vorstellen können, hätte mich gereizt, aber ist schon ganz okay, wie es gekommen ist.

Was haben Sie gelernt?

Ich habe kurz Betriebswirtschaftslehre studiert an der FH für Wirtschaft in Berlin. Ich war früher fertig damit als das Studium. Trotzdem haben die erworbenen Erkenntnisse mir im Beruf nicht geschadet.

Was war Ihr erster bezahlter Job?

Mein erster bezahlter Job war bei Meyer, einer ehemaligen Berliner Supermarktkette. Getränkekisten einräumen. War ziemlich anstrengend, gab aber auch sieben D-Mark die Stunde. Später habe ich bei Burger King Whopper gefaltet, Preisetiketten in Jeans geschossen und Eis verkauft. Das war auf jeden Fall mein süßester Job. Mein erster bezahlter Job in meinem heutigen Beruf war als Produktionshilfe in der Sportredaktion des Senders Freies Berlin. Ich habe Meldungen sortiert und den Redakteuren zugearbeitet. Heute kann ich mit einem guten Gefühl sagen, dass ich meinen Job »von der Pike auf« gelernt habe.

Wie sind Sie zu Ihrem Job gekommen?

Sehr direkt. Erst war ich Praktikant in der Sportredaktion, dann Helferchen (s.o.), dann Reporter, dann Moderator. Erst alles im Sport, später auch Nachrichten und natürlich Show. Wenn ich es rückwärts betrachte, eigentlich ein recht gerader Weg.

»Ich bin nicht besonders mutig,
aber in bestimmten Situationen
habe ich mich schon getraut.«

Was braucht man, um Ihren Job besonders gut zu machen?

In erster Linie wohl unbändiges Interesse an Sachverhalten, an Themen, an Neuem, natürlich besonders auch an Menschen. Das habe ich. Und das Schönste ist, es hört nicht auf. Zumindest bis jetzt nicht.

Was gefällt Ihnen besonders gut an Ihrem Job?

Ich bin glücklich und dankbar, dass ich meine Leidenschaft zum Beruf machen konnte. Ich kann mich thematisch fast grenzenlos austoben, ich habe die unterschiedlichsten Dinge gemacht und mache sie noch. Ich habe viele Teile der Welt gesehen, Menschen kennengelernt, Emotionen gespürt, vielleicht auch vermittelt. Ich könnte glücklicher nicht sein.

Was gefällt Ihnen nicht so sehr?

Manchmal etwas zu viel unterwegs gewesen, und da halt nicht alles geht, fehlt mir zwischen 1992 und 2009 (der Phase höchster Belastung im Beruf) so einiges. Habe neulich *Pulp Fiction* gesehen. Guter Film. Ich hole also das ein oder andere nach.

Wie wichtig war in Ihrer Karriere Mut? Sind Sie Risiken eingegangen?

Mut ist immer gut. Ich bin sicher nicht besonders mutig, schon gar kein Hasardeur, aber in bestimmten Situationen habe ich mich schon getraut. Das Ungewisse hatte und hat immer einen besonderen Reiz für mich. Damit meine ich vor allem, eine erfolgreiche Sendung zu beenden oder abzugeben, Neues zu beginnen, zu einem anderen Arbeitgeber zu wechseln. Das birgt Schwierigkeiten, ich weiß, wovon ich rede. Aber es hatte für mich immer mehr Chancen als Risiken. Und jede Erfahrung hat mich bereichert.

»Das Ungewisse hatte und hat immer einen besonderen Reiz.«

Wie wichtig war in Ihrer Karriere Glück?

Unfassbar wichtig. Noch wichtiger waren nur Menschen, die mich haben machen lassen, die mich ausgebildet, gefordert und gefördert haben. Ich bin froh, dass ich allen in aller Form dafür danken konnte. Ohne diese Menschen würde ich heute noch Meldungen sortieren oder Burger falten.

Was raten Sie (jungen) Leuten, die vor der Entscheidung stehen: »Was soll ich mal werden?«

Ausbildung fertig machen, studieren. Augen, Ohren und Herz öffnen. Auch kämpfen für die eigene Sache. Leistungsbereitschaft zeigen. Kontakte knüpfen und pflegen. Ich weiß, das sind keine besonders coolen Tipps, aber mir hat das geholfen.

AIMAN A. MAZYEK
VORSITZENDER DES ZENTRALRATS
DER MUSLIME IN DEUTSCHLAND
*1969

»Man muss manchmal hart im Nehmen sein.«

Ich bin ...

... Friedens- und Menschenrechtsaktivist. Allerdings bezeichne ich mich auch gerne, mit einem ironischen Unterton, als Islam-Erklärer. Denn man gewinnt doch immer mehr den Eindruck, dass man heute ständig herausgefordert wird, den Islam erklären zu müssen. Was sicher daran liegt, dass es sehr viele Missverständnisse, Stereotype und Vorurteile über den Islam gibt. Aber eben auch eine große Unwissenheit.

Was wollten Sie nach der Schule werden?

Ich habe immer schon meine Berufung und meinen Beruf darin gesehen, mich für Menschen und meine Gesellschaft einzusetzen. Und ich wollte es gut machen. Da war es erst mal zweitrangig, ob als Arzt, Politiker oder Anwalt.

Was haben Sie gelernt oder studiert?

Ich habe in Aachen Politologie auf Magister studiert. Davor war ich ein Jahr in Kairo, um die arabische Sprache zu studieren und mein Wissen über die Kultur und das Land zu verbessern. Ich komme aus einer bikulturellen Ehe, und die arabische Sprache ist ein Teil meiner Herkunft und Identität. Und so habe ich schon früh gespürt, dass Arabisch für meine private, aber auch meine berufliche Zukunft wichtig sein würde.

Was war Ihr erster bezahlter Job im Berufsleben?

Mein erster vermeintlicher richtiger Job war Öffentlichkeitsreferent vom Zentralrat der Muslime. Als Student hatte ich unterschiedliche sogenannte Studentenjobs, zum Beispiel als Glühbirnen-Tester bei Philips. Die haben wahrscheinlich damals gedacht,

dass sie lieber mal einen Abiturienten nehmen, um die Birnen zu testen. Nach dem Motto, der kann die Dinger besser rein- und rausschrauben (*lacht*). Aber ich glaube, ich habe den Job nicht besonders gut gemacht.

Wie sind Sie zu Ihrem Job gekommen?

Natürlich habe ich nie gesagt: »Ich will Vorsitzender einer Religionsgemeinschaft werden.« Das denkt man so nicht, schon gar nicht, wenn man jung ist. Ich habe aber schon früh gespürt, dass ich gesellschaftliche Verantwortung wahrnehmen würde und dies auch zu mir passt. Mit sechzehn Jahren habe ich dann verstanden, dass ich für diesen Schritt auch bereit bin.

Auf einer Englandreise, bei der ich die Jugendorganisation der dortigen muslimischen Gemeinden kennengelernt habe, war ich wirklich baff und positiv erschlagen, wie unglaublich professionell die Mädels und Jungs dort waren. Vor allem im Vergleich zu uns in Aachen. Die Begegnungen in England waren der Impuls zu sagen, dass wir uns in Deutschland auch professionell aufstellen müssen. Diese Reise war also die Initialzündung für das, was danach kam.

In den Jahren danach habe ich verschiedene Jugendorganisationen gegründet. Ich habe als Student soziale Dienste geleistet bis hin zu religiösen Eheschließungen. Ich habe über zehn Jahre in einem Unterrichtszirkel gelernt und gelehrt und bin schließlich im Alter von 33 zum Zentralrat der Muslime in Deutschland gekommen.

Was braucht man, um Ihren Job besonders gut zu machen?

Als Erklärer und Vermittler des Islam braucht man vor allem Stehvermögen, Geduld und Mut. Man braucht eine dicke Haut, weil man sehr oft angegriffen und angefeindet wird. Man muss aber auch die Flut an Fake News, Shitstorms, an Beleidigungen und Beschimpfungen aushalten können, die vor allem im Internet geschrieben werden. Und zwar täglich. Denn um diese zu korrigieren, hat man weder die Kraft noch Lust oder Zeit. Man muss also hart im Nehmen sein.

Es gibt oft Momente, vor allem in TV-Talkshows, da weiß ich: Wenn ich jetzt etwas sage, dann kommt wieder der nächste Shitstorm. Ich sage es dann aber trotzdem. Das ist nicht immer angenehm, denn die Reaktionen sind oft brutal. Aber das gehört wohl zu meinem Temperament.

Natürlich gibt es auch Lob und Zuspruch. Schulterklopfen und Aufmunterungen. Was die Menschen aber über uns an Müll abladen, was wir als Muslime immer wieder abbekommen, das ist schon heftig. Und es wird immer schlimmer und extremer. Mit den monatlichen, immer wieder neuen Morddrohungen lernt man im Lauf der Zeit professionell umzugehen. Sie einfach wegzustecken, ist aber nicht so leicht.

Was gefällt Ihnen gut an diesem Job?

Man bekommt die Chance, trotz der vielen Themen, das Wesentliche im Leben zu erkennen. Man lernt immer wieder neue Menschen und neue Dinge kennen. Und man entdeckt Ecken dieser Welt, die man vielleicht sonst nicht kennenlernen würde.

Was gefällt Ihnen nicht so sehr?

Man hat leider nicht genügend Räumfahrzeuge, um alle Vorurteile oder Stereotype über den Islam zu beseitigen. Das hat in den letzten Jahren sicher auch wegen der sozialen Netzwerke und der großen Unwissenheit in der Gesellschaft zugenommen. Und dann gibt es immer wieder diese Generalverdachts-Debatte, mit der wir Muslime tagtäglich konfrontiert werden. Dieses permanente Dagegen-Angehen, das gefällt mir nicht, aber es ist Teil meines Jobs.

Wie wichtig war in Ihrer Karriere Mut? Sind Sie Risiken eingegangen?

Mut sehe ich immer im Zusammenhang mit meiner Religion. Das sehe ich als Gottvertrauen. Ich bin zwar jemand, der gerne

»Fake News und Shitstorms muss man aushalten können.«

bereit ist, ins kalte Wasser zu springen. Ich weiß aber auch, dass ich hart arbeiten und fleißig sein muss.

Ein Jahr nach Kairo zu gehen, war sicher mutig. Ich kam aus dem beschaulichen Aachen, und ich wollte nach der Schule aus dem Mief herauskommen. Ich wollte allein sein, mal auf eigenen Füßen stehen. Ich kannte mich natürlich kulturell, kulinarisch und sprachlich ein wenig in Kairo aus. Wenn man aber in das geordnete Chaos und in das Leben der Millionenstadt komplett eintaucht, ist das schon ein starker Kontrast.

Aus meiner Zeit in Kairo gibt es eine kleine Geschichte, die ganz gut zeigt, wie relativ Mut aber sein kann. Damals konnte man noch mit dem Bus, der sogenannten Grünen Linie, von Kairo nach Jerusalem fahren. Heute undenkbar. Als ich meiner Gastfamilie, bei der ich lebte, sagte, dass ich mit dem Bus nach Israel fahren möchte, war deren Reaktion: »Oh Gott, oh Gott, der Aiman will nach Israel. Das geht nicht. Das ist so gefährlich. Man hört immer so viele Geschichten.« Meine Antwort war: »Was ist los mit euch? Jerusalem ist doch die Heilige Stadt.« Als ich von meiner Busreise nach Kairo zurückkam, haben mich alle von oben bis unten gemustert. Nach dem Motto: Ist noch alles dran am Jungen? Hat er noch alle Arme und Beine?

Irgendwie fand ich das witzig. Aber ich war auch gleichzeitig wütend darüber. Für mich war die Fahrt von Kairo nach Jerusalem etwas Selbstverständliches. Aber mein Umfeld hat die Reise als extrem mutig empfunden. Vielleicht aber auch als dumm.

Es ist traurig, dass wir heute auf der Welt durch Billigflüge und das Internet so nah zusammengerückt sind, es aber noch immer so viele Barrieren in den Köpfen der Menschen gibt. Wir sollten gerade deswegen neugierig aufeinander sein, offen aufeinander zugehen und meinetwegen auch mutig sein. Diese Offenheit, für die ich häufig kritisiert werde, ist für mich aber ein Geschenk und nichts, was mir persönlich Mut abverlangt.

Wie wichtig war Glück?

»Da haben wir aber Glück gehabt!« Das ist ein Satz, den ganz viele Menschen häufig sagen. Ich zitiere in dem Zusammenhang gerne meinen guten und leider inzwischen verstorbenen Freund Rupert Neudeck, der mir einmal gesagt hat: »Es gibt kein Glück, kein Zufall.« Denn für Menschen, die glauben, ob Christ, Jude oder Moslem, ist das Leben ein Stück weit vorbestimmt. Wir haben natürlich immer die Freiheit zu entscheiden, ob wir nach rechts oder links gehen. Ob wir diesen oder jenen Weg einschlagen. Manche Dinge aber sind vorbestimmt und sollen einfach sein. Glück im Sinne von Zufall oder Glück gehabt – daran glaube ich nicht.

Was raten Sie (jungen) Leuten, die vor der Entscheidung stehen: »Was soll ich mal werden?«

Es ist nicht wichtig, was man macht oder wie viel Geld man verdient. Man sollte das, was man tut, als Berufung und Beruf gerne und gut machen. Nur dann wird man erfolgreich und glücklich, und nur dann kann man sich verwirklichen.

AMELIE FRIED
BESTSELLER-AUTORIN,
GRIMME-PREISTRÄGERIN
UND MODERATORIN
*1958

»Ohne den Mut, auch mal ein Scheitern in Kauf zu nehmen, kommt man nicht weiter.«

Ich bin ...

… Schriftstellerin, außerdem Moderatorin, Coach und Medientrainerin.

Was wollten Sie als Kind oder nach der Schule werden?

Psychologin.

Was haben Sie gelernt?

Ich habe folgende Fächer an der Uni studiert, aber nicht abgeschlossen: Germanistik, Theaterwissenschaften, Zeitungswissenschaften, Kunstgeschichte, Ethnologie, Italienisch. Danach habe ich den Studiengang Dokumentarfilm und Fernsehpublizistik an der Hochschule für Fernsehen und Film (HFF) in München besucht und mit einem Diplom abgeschlossen. Dazwischen habe ich noch das First Certificate am Cambridge Institut erworben. Während des Studiums habe ich ein Jahr an der Freien Volksbühne Berlin in der Dramaturgie gearbeitet.

Was war Ihr erster bezahlter Job?

Die Moderation der Jugendsendung *Live aus dem Alabama* im Bayerischen Fernsehen von 1984 bis 1986.

Wie sind Sie zu Ihrem Job gekommen?

Wenn wir meinen Hauptberuf Schriftstellerin nehmen: Ich habe Mitte der Neunzigerjahre begonnen, Kolumnen über das Leben mit Kindern zu schreiben, die zunächst in der Zeitschrift *Eltern* erschienen. Daraus wurde mein erstes Buch (*Die Störenfrieds*). Dann überredete mich mein Mann, einen Roman zu schreiben. Ich schrieb den Anfang einer Geschichte, vergaß die Datei im Computer, fand sie später wieder und gab sie einem befreundeten Literaturagenten zu lesen. Der bot die Geschichte sechs Verlagen an, fünf wollten sie veröffentlichen. Ich schrieb den Roman fertig – und er wurde ein Bestseller! *Traumfrau mit Nebenwirkungen*, das Buch wurde auch verfilmt.

»Wenn man viel Arbeit in etwas gesteckt hat, neigt man zu Empfindlichkeit.«

Was braucht man, um Ihren Job besonders gut zu machen?

Ausdauer, gute Ideen und ein Talent für Sprache. Man muss neugierig sein und sollte gerne recherchieren. Außerdem sollte man kritikfähig sein. Im Schreibprozess und vor allem nach der Veröffentlichung eines Buches muss man meist einiges einstecken. Dass ein Buch allen Lesern und Leserinnen gleichermaßen gefällt, kommt fast nie vor. Und wenn man so viel Arbeit in etwas gesteckt hat, neigt man zu Empfindlichkeit.

Was gefällt Ihnen besonders gut an Ihrem Job?

Dass ich räumlich unabhängig bin. Ich kann im Prinzip überall schreiben, wenn es halbwegs ruhig ist. Ein schöner Blick, der in die Weite geht, hilft auch. Notfalls schreibe ich aber auch im Zug, im Hotelzimmer oder im Café.

Was gefällt Ihnen nicht so sehr?

Dass man die meiste Zeit allein arbeitet. Ich arbeite auch gerne im Team, das fehlt mir manchmal. Deshalb habe ich ja auch meine beiden anderen Berufe: Ich moderiere Veranstaltungen und hie und da auch noch Fernsehsendungen, außerdem mache ich Systemisches Coaching und bereite Führungskräfte auf Medienauftritte vor. Diese Arbeit mit Menschen empfinde ich als sehr befriedigend.

Wie wichtig war in Ihrer Karriere Mut? Sind Sie Risiken eingegangen?

Jeder neue Schritt ist ein Risiko, aber ohne den Mut, auch mal ein Scheitern in Kauf zu nehmen, kommt man nicht weiter. Meine Karriere wirkt von außen sehr stringent, ich habe aber eigentlich nur zugegriffen, wenn sich eine Chance geboten hat. Dann war ich mutig und hab mich einfach hineingestürzt – mehr als schiefgehen kann es doch nicht! Ich entscheide immer ganz intuitiv, welchen Schritt ich als Nächstes gehe, mit wem ich zusammenarbeite, welchen Auftrag ich annehme beziehungsweise ablehne. Mein Bauchgefühl hat mich selten getrogen.

Wie wichtig war in Ihrer Karriere Glück?

Ein bisschen Glück gehört dazu, wenn damit gemeint ist, dass man manchmal zur richtigen Zeit am richtigen Ort sein muss, um mit dem richtigen Menschen ins Gespräch zu kommen. So hat zum Beispiel meine Fernsehkarriere begonnen. Das war reiner Zufall. Der heutige *Tatort*-Kommissar Udo Wachtveitl war damals Schauspielschüler und ein Freund von mir. Ich traf ihn auf einer Party, und er überredete mich, ihn zu einem Casting zum Bayerischen Fernsehen zu begleiten. Ich ging mit – und am Ende hatte ich den Job als Moderatorin und er nicht (*schmunzelt*). Aber so eine Chance bietet sich in der Regel nur einmal. Wenn man dann nicht zugreift und sich richtig reinhängt, also mit Fleiß und vollem Einsatz dabei ist, wird nichts daraus.

Was raten Sie (jungen) Leuten, die vor der Entscheidung stehen: »Was soll ich mal werden?«

Ich sage es mit einem berühmten Buchtitel: »Geh, wohin dein Herz dich trägt!« Einen Beruf zu ergreifen, nur weil das »vernünftig« ist, weil man dann »Sicherheit« hat oder die Eltern zufrieden sind – das macht einen nicht glücklich. Man sollte möglichst etwas tun, wofür man leidenschaftlich brennt und für das man eine Begabung hat, das ist auch sehr wichtig. Was man liebt und was einem leichtfällt, darin wird man gut.

DAVID GARRETT
STARGEIGER MIT 24 GOLD- UND
16 PLATINAUSZEICHNUNGEN U.A. IN DEUTSCHLAND,
HONGKONG, MEXIKO, SINGAPUR,
TAIWAN UND BRASILIEN
* 1980

»Ich musste wirklich viele Klinken putzen.«

Ich bin ...

… Geiger, Komponist und Arrangeur.

Was wollten Sie als Kind oder nach der Schule werden?

Das wusste ich damals tatsächlich gar nicht so wirklich. Ich war zwar schon sehr erfolgreich in der Klassik mit einer professionellen Karriere als Musiker, aber hatte das Gefühl, dass ich zwar sehr gut Geige spielen kann, aber mir noch grundsätzliches Wissen über Musik fehlte. Deshalb habe ich mich dazu entschieden zu studieren und habe mich – ohne das Wissen meiner Eltern und unter dem Namen Christian Bongartz – an der Juilliard School in New York beworben, weil ich unbedingt mit meinem Idol Itzhak Perlman arbeiten wollte. Im Nachhinein betrachtet eine für mich persönlich sehr wichtige und vor allen Dingen richtige Entscheidung.

Was haben Sie gelernt?

Ich habe nach meinem Abitur an der Juilliard School in New York Geige und Komposition studiert. Dort habe ich auch alles über Arrangements und Komposition gelernt, wie Musik aufgebaut ist von der Pike auf. Das war mir sehr wichtig, weil ich als Musiker auch meine eigenen Stücke schreiben wollte. Ohne die Ausbildung an der Juilliard School könnte ich meinen Beruf, so wie er heute ist, auf keinen Fall ausüben.

Was war Ihr erster bezahlter Job?

Ich hatte das große Glück, schon in sehr jungem Alter in großen Konzerthallen spielen und Alben mit fantastischen Dirigenten und Orchestern aufnehmen zu dürfen, aber das erste eigene Geld habe ich tatsächlich in Italien als Straßenmusiker verdient, weil ich mir ein Spielzeugauto kaufen wollte, was meine Eltern nicht bezahlen wollten.

Wie sind Sie zu Ihrem Job gekommen?

Das war ein langer Weg. Nach meiner »ersten Karriere« und dem Studium in New York habe ich komplett neu angefangen. Während des Studiums hat sich die Crossover-Idee langsam entwickelt, aber mit dem Konzept für ein Crossover-Projekt musste ich zuerst wirklich viele Klinken putzen. Lange Zeit wollte niemand daran glauben, dass man mit Crossover Erfolg haben kann. Es hat sehr lange gedauert, bis ich eine Plattenfirma gefunden habe, die an mich und meine Musik geglaubt hat. Ich hatte eine sehr konkrete Vorstellung davon, was ich musikalisch machen wollte, und war zu hundert Prozent überzeugt davon, und genau das war wichtig für meine Karriere, der Glaube an mich selbst und an meine Ideen.

Was braucht man, um Ihren Job besonders gut zu machen?

Ich denke, das ist ähnlich wie in vielen anderen Berufen auch: Disziplin, Durchhaltevermögen und Liebe zum Detail. Als Geiger muss man immer am Ball bleiben, täglich Fingerübungen machen und darf nicht nachlässig werden, weil die Qualität des Spiels sonst leidet. Der Job ist eine Kombination aus kreativer Arbeit und einer gewissen Routine. Man muss aber immer offen sein für neue Inspiration, egal wann, egal wo. Manchmal fallen mir um drei Uhr morgens Melodien ein, dann packt es mich, und ich muss sofort daran arbeiten.

Was gefällt Ihnen besonders gut an Ihrem Job?

Es ist wirklich großartig, dass ich einen so kreativen Beruf habe und damit meine kreativen Ideen umsetzen darf. Dadurch, dass sich bei mir Crossover und Klassik die Waage halten, ich eigene Stücke schreibe und beispielsweise auch Filmmusik komponieren kann, bleibt der Job immer vielfältig und ist sehr

abwechslungsreich. Es wird nie langweilig oder eintönig.
Es ist auch toll, dass mir der Beruf erlaubt, die Welt zu sehen, viel zu reisen und viele spannende Menschen und Länder kennenzulernen. Das Schönste an dem Job ist aber, wenn man merkt, wie sehr man mit der Musik Leute erreichen, ihnen Freude bereiten und sie berühren kann. Ich bekomme immer wieder Post von Fans, die beschreiben, wie ihnen meine Musik hilft und sie geleichzeitig positiv beeinflusst – das ist wahnsinnig bewegend und natürlich auch ein wunderschönes Kompliment.

Was gefällt Ihnen nicht so sehr?

Besonders das Reisen zwischen verschiedenen Kontinenten und Zeitzonen kann anstrengend sein, aber dafür erleben wir sehr viel und dürfen die verschiedensten Kulturen kennenlernen, was die Anstrengungen wieder ausgleicht. Am meisten fehlt es mir, meine Familie und Freunde so regelmäßig zu sehen, wie ich es gerne würde.

Wie wichtig war in Ihrer Karriere Mut? Sind Sie Risiken eingegangen?

Natürlich, Mut gehört immer dazu, gerade bei kreativen Berufen. Man kehrt, gerade mit den eigenen Stücken, doch ein wenig das Innerste nach außen, und man weiß vorher nie genau, wie es ankommen wird. Die Entscheidung, Crossover-Musik zu machen, war damals ein Risiko, weil man mich bis dahin nur als Klassikkünstler kannte. Es gibt auch viele Menschen, die der Meinung sind, dass man als Popkünstler kein authentischer Klassikkünstler mehr sein kann. Das ist natürlich nicht so. Es gibt gute Musik und schlechte Musik, genauso wie es gute Musiker und weniger gute gibt – in jedem Genre, ich mache da keine Unterschiede nach E und U. Hätte ich den sicheren Weg gewählt, wäre ich ausschließlich bei der Klassik geblieben, doch ich wollte beides, auch wenn die Klassik immer meine Heimat und mein Fundament bleiben wird.

»Ich hätte auch den sicheren Weg wählen können.«

Wie wichtig war in Ihrer Karriere Glück?

Ein Quäntchen Glück gehört immer dazu, aber Erfolg basiert zu mindestens neunzig Prozent auf harter Arbeit. Nichts oder zumindest nichts von Dauer passiert von heute auf morgen.

Was raten Sie (jungen) Leuten, die vor der Entscheidung stehen: »Was soll ich mal werden?«

Es klingt ein wenig abgedroschen, aber man sollte sich wirklich überlegen, was einem liegt und was nicht, und sich nicht zu sehr von Trends beeinflussen lassen. Es gibt mittlerweile so viele Möglichkeiten, sich beruflich zu entfalten. Falls möglich sollte man viel ausprobieren über Praktika oder Nebenjobs. Aber selbst wenn einem ein Job nach fünf Jahren gar nicht mehr zusagt, ist das heute kein Beinbruch mehr. Fast niemand macht noch vierzig Jahre den gleichen Job. Man sollte flexibel bleiben und bei Chancen zupacken.

MARTINA VOSS-TECKLENBURG
DEUTSCHE MEISTERIN, DEUTSCHE POKALSIEGERIN, EUROPAMEISTERIN, DFB-POKAL-SIEGERIN UND FUSSBALLBUNDESTRAINERIN DER FRAUEN
*1967

»Wenn du nur auf dich kucken musst, kannst du mehr die Ellbogen rausnehmen.«

Ich bin ...

... Fußball-Lehrerin, aktuell Frauen-Bundestrainerin Deutschland. Wenn ich ins Ausland reise und bei der Passkontrolle meine persönlichen Angaben machen muss, dann schreib ich »Soccer Coach«. Es ist für mich der Beruf, mit dem ich meine Existenz bestreiten kann. Gleichzeitig ist es aber auch eine Berufung.

Was wollten Sie als Kind oder nach der Schule werden?

Ich wollte Sport und Journalismus studieren und später versuchen, das irgendwie zusammenzubringen. Aber als ich mit siebzehn Jahren meinen damals älteren Freund kennengelernt habe, den Vater meiner Tochter, und meine Eltern das nicht so gut fanden, bin ich mit ihm zusammengezogen und musste Geld verdienen. Deshalb habe ich eine kaufmännische Ausbildung gemacht beim Landessportbund, wobei mir auch der Fußball zugutekam. Ich war im Fußballverband Niederrhein schon Auswahlspielerin, mit sechzehn Jahren Nationalspielerin, und dann hat man mir gesagt, du kannst hier bei uns eine Ausbildung machen. Und so habe ich mir gedacht nach meinem Abitur: Okay! Sport und Journalismus geht jetzt nicht, du willst Geld dazuverdienen, du willst dich nicht abhängig machen, und dann habe ich eben diesen Beruf ausgeübt. Aber ich wusste, ich will nicht mein Leben lang im Büro sitzen. Das war für mich völlig klar.

Was haben Sie gelernt?

Ich wollte eigentlich am liebsten studieren und irgendwas mit Sport machen. Das war mir immer klar. Und ich hatte so zwei, drei Gedanken im Kopf. Entweder werde ich Sportlehrerin oder gehe zur Polizei, weil es da viel Sport gibt, also so was in der Art schwebte mit fünfzehn in meinem Kopf rum. Aber dann wurde es eben die kaufmännische Ausbildung nach dem Abitur.

Den Sport habe ich ausgeübt, indem ich meine Trainerlizenz gemacht habe, ich habe mit Anfang zwanzig schon die B-Lizenz gemacht, dann relativ schnell die A-Lizenz und dann sehr schnell den Fußball-Lehrer. Ich hatte 1997 schon den Fußball-Lehrer. Und den Journalismus habe ich ein bisschen ausgelebt über die eine oder andere Kolumne und über fünf Jahre Chefredakteurin beim *FFußball-Magazin*. Und ich habe auch zweieinhalb Trainingsbücher geschrieben.

Meine Ausbildung habe ich beim Landessportbund Nordrhein-Westfalen in Duisburg gemacht. Man hatte mich quasi aufgefordert:

Bewirb dich dort, und wir werden dir schon helfen, dass du dort die Ausbildungsstelle bekommst. Wobei es einfach war, so schlecht war mein Abitur jetzt auch nicht, 2,7. Das geht noch, das ist okay, damit war ich zufrieden.

Es war eine sehr vielfältige Ausbildung, weil der Landessportbund ja aus verschiedenen Organisationsstrukturen besteht. Das heißt, die haben eine Referatsöffentlichkeitsarbeit, eine Personalabteilung, ein Referat, wo sie Sportmittelbezuschussung unterstützen, sie sind ja quasi der Landesverband aller Sportverbände. Es war wirklich sehr vielseitig. Ich war in der Druckerei, an der Rezeption, ich war in der zweieinhalbjährigen Ausbildung überall. Ich habe danach noch ein Jahr dort fest gearbeitet und die Sportmittelbezuschussung betreuen dürfen. Konkret die Prüfung der Rechnungsordner. Da konnten die Vereine damals zum Beispiel ein Fußballtor beantragen oder irgendwas anderes. Das mussten sie begründen, und dann wurden die Rechnungen geprüft … also eigentlich stinklangweilig, aber für mich cool, denn ich hatte kein Zeitlimit. Ich hatte diese dreißig Ordner und musste die Rechnungen prüfen, musste meinen Stempel und meinen Haken draufmachen. Ich hatte einen schwerbehinderten Kollegen in meinem Büro, und wir haben uns da einfach super ergänzt. Wenn ich zum Fußball musste, musste ich zum Fußball, und dann war ich halt weg, und das war von daher eine ideale Jobbeschreibung.

Was war Ihr erster bezahlter Job?

Bürokauffrau beim Landessportbund Nordrhein-Westfalen.

Wie sind Sie zu Ihrem Job gekommen?

Mit Anfang zwanzig habe ich angefangen, meine ersten Trainerlizenzen zu erwerben, um dann nach meiner aktiven Karriere als Fußballerin Trainerin zu werden. Wobei es mir zu Beginn eigentlich nicht klar war, dass ich tatsächlich jemals Trainerin werden würde. Wir Nationalspielerinnen wurden damals von Gero Bisanz extrem aufgefordert, die Trainerscheine zu machen, weil er immer gesagt hat, ihr werdet dann die besseren Fußballerinnen sein. Mich hat das ohnehin sehr interessiert, ich bin immer vorneweg marschiert. Von daher passte das ganz gut. Vor einer Gruppe stehen, mit Kindern arbeite ich auch gerne, und so war das eine ideale Ergänzung und ein guter Einstieg in mein Trainerleben. Ich habe also Fußball gespielt, bin meinem Beruf nachgegangen und habe meine U15 trainiert, weil ich ja auch nachweislich Trainer sein musste, um die nächste Lizenz machen zu können. Und ganz im Hintergrund hatte ich im Kopf, dass im Fußballverband Niederrhein mein damaliger Verbandssportlehrer irgendwann in Rente geht. Und man hat mir sehr früh signalisiert: Martina, wenn du den Fußball-Lehrer hast, und der Jochen geht in Rente, dann kannst du hier Verbandssportlehrer am Niederrhein werden. Das hat sich so mit Mitte zwanzig herauskristallisiert, sodass ich mir gedacht habe, sieh zu, dass du deine Ausbildung auch in dem Bereich fertig machst, dann hast du später eine tolle Chance, Fußballtrainerin zu sein. Diese Chance wollte ich mir natürlich nicht entgehen lassen.

Was braucht man, um Ihren Job besonders gut zu machen?

Fachwissen, Fingerspitzengefühl, Menschenkenntnis, Empathie, Leidenschaft und Spaß an dem, was man tut, guten Umgang mit Druck und Kritik. Letzteres kann man nur über Erfahrung lernen. Als junge Trainerin dachte ich noch: Du weißt alles, du kannst alles, lässt dir von niemandem was sagen. Heute ist es mir ganz wichtig, zu differenzieren. Ich kann gut unterscheiden, wenn ich mich mit Menschen unterhalte, ob sie die Dinge auch beurteilen können, bewerten können, differenzieren können und mich vor allen Dingen auch akzeptieren können. Aber es nervt, mich mit denen auseinandersetzen zu müssen, die so weit weg sind und trotzdem meinen – das ist ja auch so ein bisschen ein gesellschaftliches Problem –, alles kritisieren zu dürfen. Auch aus der Ferne. Irgendwo ihre Statements abzugeben, obwohl sie weder fundiertes Wissen noch sonst irgendwelche Berechtigungen dazu haben. Das muss man lernen,

»Das größte Risiko

im Fußball ist der Misserfolg.«

das nicht alles an sich heranzulassen, damit man trotzdem bei sich, bei seinen Entscheidungen bleibt. Und das nicht auch noch hinterfragt, was dann wieder etwas Negatives in dir auslöst.

Was gefällt Ihnen besonders gut an Ihrem Job?

Dass ich permanent mit Menschen zusammen bin, dass ich das tun darf, was meiner Leidenschaft entspricht.

Was gefällt Ihnen nicht so sehr?

Die gängigen Klischees haben sich mittlerweile ein bisschen verändert, früher war es ja so, dass es hieß, die sind alle lesbisch, das sind alles Mannsweiber, das ist ja Gott sei Dank heute anders. Aber wenn ich zum Beispiel in der Schweiz gesagt habe: »Ich bin Fußballtrainerin«, dann haben sie mich erst mal gefragt: »Was machst du noch?« Und das sagt schon vieles aus. »Und was machst Du noch?!« Es ist vielleicht einfach die mangelnde Akzeptanz oder das Wissen, dass das wirklich ein richtiger Job ist, was ich tue. Da arbeitet man viel, akribisch und professionell; und ich habe oft das Gefühl, nur weil ich eine Frau bin, weil ich eine Trainerin bin, glauben die Leute, wir arbeiten weniger professionell. Weil wir eben Frauen sind. Und das nervt mich manchmal. Viele Männer waren bei uns und haben hinterher gesagt: »Oh, wir sind aber erstaunt, wie professionell ihr arbeitet.« Und dann habe ich mir gedacht: »Würdest du das dem Jürgen Klopp jetzt auch sagen?«

Wie wichtig war in Ihrer Karriere Mut? Sind Sie Risiken eingegangen?

Mut war sehr wichtig, da ich sehr früh schon eine Doppelbelastung hatte und ich permanent in diesem Beruf Entscheidungen treffen muss! Das größte Risiko im Fußball ist der Misserfolg, der dazu führen kann, dass man entlassen wird, von daher ist die Berufswahl an sich schon ein Risiko! Aber ich denke, wenn eine Tür sich schließt, gehen zwei neue auf!

»Macht euch eine große Liste, hängt sie an eine Wand, schreibt auf, was ihr gerne machen würdet, was eure Talente und Leidenschaften sind.«

Wie wichtig war in Ihrer Karriere Glück?

Erfolg ist aus meiner Sicht kein Glück, aber auch im Fußball gibt es Momente, wo das Glück bei dir ist! Erfolg ist einerseits planbar, aber die Frage ist ja, wie definierst du den Erfolg? Ich kann in Jena erfolgreich sein, wenn ich mit denen nicht absteige, und mit einer Mannschaft wie Wolfsburg kann ich nur erfolgreich sein, wenn ich einen Titel hole. Erfolg im Fußball muss man definieren. Nichtsdestotrotz brauchst du auch einen glücklichen Moment. Wenn sich eine Tür schließt, dass sich eben eine andere Tür oder dass sich andere Türen öffnen. Dass jemand auf dich zukommt und sagt, ich weiß, du bist da nicht mehr, aber jetzt möchte ich dich gerne haben. Natürlich ist das nicht nur Glück, weil ich mir ja eine Basis dafür erarbeitet habe oder mir durch meine frühere Leistung ermöglicht habe, dass jemand auf mich zukommt. Aber es sind viele Komponenten wichtig. Manchmal eben auch, zum richtigen Zeitpunkt am richtigen Ort zu sein. Für mich war es glücklich, in Jena zu sein und eine Ausstiegsklausel zu haben für einen Nationalverband, in dem Moment, als die Schweiz jemanden brauchte. Aber auch vorher in Duisburg, als ich gemerkt habe, dass diese Tür zuging – da kam eben Jena. In Jena habe ich viel investiert, aber es war eine Bereicherung, weil ich plötzlich eine Mannschaft trainiert habe, die gegen den Abstieg gespielt hat. Das waren für mich sehr lehrreiche sieben Monate. Ich musste jeden Tag dieser jungen Mannschaft Selbstbewusstsein geben, obwohl wir wussten, dass wir am Sonntag wahrscheinlich schon wieder verlieren. Und das macht was mit dir. Als Mensch, als Trainerin, ich bin in der Zeit viel positiver geworden, ich bin gelassener geworden, ich habe für mich selber Erfolg definiert. Ich kam aus der Nationalmannschaft, da kannte ich ja mehrheitlich nur Erfolg, ich kam aus dem Club, da kannte ich mehrheitlich nur Erfolg, und da war das für mich wirklich eine Bereicherung. Und deswegen hatte ich auch in der Schweiz eine gute Ausgangsbasis. Erst einmal mit wenig Erwartungen und vielleicht einer Basis etwas anzufangen und dann kontinuierlich aufbauen zu können. Wenn du nur Erfolg hast und dich dann plötzlich in so einem Metier befindest, wo es andere Dinge von dir braucht, für diese Situation hatte ich eine gute Vorbereitungszeit.

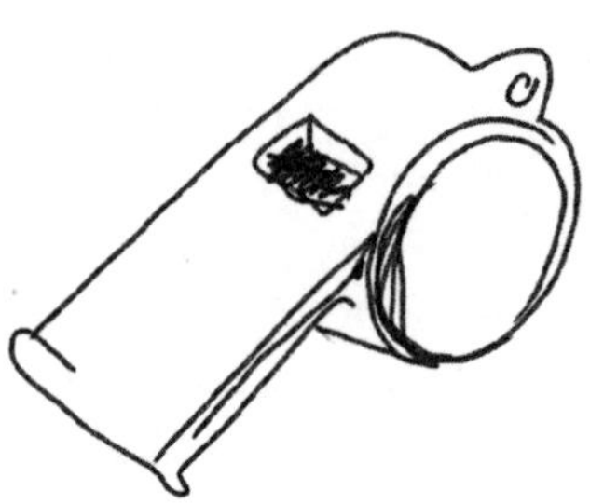

Was raten Sie (jungen) Leuten, die vor der Entscheidung stehen: »Was soll ich mal werden?«

Macht euch eine große Liste, hängt sie an eine Wand, schreibt auf, was ihr gerne machen würdet, was eure Talente und Leidenschaften sind. Danach überlegt ihr, was es dazu braucht und wer euch bei diesem Weg unterstützen kann. Bei mir war das zu Beginn in der Schule mein Sportlehrer, der mich einfach immer wieder animiert hat und immer wieder gesagt hat, du bist so gut, du musst Fußball spielen. Dann natürlich meine Familie. Als ich jung Mutter wurde, hundert Prozent Fußball gespielt habe, hundert Prozent arbeiten musste, hundert Prozent ein Kind hatte, wenn ich meine Familie nicht gehabt hätte, hätte ich mit Fußball aufhören müssen. Wenn du nur auf dich kucken musst, nur für dich allein verantwortlich bist, dann kannst du auch mehr die Ellbogen rausnehmen, kannst sagen, wie es läuft, oder »Interessiert mich alles nicht«, aber wenn du Verantwortung für andere Menschen hast, zwischendurch aber trotzdem deinen Egoismus brauchst, vielleicht das Ego dann wieder zurückstellen musst, weil die anderen dir ein schlechtes Gewissen machen, dann gibt es auch schwierige Situationen. Dann brauchst du ein starkes Umfeld. Und auf dem Weg im Trainerleben hatte ich große Unterstützung von meinem Mann Hermann, weil er als Bauunternehmer die wichtigen Mechanismen kennt: Wie erreicht man viel, wie umgibt man sich mit den richtigen Leuten, wen spricht man an, damit man besser wird? Bau dir ein Netzwerk auf und nutze das auch, das ist ganz wichtig. Und als Trainerin jetzt natürlich auch ehemalige Trainer von mir. Gero Bisanz hat mich schon sehr geprägt in der frühen Zeit. Von ihm habe ich viel mitgenommen. Und bei vielen anderen habe ich über die Schulter gekuckt.

KARSTEN SCHWANKE
GRIMME-PREIS-NOMINIERTER METEOROLOGE
UND WETTER-ERKLÄRER
*1969

»Es ist sehr wichtig, immer wieder auf sein Bauchgefühl zu hören.«

Ich bin ...

… ARD-Meteorologe und Moderator,
vor allem für Wissenschaftssendungen.

Was wollten Sie als Kind oder nach der Schule werden?

Meteorologe. Das wusste ich seit der elften Klasse, als meine Geografie-Lehrerin Satellitenfotos mitbrachte – damals in den Achtzigerjahren noch auf echtem Fotopapier gedruckt und in Schwarz-Weiß.

Was haben Sie gelernt?

Ich habe Meteorologie studiert und erst während des ersten Semesters festgestellt, was das bedeutet: vor allem Mathe und Physik. Mein Grundstudium (die ersten vier Semester) war identisch zu dem der Physiker. Zum Glück war ich in der Schule auch in Mathematik und Physik sehr gut, sonst wäre es wohl schiefgegangen.

Was war Ihr erster bezahlter Job?

Schon während des Studiums habe ich als studentische Hilfskraft in der Klimaforschung arbeiten können. Da ging es vor allem um das Programmieren kleinerer Hilfsprogramme für die großen Klimamodelle. Und nach dem Studium konnte ich direkt in einer Wetterfirma anfangen, für die ich als »Wettermann« in einem Radiosender gearbeitet habe. Das war mein erster Schritt in die Medien, und ich habe beim Radio enorm viel gelernt. Schon am zweiten Arbeitstag habe ich in der Morningshow das Wetter erzählt.

Wie sind Sie zu Ihrem Job gekommen?

Nach vier Monaten Radiowetter hat mich mein damaliger Chef, Jörg Kachelmann, gefragt, ob ich für die ARD das Wetter »machen« würde. Das war mein großer Traum, und ich habe sofort zugesagt. Die vielen Wettersendungen (die meistens live sind) haben mir Sicherheit gegeben – und so konnte ich im Lauf der Zeit auch andere Sendungen moderieren, vor allem Wissenschaftssendungen. Die Themenvielfalt, mit der ich heute zu tun habe, macht mir besonders viel Spaß.

»Mein Hauptantrieb ist,
möglichst gute Geschichten
zu erzählen.«

Was braucht man, um Ihren Job besonders gut zu machen?

Interesse am Wetter und an Geschichten, Neugier und auch eine natürliche Präsenz – egal ob auf der Bühne, vor Menschen oder vor der Kamera. Mein Hauptantrieb ist nicht der Punkt, vor der Kamera zu stehen, sondern eine möglichst gute Wettergeschichte zu erzählen. So, dass sie den Leuten im Kopf hängen bleibt, dass sie es spannend finden. Und natürlich kämpfe ich jeden Tag darum, den besten Wetterbericht zu liefern, den es gibt.

Was gefällt Ihnen besonders gut an Ihrem Job?

Es sind mehrere Punkte: zum einen das faszinierende Wetter, das sich ständig ändert. Kein Tag ist wie der andere, jede Wettervorhersage ist komplett neu. Zum anderen begeistert mich die Möglichkeit, über die Medien in viele andere Themen eintauchen zu können, sozusagen der Blick über den Tellerrand.

Was gefällt Ihnen nicht so sehr?

Da gibt es zum Glück nicht so viel, ich kann mich nicht beklagen. Einzig das frühe Aufstehen, wenn ich das Wetter im *ARD-Morgenmagazin* mache, das ist anstrengend. Um 2:50 Uhr klingelt der Wecker … Wenn man aber erst mal im Sender ist, geht ein Licht auf. Das *Morgenmagazin* ist eine der besten Sendungen überhaupt!

Wie wichtig war in Ihrer Karriere Mut? Sind Sie Risiken eingegangen?

Mut ist immer wieder wichtig, der Mut zu Entscheidungen. Das ist im Medienberuf nicht anders als in vielen anderen Berufen. Ich habe gelernt, dass es zwar schön ist, wenn viele Menschen zuschauen, die Einschaltquote stimmt, dass es aber sehr wichtig ist, immer wieder auf sein Bauchgefühl zu hören und themenorientiert zu entscheiden. Die spannenderen Sendungen (und Möglichkeiten) gibt es manchmal bei kleineren Sendern.

Wie wichtig war in Ihrer Karriere Glück?

Glück gehört zum Leben dazu. Genau wie Mut (siehe dort). Manchmal haben sich Türen aufgetan, die für mich total überraschend waren, und auf der anderen Seite habe ich monatelang um etwas gekämpft und es hat trotzdem nicht geklappt. Davon darf man sich aber nicht entmutigen lassen. Man kann das Glück nicht erzwingen, aber wer am Ball bleibt und sich für neue Themen interessiert, wird eher das Gefühl haben, auch mal Glück zu haben.

Was raten Sie (jungen) Leuten, die vor der Entscheidung stehen: »Was soll ich mal werden?«

Sich zu fragen, was einen wirklich interessiert, wofür man alles stehen und liegen lassen würde. Und nicht der Frage nachzugehen, wie die späteren Berufschancen sind, wie viel Geld man dort verdienen oder wie schnell man Karriere machen könnte. Und dann: sich informieren, Leute fragen, losgehen!

PROF. DR. CHRISTIANE BRUNS
DIREKTORIN DER KLINIK UND POLIKLINIK
FÜR ALLGEMEIN-, VISZERAL-, TUMOR-
UND TRANSPLANTATIONSCHIRURGIE,
UNIVERSITÄTSKLINIKUM KÖLN
*1965

»Es gehört dazu, dass man sich als Frau irgendwie durchsetzt.«

Ich bin ...

... Chirurgin, Ärztin und Wissenschaftlerin. Das heißt: Ich will als Chirurgin nicht einfach nur schneiden oder »handwerkeln«. Ich möchte auch Erkrankungen verstehen und sehen, ob zu schneiden, also zu operieren, immer die beste Lösung ist. Ich bin für die Patienten Ärztin, für die ich empathisch da sein möchte. Ich liebe aber auch mein Handwerk als Chirurgin. Und ich habe einen geistigen Anspruch, mich wissenschaftlich weiterzubewegen.

Was wollten Sie nach der Schule werden?

Ich bin in einer Ärztefamilie aufgewachsen. Insofern war der Arztberuf für mich immer schon ein Vorbild. Meine Mutter war Gynäkologin und Oberärztin in einem Krankenhaus in Krefeld. Sie hatte einen Chef, der immer in einem ganz langen weißen Kittel herumlief; mit einem langen hölzernen Hörrohr, mit dem er schwangeren Frauen den Bauch abgehorcht hat. Das fand ich toll. Ich war dann auch als Schülerin ab und zu mit bei einer Operation im OP-Saal. Das sind alles Dinge, die einen prägen. Deswegen wusste ich schon früh, dass ich auf der einen Seite etwas Filigranes, Handwerkliches machen möchte. Auf der anderen Seite fand ich aber auch dieses Arztsein und diesen weißen Kittel – ja, ich gebe es zu (*lacht*) – extrem beeindruckend.

Was haben Sie gelernt oder studiert?

Ich habe Medizin studiert und meine Facharztausbildung in der Chirurgie gemacht. Erst mal wird man Allgemeinchirurg. Dann wird man sog. Viszeralchirurg. Ich bin dann zusätzlich noch in das Fach der Thorax- und der Transplantationschirurgie gegangen. Spezialisiert bin ich auf Bauchspeicheldrüsen- und Speiseröhrenkrebs.

Ich habe aber nicht sofort nach der Schule einen Medizinstudienplatz bekommen. Damals gab es noch den Numerus Clausus von 1,2 – glaube ich. Und den hatte ich nicht geschafft. Ich hatte 1,4 als Notendurchschnitt. Ich musste also ein paar Semester warten. Und da hatte ich mir schon überlegt, vielleicht in Ungarn zu studieren. Oder mich ins Studium einzuklagen. Was man sich damals, in dem Alter, eben so alles überlegt hat. Am Ende habe ich einfach meine Wartesemester gewartet und in der Zeit – eher halbherzig – Chemie studiert.

Was war Ihr erster bezahlter Job?

Mein erstes Geld habe ich in der Chemiebranche verdient, und zwar in der Riechstoff-Industrie, in einer Firma, die Parfümöle herstellt. Dort habe ich diese Parfümöle, also Duftstoffe, in Grundsubstanzen von Waschmitteln reingerührt. Da war ich siebzehn und kurz vor dem Abitur. Ich habe aber auch bei der Ausbildung von Pferden geholfen. Das war in einem Stall bei Krefeld. Was toll war, denn Reiten war damals schon mein Hobby.

Wie sind Sie zu Ihrem heutigen Job gekommen?

Diese Frage habe ich mir auch schon ein paarmal gestellt. Natürlich gehört zu so einem Werdegang wie dem meinen Kompetenz dazu. Aber auch arbeitsamer Eifer und Liebe zu dem Beruf und all die Bürden, die man damit auf sich nimmt. Nachtdienste, ewig wach bleiben. Solche Dinge gehören auch dazu. Dass man bereit ist, all das auf sich zu nehmen. Natürlich hat der Spaß an der Chirurgie einen wesentlichen Teil dazu beigetragen. Ich hatte aber sicher auch ein großes Durchhaltevermögen.

Mir wird aber auch gerne eine intrinsische Autorität nachgesagt. Das heißt, dass ich mich einfach irgendwie durchgesetzt habe. Als Frau in diesem Beruf. Das war zur damaligen Zeit sicher noch ein kleines bisschen anders. Wobei die Chirurgie auch heute noch eine Männerdomäne ist. Da gehört es dazu, dass man sich als Frau irgendwie durchsetzt. Nicht bissig. Auf gar keinen Fall. Nicht revolutionär. Aber durch Diplomatie, durch Kompetenz und auch Spaß an der Arbeit.

Es gab aber tatsächlich ein Ereignis, das meinen Weg zu meinem heutigen Beruf stark beeinflusst hat. Nach meinem Studium habe ich in Köln als Assistenzärztin angefangen zu arbeiten. Lustigerweise in der gleichen Klinik, in der ich heute bin. Ich hatte damals, als junge Frau, einen recht alten, dominanten, aber auch väterlichen Chef. Dieser Mann war für damalige Verhältnisse sehr modern und aufgeklärt, denn er hat es unterstützt, dass ich mich beruflich entwickle. Er war derjenige, der mich in die USA geschickt hat; zu einem Zeitpunkt, als er aufhörte und ein neuer Chef kam.

Ich bin in die USA, nach Houston, Texas, gegangen, um dort

Forschung zu machen. Damals war das so: Wer in den USA in der Forschung gearbeitet hat, hat fast automatisch in Deutschland eine bessere Karriere gemacht. Allerdings hat mir das Arbeiten und Forschen in den USA so viel Spaß gemacht, dass ich mich eigentlich bemüht hatte, dort eine Stelle zu bekommen und in Texas zu bleiben. Das hat aber nicht geklappt, weil die Arbeitspolitik in den USA ziemlich restriktiv war. Ich bin nach meinem Forschungsprojekt in den USA also wieder nach Deutschland zurückgekommen. Durch mehr oder weniger Zufall bin ich dann zu einem Vortrag nach Regensburg in Bayern eingeladen worden. Und zwar zu meinem damaligen zukünftigen Chef. Und er war es, der mich auf einem bayerischen Chirurgenkongress entdeckt hat. Nach dem Motto: »Die kann man gebrauchen. Die hat viel Forschung auf dem Kasten und ganz viele tolle Sachen aus den USA mitgebracht.« Dieser Kongress hatte eine Abschlussveranstaltung mit Tanz. Bei einem bayerischen Walzer, den der Professor mit seiner Frau getanzt hat, hat er mich wirklich im Vorbeitanzen über die Schulter gefragt: »Brauchst du noch ne Stelle?« Das war der Anfang.

Was braucht man, um Ihren Job besonders gut zu machen?

Sie brauchen als Chirurg oder Arzt auf jeden Fall eine Gefolgschaft. Eine Lobby. Sie brauchen ein Team von Unterstützern, die Sie mit Ihrer Persönlichkeit mitreißen und überzeugen. Sie brauchen ein Team, weil sie diesen Beruf nicht allein machen können. Sie reiben sich sonst nach einem Jahr komplett auf. Und sie brauchen Kollegen, die Ihnen zur Seite stehen und bereit sind, mit Ihnen durch dick und dünn zu gehen. Denn unser Job geht oft an die Grenze der Belastbarkeit. Sie brauchen Mitarbeiter, die Ihnen helfen und Sie respektieren. Und wenn die Mitarbeiter das Gefühl haben, dass sie etwas zurückbekommen, dann funktioniert das auch. Natürlich brauchen Sie eine fachliche Kompetenz. Ich werde als Chirurg jeden Tag im OP an meiner Leistung gemessen. Wenn ich da versage, verliere ich an Autorität.

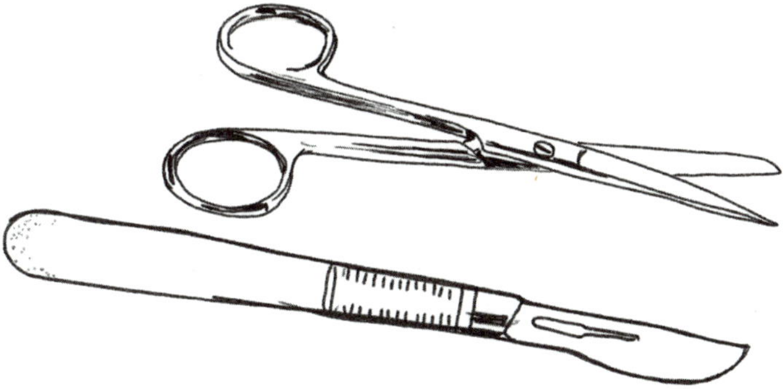

»Ich brauchte jeden Tag Mut.«

Was gefällt Ihnen besonders gut an Ihrem Job?

Die Chirurgie gefällt mir nach wie vor besonders gut. Sie hat mehrere Komponenten. Operieren ist nicht nur Handwerk. Operieren kann auch Kunst sein. Das ist etwas Ästhetisches. Es hilft einem Menschen. Und ich freue mich, wenn der Mensch davon profitiert. Die Chirurgie ist aber auch ein bisschen spannend. Jeder Tag ist anders, auch wenn man die Erkrankung schon oft gesehen hat, so ist sie bei jedem Menschen, jedem Patienten, anders. Und es ist manchmal auch wahnsinnig nervenaufreibend. Es ergeben sich immer wieder Situationen, die über Leben und Tod entscheiden können, denen man sich stellen muss. Diese Mischung aus Anspannung und Kreativität im OP, gefordert zu sein und geistig nicht auf der Strecke zu bleiben, das ist etwas, was mir besonders gut gefällt.

Was gefällt Ihnen nicht so sehr?

Natürlich ist es immer wieder traurig, wenn wir Menschen nicht helfen können. Wenn Dinge nicht so funktionieren, wie man sie sich vorstellt.

Wie wichtig war in Ihrer Karriere Mut? Sind Sie Risiken eingegangen?

Mut und Risikobereitschaft haben in meinem Leben sicher eine entscheidende Rolle gespielt. Als Chirurgin brauchen Sie im OP jeden Tag Mut zusammen mit Erfahrung. Sie kommen immer wieder an den Punkt, an dem Sie sich fragen sollten: »Traue ich mir das zu? Kann ich das?« Das ist jeden Tag eine Frage der kritischen Selbstreflexion und damit auch des Mutes. Wenn man nicht kritisch gegenüber seinem eigenen Handeln ist, zweifelt man nie an der eigenen Kompetenz. Und das ist gefährlich in der Chirurgie.

Es gibt immer wieder Menschen, Kollegen, die sagen: »Ich würde das nicht machen!«, oder: »Ich würde das anders machen.« Sich da durchzusetzen und es nach seiner eigenen Überzeugung und Erfahrung doch zu tun, dafür braucht man Mut und innere Stärke. Und wenn es dem Patienten dann danach gut oder besser geht, ist das der Beweis, dass der Mut sich gelohnt hat.

Es ist im OP aber nicht der Mut zum Schnitt, sondern der Mut zur Entscheidung, ob ich diesen Schnitt überhaupt machen soll. Mut zur Entscheidung spielt dabei sicher die größte Rolle.

Wie wichtig war in Ihrer Karriere Glück?

Glück hat eine große Rolle gespielt. Das geht auch nicht ohne Glück. Ich würde nie behaupten, dass man Glück haben muss. Oder dass mein Beruf ein Glücksroulette ist. Fleiß, Mühe und Kompetenz bringen einen vielleicht auf die Mittelstation des Berges. Aber dann kommt das Glasdach auf dem Weg zum Gipfel. Das Glasdach, durch das man nicht durchkommt. Das Glasdach, wo man immer mit dem Kopf anstößt, weil man nicht durchkommt. Weil man zum Beispiel im Job zig Bewerbungen wegschickt und nirgends genommen wird. Aber manchmal findet man ein kleines Loch im Glasdach. Und dann wird man plötzlich auf den Gipfel katapultiert. Dieses kleine Loch ist das Glück, das man dann braucht.

Dass ich auf dem Chirurgenkongress beim bayerischen Walzer zur gleichen Zeit an der gleichen Stelle der Tanzfläche war wie der Professor und gefragt wurde, ob ich einen Job möchte, war am Ende vielleicht dieses bestimmte Glück. Ja, das war ein echter Glücksfall. Menschen am richtigen Platz zur richtigen Uhrzeit, die einem sagen: »Genau dich wollen wir haben.« Diese Momente braucht man sicher. Das ist das Glück, das man sich übrigens nicht erarbeiten kann. Das passiert. Das ist passiv. Das kommt zu allem dazu, was man aktiv durch Fleiß und harte Arbeit in den Ring wirft.

Was raten Sie (jungen) Menschen, die vor der Entscheidung stehen: »Was soll ich mal werden?«

Ich würde sagen: »Schauen Sie sich doch mal in bestimmten Berufsgruppen einfach um. Fragen Sie Menschen, die spannende Berufe haben, ob Sie einen Tag mitlaufen können. Schauen Sie sich den Alltag an. Ob Ihnen der gefällt. Vielleicht fasziniert Sie das? Vielleicht finden Sie das aber auch total schrecklich.«

Man muss ein wenig in sich hineinhören und sich fragen: Was könnte mir Spaß machen, bis ich sechzig bin? Denn das Wichtigste ist, dass man Spaß und Freude im Beruf hat. Sonst freut man sich am Ende nur darauf, dass der Job endlich aufhört. Wenn man Arzt werden möchte, muss man das aber wirklich wollen. Nach dem langen Studium ist es schwer, umzusatteln und etwas Neues zu machen. Das muss man sich also gut überlegen. Man muss die Begeisterung für den Beruf und die Faszination für das Thema spüren. Man muss auch den Willen haben, Menschen zu helfen. Wenn man einmal drin ist in diesem Beruf, ist es extrem schwierig, dort wieder rauszukommen. Insofern ist Medizin eine frühzeitige Festlegung auf das, was man den Rest seines Lebens macht. Es ist ein Commitment.

Deswegen rate ich, einfach mal im Krankenhaus mitzulaufen. Kontakt mit Patienten und medizinischem Personal haben. Einfach sehen, ob einem das Umfeld und der Alltag liegen. Das sollte man auf jeden Fall machen, bevor man Medizin studieren oder einen medizinischen Beruf ergreifen möchte. Abgesehen davon: Medizin ist nicht für die gedacht, die das schnelle Geld machen wollen. Vielleicht ist das auch noch ein wichtiger Aspekt.

HEINER BRAND
HANDBALL-WELTMEISTER IM WINTERMÄRCHEN 2007,
SIEBENMAL TRAINER DES JAHRES UND TRÄGER
DES BUNDESVERDIENSTKREUZES AM BANDE
*1952

»Man muss mit Menschen umgehen können.«

Ich bin ...

… ehemaliger Handballtrainer und -spieler
und halte heute Vorträge über Erfolg.

Was wollten Sie als Kind oder nach der Schule werden?

Ich hatte eigentlich keine besonderen Interessengebiete – außer Sport. Aber Lehrer kam für mich nicht infrage. Deswegen habe ich mich für Betriebswirtschaft entschieden, wollte Steuerberater und Wirtschaftsprüfer werden. Passt nicht ganz zum Trainerberuf, aber es war halt damals so: Wenn du keine besonderen Interessengebiete hattest, hast du BWL oder Jura studiert. Wobei bei mir die Nähe zu meinem Bruder da war. Der war Steuerberater, ich hätte bei ihm einsteigen können, aber das wollte ich nicht mehr, nachdem ich das Studium beendet hatte.

Was haben Sie gelernt?

Ich bin Diplom-Kaufmann und habe nach Beendigung meines Studiums als selbstständiger Versicherungskaufmann gearbeitet. Das war die Berufsrichtung, die ich eingeschlagen habe, nachdem ich mich entschieden hatte, nicht Steuerberater oder Wirtschaftsprüfer zu werden, weil ich in dem Fall den Sport hätte aufgeben müssen.

Was war Ihr erster bezahlter Job?

Mein allererstes Geld habe ich für einen Ferienjob in einem Lager bei irgendeiner Elektrofirma in Gummersbach bekommen. Ich erinnere mich sogar noch an den Stundenlohn, das waren 2 Mark 55. Sieht man mal von den paar Mark ab, die ich später im Handball verdient habe, habe ich mit 28 mein erstes richtiges Geld verdient, als ich die Versicherungsagentur meines Vaters übernommen habe.

Wie sind Sie zu Ihrem Job gekommen?

Mehr oder weniger durch Zufall, zumindest hatte ich es nicht so geplant. Aber ich habe mich natürlich als Spieler oft in die Rolle des Trainers hineingedacht. Und damit war ich auch sicherlich innerhalb der Mannschaften, in denen ich gespielt habe, federführend. Ich habe mich oft mit Trainern gestritten über Maßnahmen, die die ergriffen haben, und von daher gab es sicherlich schon eine gewisse Nähe zum Trainerjob, aber wie gesagt: Es war nicht richtig geplant. Ich habe mein Abschiedsspiel bestritten, und zwei Wochen danach hat mich der Simon Schobel als Co-Trainer mit zu Olympia genommen. Ich war eigentlich mehr Berater als richtiger Co-Trainer – und hab das dann über ein paar Jahre gemacht. Später habe ich bei meinem Heimatverein, dem VFL Gummersbach, meinen ältesten Bruder unterstützt, der da Trainer war, und habe mich so langsam in die Trainergeschichte eingearbeitet. Ich habe den Trainerschein gemacht und habe dann auch versucht, mich weiterzubilden auf dem Gebiet. Dabei hatte ich mir früher höchstens vorstellen können, im Jugendbereich mal tätig zu sein, so neben meinem normalen beruflichen Job. Es war also reiner Zufall, aber ich habe großen Gefallen an der Tätigkeit gefunden.

Ein normaler Vorgang war das sicherlich nicht, weil ich ohne Vorbildung quasi zum Co-Trainer der Nationalmannschaft geworden bin. Ich war nur Spieler, ich war Nationalspieler und bin dann gleich Co-Trainer geworden, das war nicht normal. Ich habe mit relativ geringem Aufwand den B-Schein machen können, den A-Schein habe ich mit normaler Lehrgangsteilnahme absolviert. Erst danach ging alles seinen regulären Weg über die verschiedenen Vereinsstationen.

Was braucht man, um Ihren Job besonders gut zu machen?

Man vermutet ja meistens – heutzutage ja nicht mehr so, aber damals – am ehesten die Fachkompetenz, die sicherlich da sein muss. Dass man also besondere Kenntnisse in seinem Sport hat, ein besonderes Verhältnis zu seinem Sport hat, aber sicherlich auch die Sozialkompetenz, dass man mit Menschen umgehen kann.

Was gefällt Ihnen besonders gut an Ihrem Job?

Zum einen, dass ich weiter in meiner Sportart, für die ich gelebt habe, mit der ich immer gelebt habe schon vom Kleinkind an, dass ich da arbeiten konnte, quasi mein Hobby zum Beruf machen konnte. Aber mit zunehmender Zeit hat mir immer mehr die Tatsache Spaß gemacht, dass ich mit jungen Leuten arbeiten konnte und da sicherlich noch eine Zeit lang jung geblieben bin. Und ich muss sagen, ich genieße es heute ganz besonders, dass ich diesen Job gemacht habe, wo ich jetzt mit vielen Spielern, die mit mir, die unter mir gearbeitet haben, sehr guten Kontakt habe. Dass wir zusammen Urlaube verbringen. Das zeigt mir auch, dass ich nicht alles falsch gemacht habe. Und diese Dinge bereiten mir heute eigentlich mehr Freude als sämtliche Medaillengewinne.

Was gefällt Ihnen nicht so sehr?

Zum Trainerjob gehören auch Konflikte. Konflikte mit den Spielern, aber natürlich auch mit den Funktionären. Ob das jetzt auf Vereins- oder Verbandsebene ist. Es steckt immer eine gewisse Abhängigkeit von einzelnen Personen drin. Das ist nicht unbedingt immer schön, aber diese Abhängigkeit habe ich eben dadurch verschwinden lassen, dass ich noch einen Beruf hatte, meine Versicherungsagentur hatte, und damit zumindest keine finanzielle Abhängigkeit da war. Ich musste nicht irgendeinem Manager oder Funktionär nach dem Mund reden, sondern hatte meine Freiheiten dadurch, dass diese finanzielle Abhängigkeit nicht da war.

Mittlerweile kann man von dem Job als Handball-Nationaltrainer gut leben, aber als ich ins Trainergeschäft eingestiegen bin, war es noch nicht so abzusehen, wie die Entwicklung gehen würde. Es wurde zwar auch schon Geld verdient, aber nicht so viel. Zumindest als ich als Vereinstrainer in der Bundesliga angefangen habe, nicht so viel, um mit einer Familie einen einigermaßen guten Lebensstandard aufrechtzuerhalten. Das hat sich im Lauf der Zeit entwickelt, und nachher konnte ich schon sehr gut von dem Gehalt des Bundestrainers leben.

»Konflikte gehören zum Job dazu.«

Wie wichtig war in Ihrer Karriere Mut? Sind Sie Risiken eingegangen?

Mut, seinen eigenen Weg zu gehen im sportlichen Bereich, nicht auf andere zu hören, sondern auch so ein paar innovative Dinge mal durchzuführen, wo andere vielleicht den Kopf geschüttelt haben, das habe ich schon gemacht. Ich denke, ich habe schon zu Beginn meiner Trainertätigkeit Dinge gemacht, die damals im Handball noch nicht üblich waren. Ich denke da zum Beispiel an das heute überall bekannte laktatgesteuerte Ausdauertraining, da habe ich Kopfschütteln geerntet, es gab auch Widerstände bei den Spielern, aber das habe ich dann – sehr wahrscheinlich auch begünstigt durch meinen sturen Kopf – schon durchgezogen.

Wie wichtig war in Ihrer Karriere Glück?

Wenn man ehrlich ist, muss man schon sagen, dass Glück, wichtig ist. Bei mir fing das vor der aktiven Laufbahn an: das Glück, in eine Familie, die sportlich so aktiv ist, reingeboren zu sein. Aber ich denke, damit man im Sport Chancen bekommt – neben dem eigenen Können und der richtigen Einstellung –, muss man das Glück haben, dass im Sport, gerade im Mannschaftssport, eine Position frei ist. Und das war bei mir der Fall. Ich habe zunächst auf der Links-außen-Position gespielt – da war ich eigentlich gar nicht gut, aber da war gerade die Position frei. Und dann habe ich das Glück gehabt, dass mein Bruder, der auf der Rückraummitte spielte, sich beruflich selbstständig gemacht hat. Und dann wurde dieser Platz frei, sonst hätte ich vielleicht noch drei, vier, fünf Jahre warten müssen. Dadurch bin ich früh in die Nationalmannschaft gekommen, das war in der aktiven Karriere sicherlich schon viel Glück, dass ich diese Chance da bekommen habe. Und auch als Trainer, dass ich schon so früh, mit 35, Vereinstrainer bei einer Bundesligamannschaft wurde und dann auch die Chance hatte, Bundestrainer zu werden, da muss ja alles passen. Klar muss auf der einen Seite das Können sein, auf der anderen Seite muss es aber vom Zeitlichen her auch passen. Als der Arno Ehret damals aufgehört hat, konnte ich da reinschlittern. Und man muss auch sagen, auch die Medaillen, auch 2007 war mit Glück gewonnen. Wir haben zwar bei anderen Ereignissen, bei denen wir sportlich sicherlich genauso gut waren, Pech gehabt, aber dass wir dann 2007 Weltmeister wurden, das war auch mit einigen glücklichen Momenten verbunden.

Was raten Sie (jungen) Leuten, die vor der Entscheidung stehen: »Was soll ich mal werden?«

Ich denke, das ist eine schwierige Entscheidung für junge Leute, die ja immer jünger werden, wenn sie ihren Abschluss machen, wenn sie ihr Abitur machen und eigentlich im Leben noch gar nicht richtig angekommen sind. Deswegen würde ich erst mal sagen, um sich ein bisschen zu orientieren, eine soziale Aufgabe übernehmen, zum Beispiel ein freiwilliges soziales Jahr, oder dass man sich beruflich zumindest mal ein bisschen orientiert. Damit man abschätzen kann, ich kann gut mit Menschen umgehen oder ich bin nur für technische Dinge konzipiert, einfach diese Erfahrungen mal zu sammeln, bevor sie sich für eine Berufsrichtung entscheiden. Gut, Trainer werden, das ist eine Entscheidung, die man mit achtzehn, neunzehn noch nicht trifft. Da hat man eher die eigene aktive Karriere im Auge. Sonst irgendwo Erfahrung sammeln, halte ich für besonders wichtig, gerade wenn man jetzt noch viel jünger ist, als das früher der Fall war. Früher gab es zum Beispiel noch die Wehrpflicht. Bei allen Vorbehalten, die ich selbst dagegen hatte, das war schon ein Stück Leben kennenlernen. Dass man eben in der Grundausbildung mit neun anderen Leuten auf dem Zimmer lag. Darunter war ein Halbkrimineller, darunter war ein Doofer und, und, und. Das war auch schon ein Stück Leben, das man kennengelernt hat. Das heute den jungen Leuten eben fehlt. Bei allem Blödsinn, den man während dieser Zeit auch gemacht hat. Es waren sicherlich nicht alle Dinge notwendig. Aber es war schon im Nachhinein nicht uninteressant.

VERONA POOTH
WERBE-IKONE UND MISS TAUSENDSASSA
*1968

»Wer sich nicht bewegt, erreicht nichts.«

Ich bin ...

... in erster Linie Unternehmerin und Entertainerin. Ich bin aber auch Moderatorin, Buchautorin (*Nimm dir alles, gib viel*) und Werbegesicht. Die Zeiten haben sich jedoch in den vergangenen Jahren geändert. Heute hat man als kreative Person nicht mehr nur eine einzige Berufsbezeichnung. Der Trend geht meiner Meinung nach dahin, dass man neben seinem »Hauptberuf« ebenfalls einen Zweit- und Drittjob ausführt. Nun ist man also von acht bis sechzehn Uhr Bankkauffrau. Anschließend betreibt man das hauseigene Nagelstudio in Selbstständigkeit, und zu guter Letzt ist man am Abend dann noch die Buchautorin eines eigenen Kochbuchs. Ich war in meiner Karriere eine Vorreiterin und wurde von der Presse oft als »Miss Tausendsassa« tituliert. Ich habe es immer als Kompliment empfunden, jedoch gab es viele Leute, die das Prinzip damals nicht verstanden und mich als unentschlossene Person bezüglich meiner Karriere sahen. Aber ganz im Gegenteil, ich war mehr als fest entschlossen, Karriere zu machen!

Was wollten Sie als Kind oder nach der Schule werden?

Für mich stand von Anfang an fest: Mein oberstes Ziel sollte die berufliche und finanzielle Unabhängigkeit sein. Ein »Geht nicht« gab es nicht! Meine Eltern beziehungsweise mein Papi (Ernst Feldbusch) wollte, dass ich Bürokauffrau werde. Jedoch waren weder meine Mamita (Louisa Feldbusch) noch ich von dieser Idee begeistert. Wir waren der Meinung, ich sollte die Welt bereisen und mit viel Fleiß Karriere machen. Und wie man sieht, hat das geklappt (*schmunzelt*)!

Was haben Sie gelernt?

Gelernt habe ich, aus »nichts« sehr viel zu machen. und das in jeder Hinsicht (*lacht*). Studiert habe ich auf jeden Fall die Menschen und das »Erfolgsgeheimnis«. Dieses Studium habe ich zum Glück auch erfolgreich absolviert.

Was war Ihr erster bezahlter Job?

Mit dreizehn Jahren habe ich täglich nach der Schule auf eine sehr große Dogge namens Jonas aufgepasst. Nach einer Weile habe ich sogar den Wohnungsschlüssel der Besitzerin bekommen. Ich muss wohl sehr vertrauenswürdig gewirkt haben. Dafür habe ich damals zwanzig D-Mark für zwei Tage die Woche bekommen. Ein ziemlich lukratives Geschäft für mich zur damaligen Zeit.

Wie sind Sie zu Ihrem Job gekommen?

Alles fing mit meinem Aussehen an. Mein erster Job war ein typischer Modeljob. Durch diesen Auftrag ist mein Interesse für die Mode generell gestiegen, und ich träumte davon, eine Modedesignerin zu werden. Gesagt, getan, einige Zeit später führte ich fünf Jahre lang, zusammen mit meiner Freundin und Geschäftspartnerin, das Hamburger Modeatelier Immerschön Design. Unsere Kollektionen bestanden hauptsächlich aus Cocktail- und

Abendkleidern. Zeitgleich wurde ich Miss Hamburg, Miss World und Miss American Dream, reiste um die ganze Welt und machte während unzähliger Misswahlen viel Werbung für das Modelabel Immerschön Design. Eigentlich genau so, wie meine Mamita und ich es immer vorausgesagt hatten. Anschließend stieg ich in die Musikbranche ein und startete meine Karriere als Sängerin. Ich bekam bei Europas größter Plattenfirma East West einen Fünfjahresvertrag. In dieser Zeit folgten insgesamt sechs Singles, »Ritmo de la Noche«, »Everybody Salsa«, »La Ola«, »Fiesta Tropical«, »Kiss« und »Love of my Life«. Anschließend stieg ich ins Showbusiness ein und moderierte diverse TV-Shows wie *Peep!*, *Veronas Welt*, *Einfach Verona!* oder *Engel im Einsatz*. Zur gleichen Zeit wurde die deutsche Werbeindustrie auf mich aufmerksam, und ich bekam insgesamt achtzehn langfristige Werbeverträge in TV und Print. Damit brach ich alle Rekorde und wurde von den Medien zur Werbe-Ikone ernannt. Außerdem entwickelte ich mein eigenes Brand Veronas Dreams. Zu dieser Marke gehörte meine eigene Kosmetiklinie, die über HSE vertrieben wurde. Außerdem wurde über QVC

meine eigene Schmucklinie vertrieben, und meine Dessous- und Bademodelinie war damals in über 118 Shop-in-Shop-Konzepten bei Karstadt erhältlich. Meine Karriere als Buchautorin startete ich mit dem Buch *Der Blubb*. Diesem Kochbuch folgte als zweites ein Schwangerschaftsbuch. Nach *Der kleine Feldbusch* folgte in diesem Jahr (2019) schlussendlich meine Autobiografie *Nimm dir alles, gib viel*, welche zum *Spiegel*-Bestseller wurde. In all den Jahren, zwischen harter Selbstständigkeit und vielen weiteren Jobs, spielte ich unter anderem an der Seite von Ulrich Nöthen, Sylvester Stallone, Leslie Nielsen, Maximilian Schell, Til Schweiger, Jan Josef Liefers, Armin Rohde, Lisa Martinek und Gudrun Landgrebe in mehr als sechs TV- und Kinoproduktionen mit.

Was braucht man, um Ihren Job besonders gut zu machen?

Es gibt einige wenige wichtige Eigenschaften, wenn ich genau darüber nachdenke, genau zwanzig – oha, so wenig sind das ja gar nicht –, wie Disziplin, Kreativität, Mut, Ehrgeiz, Ausdauer, Zuverlässigkeit, Ehrlichkeit, Überzeugungskraft und Geradlinigkeit. Allerdings muss man auch mit sehr wenig Schlaf zurechtkommen, auch mal einstecken können, ein starkes Selbstvertrauen haben, gut mit Geld wirtschaften können, als Teamplayer genauso gut sein wie als Einzelkämpfer und auch seine Steuern pünktlich zahlen (*lacht*). Ein großer Vorteil in dieser Branche ist es, immer ein wenig schneller als die anderen zu sein, sich für nichts zu schade zu sein und sich immer wieder selbst neu zu erfinden, aber die Kunst ist es, sich selbst dabei treu zu bleiben. Arroganz und Selbstverliebtheit hat hier übrigens nichts zu suchen. Waren doch zwanzig, oder?

Was gefällt Ihnen besonders gut an Ihrem Job?

Ich war nie ein Freund von Routine und liebte schon immer die Abwechslung. Zu Beginn meiner Karriere hätte ich mir niemals vorstellen können, zehn Jahre lang beruflich das Gleiche zu machen. Allerdings habe ich mich im Lauf der Zeit ein wenig

»Ich habe die Schule bewusst abgebrochen, denn ich wusste, dann gibt es kein Zurück mehr.«

verändert, so habe ich mich mit den Jahren auch mit sich wiederholenden Dingen anfreunden können. Zum Beispiel könnte ich mir jetzt schon vorstellen, über mehrere Jahre ein erfolgreiches Format zu moderieren. Früher wäre dies für mich undenkbar gewesen. Spätestens nach zwei Jahren habe ich immer nach einer neuen beruflichen Herausforderung Ausschau gehalten. Zudem liebe ich neue Herausforderungen, es macht mir sehr viel Spaß, darauf einzugehen. Nicht nur, dass ich damit die Leute unterhalte, sondern ich kann sogar mit dieser medialen Plattform Menschen helfen, das ist einmalig. Mittlerweile engagiere ich mich seit über dreißig Jahren für die SOS-Kinderdörfer. Ich habe im Lauf dieser Zeit über zwei Millionen Euro für hilfsbedürftige Kinder sammeln können. Deshalb heißt mein Buch auch *Nimm dir alles, gib viel.* – All dies sind Gründe, meinen Job so zu lieben, wie ich es tue.

Was gefällt Ihnen nicht so sehr?

Mir gefällt alles, da ich Dinge, die mir nicht gefallen, generell schnell ändere. Sowohl privat als auch in meinem Geschäftsleben. – So einfach ist das. Aber wie immer gibt es auch eine Kehrseite der Medaille, natürlich auch bei meinem Job. Beispielsweise die leidige falsche Berichterstattung, die einen als Prominenten ein ganzes Leben lang begleitet. Dinge, die verdreht oder falsch dargestellt werden, ärgern mich auch noch heute, daran werde ich mich nie gewöhnen. Aber nach dreißig Jahren, die ich tatsächlich in diesem Business schon zu Hause bin, weiß ich damit umzugehen.

Wie wichtig war in Ihrer Karriere Mut? Sind Sie Risiken eingegangen?

Ich glaube, dass ein gesundes Selbstbewusstsein generell nicht schadet, und wenn ich nicht einfach mal ein paar Risiken eingegangen wäre, wäre ich auch mit Sicherheit heute nicht so erfolgreich. Ich habe oft alles auf eine Karte gesetzt. Zum Beispiel als ich kurz vor meinem Abitur die Schule abgebrochen habe, da wusste ich, jetzt gibt es kein Zurück mehr, jetzt muss ich auf anderem Wege erfolgreich werden. Ich hatte damals null Sicherheiten, dass das alles so klappen würde, wie ich mir das vorgestellt habe. Oder noch ein anderes Beispiel: Damals wollten kaum erfolgreiche Sportler oder Prominente Werbung machen; sie unterschrieben zwar die Verträge, aber auch nur wegen der Topbezahlung. Doch die ganzen Werbungen damals wirkten sehr aufgesetzt und zum Teil gezwungen. In puncto Werbung kann ich heute tatsächlich nicht ohne Stolz sagen, dass ich Werbung salonfähig gemacht habe. Alle haben sich auf mich gestürzt, Witzchen gerissen und so weiter. Und jetzt: Werbedeals zu bekommen, ist ein Ritterschlag.

Wie wichtig war also Mut? Den Mutigen gehört nicht nur die Welt, sondern auch der Erfolg, das ist zumindest meine Erfahrung.

Wie wichtig war in Ihrer Karriere Glück?

Das Quäntchen Glück gehört immer dazu, auch in meiner Karriere – wie sagt ein altes Sprichwort: »Das Glück ist mit den Tüchtigen.« Zur richtigen Zeit am richtigen Ort trifft natürlich auch zu, ist aber noch lange keine Garantie, wirklich langfristig erfolgreich zu sein. Wer sich nicht bewegt, erreicht nichts, davon bin ich überzeugt.

Was raten Sie (jungen) Leuten, die vor der Entscheidung stehen: »Was soll ich mal werden?«

Meine Karriere war von Anfang an sehr risikoreich, ich habe meinen Kindern gesagt, dass sie direkt nach dem Abitur studieren müssen. Ich glaube, dass nicht jeder aus dem Holz geschnitzt ist, in meiner Branche langfristig erfolgreich zu bestehen. Ich würde niemandem raten, das nur ein paar Jahre auszuprobieren. Der Weg zurück ins reale Leben ist den wenigsten geglückt, so einige sind dabei auf der Strecke geblieben. Da wissen wir ja alle, wie das endet: »Ich bin ein Star, holt mich hier raus.«

DIETMAR HOPP
MITBEGRÜNDER DES IT-UNTERNEHMENS SAP
UND EINER DER REICHSTEN DEUTSCHEN
*1940

»Wir wollten immer eine Unternehmenskultur von Vertrauen und Angstfreiheit.«

Ich bin ...

... Unternehmer im »Ruhestand«. 1972 habe ich zusammen mit vier Kollegen die SAP gegründet, die derzeit das wertvollste Unternehmen an der Deutschen Börse ist. Darüber hinaus bin ich als Stifter, Biotech-Investor, Eigner und Präsident des Golf Clubs St. Leon-Rot sowie als Mehrheitsgesellschafter des Fußball-Bundesligisten TSG 1899 Hoffenheim engagiert.

Was wollten Sie als Kind oder nach der Schule werden?

Ein reicher Mann!

Was haben Sie gelernt?

Nach dem Abitur habe ich mich entschieden, Nachrichtentechnik zu studieren, und habe mich um einen Studienplatz an der TH Karlsruhe (heutige TU) beworben. Aufgrund meiner sehr guten Mathematik- und Physiknoten war das kein Problem. Mein Studium habe ich zielstrebig durchgezogen und selbst finanziert.

Was war Ihr erster bezahlter Job?

Ich habe schon mit zehn Jahren begonnen, Geld beziehungsweise Essen zu verdienen. In meiner Jugend habe ich viele Gelegenheitsjobs gemacht: Zum Beispiel war ich Erntehelfer bei Bauern und habe Alteisen gesammelt und an den Händler verkauft. Mit sechzehn war ich in den Ferien dann Bauhilfsarbeiter. Mit neunzehn Jahren habe ich den Führerschein Klasse 2 gemacht, um in den Semesterferien Lastwagen zu fahren und das Geld für mein Studium und den Lebensunterhalt zu verdienen. Meinen ersten Arbeitsvertrag habe ich bei der IBM Deutschland als Softwareentwickler unterschrieben. Das war im Jahr 1966. Um ehrlich zu sein, hatte ich mich ausschließlich dort beworben, denn ich wusste, dass IBM die mit großem Abstand attraktivste Computerfirma war und die Arbeitsbedingungen sowie die Bezahlung gut waren.

Wie sind Sie zu Ihrem Job gekommen?

IBM war mein einziger Arbeitgeber, den ich nach sechs Jahren verließ, um gemeinsam mit vier Kollegen die SAP (Systemanalyse und Programmentwicklung) zu gründen.

Als Softwareberater der IBM mussten wir immer wieder bei Kunden Software in verschiedenen Anwendungsgebieten erstellen beziehungsweise bestehende Programme erweitern. Dabei erkannten wir, dass ein Großteil der Funktionalität, über so gut wie alle Unternehmen hinweg, identisch war. Unsere gemeinsame Vision war es dann, Standard-Anwendungssoftware in Echtzeitverarbeitung für Unternehmen aller Branchen zu entwickeln.

Wir hatten das Glück, dass wir die International Chemical Industries (kurz ICI) in Östringen bei Karlsruhe als Kunden hatten. Ich war als Systemberater der IBM Mannheim für diesen Kunden zuständig und habe Hasso Plattner als Assistenten hinzubekommen. Unsere Aufgabe war, die bestehenden Programme für die Auftragsabwicklung und Versandsteuerung so umzugestalten, dass die Nutzer zufrieden waren.

Das laufende System funktionierte damals so: Fachabteilungen haben ihre Formulare ausgefüllt, daraus wurden Lochkarten erstellt und damit der Computer gespeist. Und am nächsten Morgen lagen dann Fehlerlisten auf den Schreibtischen des Fachbereichs, die zu bearbeiten waren, bevor ein Auftrag im System landete. Die Prozesse waren eigentlich unzumutbar langwierig, was insbesondere bei Eilaufträgen offensichtlich wurde. Diese wurden manuell abgewickelt und nach der Erledigung des Auftrags ins System gepflegt.

Da haben wir Mut gehabt, vorzuschlagen, das Ganze in Real-Time-Technik zu realisieren! Heute ist das eine Selbstverständlichkeit, aber damals war das völlig neu. Die Sachbearbeiter konnten die Aufträge am Bildschirm eingeben und hatten sofort Klarheit darüber, ob das Material auf Lager war oder im Produktionsplan stand. Die verhassten Fehlerlisten gab es nicht mehr, weil Fehleingaben im Dialog direkt korrigiert werden konnten.

In rund sechs Monaten haben Plattner und ich das Projekt realisiert – eine völlige Neuerung, die vom Fachbereich begeistert aufgenommen wurde, gleichzeitig eine Wende in der Geschichte des Computers. Die Konsequenz war, dass ICI weitere Anwendungen auf die Real-Time-Arbeitsweise umstellen wollte. Da IBM die Bedeutung von Anwendungssoftware lange Zeit verkannt hat, war das für uns eine große Chance.

Das war der Anfang der SAP. Mit drei weiteren IBM-Kollegen

haben wir uns selbstständig gemacht, um Standardsoftware zu realisieren. ICI war der Startkunde, nach dessen Bedarf die Standardsoftware zu entwickeln war. Wir haben dann die Software in voller Breite entwickelt, mit Finanz- und Anlagenbuchhaltung, Einkauf, Lager, Rechnungsprüfung, Personalwesen und der Integration des als Vorläufer entwickelten Systems für Kundenauftragsabwicklung und Versandsteuerung. Das war ein sehr ehrgeiziges Programm.

Wir fünf Gründer der SAP und weitere fünf Mitarbeiter haben mit maximaler Energie begonnen, das für ICI geplante System zu entwickeln. Wir saßen bei ICI im Stockwerk über dem Versand, nicht gerade komfortabel, aber für uns prima, weil wir ganz eng zusammen mit dem Kunden waren. ICI war mehr als zufrieden mit uns. Und wir haben von Anfang an vereinbart, dass wir das für ICI entwickelte System, nach Übergabe an ICI, als Basis nutzen durften, um das System weiterzuentwickeln für weitere Branchen. Dafür waren wir mit einer relativ bescheidenen Entlohnung seitens ICI zufrieden.

Wir haben das System dann innerhalb von einem Jahr betriebsfertig übergeben. Das war der entscheidende Anfang. Wir haben auch unglaubliches Glück gehabt, weil wir zum richtigen Zeitpunkt auf das richtige Pferd gesetzt haben. Aber ein Geschäftsmodell war das in dem Sinne immer noch nicht.

Die neue Standardsoftware, wir nannten sie »System R«, für »Real-Time«, sprach sich herum, wir bekamen weitere Kontakte. Firmen mussten sich nicht mehr aufwendig und teuer eine eigene Software bauen lassen, wenn vieles standardisiert war. Eine Demoversion konnten wir potentiellen Kunden bei der ICI zeigen, das war ausgesprochen großzügig. Die damaligen Interessenten waren alles High-End-Kunden, denn nur große Firmen hatten zu dem Zeitpunkt Computer mit der entsprechenden Leistungsfähigkeit.

Wir selbst hatten natürlich auch keinen Computer, das war für uns nicht erschwinglich. Wir haben bei der ICI am Computer gearbeitet, wenn der nachts oder am Wochenende nicht gebraucht wurde. Im eigenen Büro reichte uns ein Bleistift zum Programmieren.

1976 mussten wir für den ersten Kunden ins Ausland. Und das hieß: Übersetzer einstellen. Das war ein schönes Chaos, weil die

»Wir hatten alles auf eine Karte gesetzt und auf den Erfolg unserer Idee vertraut.«

Spezialbegriffe noch weitgehend unbekannt waren. Aber auch das haben wir gemeistert.

Die Leistungsfähigkeit der Computer ging aber rasant nach oben. Gleichzeitig purzelten die Preise. 1980 haben wir uns dann einen Computer angeschafft. Es war ein Riesenschritt für uns, weil wir dann auch mittelgroße Firmen mit unserer Software erreichen konnten.

Was braucht man, um Ihren Job besonders gut zu machen?

Man braucht eine Vision, großes Durchsetzungsvermögen, Fleiß und einen unbändigen Willen, um ein Start-up-Unternehmen zum Erfolg zu führen. Wir hatten ja alles auf eine Karte gesetzt, aber gleichzeitig auch auf den Erfolg unserer Idee vertraut. Die SAP war in einem ständigen Wachstumsprozess: neue Produkte, mehr Mitarbeiter, neue Büroflächen. Und, in heutigen Zeiten der schier unbegrenzten Daten fast unvorstellbar: ständig wachsende Arbeitsspeicher. Wir Gründer brauchten also auch hohe Flexibilität und die Fähigkeit, mit dem rasanten Wachstum Schritt zu halten. Wir haben uns professionell ständig weiterentwickeln müssen und so neue Aufgaben und Herausforderungen gemeistert.

Was gefällt Ihnen besonders gut an Ihrem Job?

Besonders beeindruckend war für mich zu sehen, wie das Unternehmen immer erfolgreicher wurde. Den Wachstumsprozess verantwortlich mitzuführen, und dies trotz größter Belastung. Mein Ziel war es darüber hinaus, in der SAP eine positive Unternehmenskultur zu etablieren, die geprägt ist von Vertrauen und – ganz wichtig – von Angstfreiheit. Das war verkürzt gesagt einer der Erfolgsfaktoren der SAP.

Was gefällt Ihnen nicht so sehr?

Die Anfangszeit war hart. Wir hatten unsere gut bezahlten Jobs gekündigt und alles darangesetzt, unsere Idee zum Erfolg zu führen. Wir arbeiteten Tag und Nacht. Mit dem Erfolg ging für mich daher auch die über Jahrzehnte andauernde Belastung mit negativen Folgen für die Privatsphäre und Familie einher.

Wie wichtig war in Ihrer Karriere Mut? Sind Sie Risiken eingegangen?

Natürlich gehört Mut dazu, einen gut bezahlten Job aufzugeben, um seine Vision umzusetzen. Als Risiko habe ich das nicht wahrgenommen, denn IBM hätte mich damals sicherlich wieder aufgenommen. Die Entwicklungsaufwände haben wir in unserem Übermut gerade am Anfang teilweise falsch eingeschätzt. Es ist im Rückblick erstaunlich zu sehen, wie und dass wir das dann doch hinbekommen haben. Anfang der Achtzigerjahre war uns dann klar, dass wir unser Unternehmen internationalisieren mussten – schneller, als wir das eigentlich wollten. 1988 folgte der Börsengang. Der Rest ist Geschichte.

Wie wichtig war in Ihrer Karriere Glück?

Ein Quäntchen Glück gehört im Leben immer dazu! In der Rückschau gibt es eine Vielzahl von glücklichen Umständen, die den Erfolg der SAP beflügelt haben. Ich möchte ein Ereignis herausgreifen: Die SAP-Software war ja ihrer Zeit voraus, weil die Unternehmensprozesse alle auf Echtzeitbearbeitung umgestellt wurden. Dazu waren hohe Computerleistungen erforderlich. In den ersten acht Jahren unserer Firmengeschichte hatten wir deshalb nur große Kunden, die über die entsprechende Computerleistung verfügten. Zu unserem Glück verbesserte sich das Preis-Leistungs-Verhältnis der IBM-Computer dramatisch, nämlich vierfache Leistung für ein Viertel des Preises. Das war für uns der Durchbruch am Markt, weil nun auch kleinere Unternehmen unsere Software einsetzen konnten.

Was raten Sie (jungen) Leuten, die vor der Entscheidung stehen: »Was soll ich mal werden?«

Sie sollen sich zunächst mal im Klaren sein, wo ihre Begabung liegt und ob es für diese Begabung interessante Berufszweige gibt, die ihnen auch Spaß machen könnten. Ich weiß, dass die Wahl heutzutage bei der Vielzahl an Berufen und Studiengängen schwieriger ist als zu meiner Zeit. Genauso wichtig ist es abzuwägen, wie schwer es ihnen fällt, mit wenig bis keiner Freizeit zumindest einen längeren Zeitraum durchzuhalten. Wenn dies der Fall ist, sollte, wenn vorhanden, auch die Familie gefragt werden, ob genügend Toleranz vorhanden ist, weil zu einem intensiven Job auch ein hoher Zeitaufwand notwendig ist! Dennoch rate ich den jungen Menschen: Nicht zu viel nachdenken, sondern machen und ausprobieren, statt nur die Nachteile eines Jobs zu sehen. Ich glaube, man kann in seinem Job nur richtig gut sein, wenn man ihn mit Freude und aus vollem Herzen macht.

VANESSA HAASIS
GEWINNERIN DEUTSCHER LEHRERPREIS
»DEUTSCHLANDS BESTE LEHRERIN« 2016
*1980

»Kritik darf man nicht persönlich nehmen, sondern als Chance sehen.«

Ich bin ...

... Studiendirektorin beziehungsweise Lehrerin für Mathematik und Betriebswirtschaftslehre (BWL) an einer beruflichen Schule in Baden-Württemberg.

Was wollten Sie als Kind oder nach der Schule werden?

Ich wollte ursprünglich Polizistin werden. Ich fand den Beruf bei der Polizei unheimlich abwechslungsreich und interessant. Während der Realschule habe ich auch ein Praktikum bei der Polizei gemacht, was ich sehr interessant fand. Mir war immer klar, dass ich gerne mit Menschen zu tun haben möchte. Ich habe dann aber – noch vor dem Abitur – den Einstellungstest für den gehobenen Dienst gemacht, aber leider nicht bestanden.

Als ich für das Abitur dann mit meinen Mitschülern zu Hause gelernt habe, haben die oft zu mir gesagt, dass ich Dinge und Inhalte gut erklären kann. Dass sie Dinge auf einmal verstehen, die sie in der Schule nie verstanden hatten. Ich konnte scheinbar Dinge gut erklären. Dann kam noch dazu, dass die damalige Kultusministerin von Baden-Württemberg an die Abiturienten einen Brief geschrieben und Werbung für den Beruf des Lehrers gemacht hat. So kam ich schließlich auf den Beruf der Lehrerin.

Was haben Sie gelernt?

Ich wusste nicht so wirklich, ob ich als Lehrerin geeignet bin. Deswegen habe ich Wirtschaftspädagogik in Mannheim studiert. Da studiert man Erziehungswissenschaften, gleichzeitig aber auch noch BWL und ein weiteres Fach.

Ich hatte mich damals dafür entschieden, weil ich mir dachte, wenn es mit dem Lehrerberuf nicht klappt oder wenn mir der Beruf nicht liegt, habe ich noch eine andere Tür, durch die ich gehen kann. Nämlich in die freie Wirtschaft.

Was war Ihr erster bezahlter Job?

Das war in einer Firma für Werbemittel. Da konnten Firmen Werbekugelschreiber bestellen mit ihrem Namen drauf. Ich habe dort im Versand gearbeitet und die Bestellungen verpackt.

Wie sind Sie zu Ihrem Job gekommen?

Dass ich heute als Fachberaterin für Mathematik unter anderem Fortbildungen für Kolleginnen und Kollegen anbieten kann und am Seminar angehende Lehrerinnen und Lehrer ausbilden darf, liegt vor allem daran, dass ich mich überdurchschnittlich in den Beruf einbringe und sehr gewissenhaft und verlässlich bin. Außerdem will ich die bestmögliche Qualität bieten bei dem, was ich mache.

Was mich weiterhin zu dem gemacht hat, was ich heute bin, waren immer wieder positive Rückmeldungen. Es waren aber auch kritische Rückmeldungen. Auch Kritik hat dazu beigetragen, dass ich an mir arbeiten und ich mich verändern konnte.

Ich wäre heute niemals so erfolgreich in meinem Beruf, hätte es nicht Kolleginnen und Kollegen, vor allem aber auch Schüler gegeben, die mir Feedback gegeben haben – über Verhaltensweisen, die ich reflektieren konnte, auch wenn es manchmal wehtat. Feedback zu bekommen, sich Kritik anzuhören und aus Fehlern zu lernen, war am Ende unheimlich wichtig in meiner Karriere. Kritik darf man nicht persönlich nehmen, sondern als Chance sehen. Als Chance und als Wertschätzung. Das ist heute nicht mehr so einfach, weil Kritik meist als negativ empfunden wird. Als persönlicher Angriff.

Es gab mal einen Schüler, der mich kritisiert hat. Das war vor vielen Jahren, aber ich werde es niemals vergessen. Auf einer Abiturfeier kam er zu mir und sagte: »Frau Haasis, Sie mögen keine schlechten Matheschüler, richtig?« – »Wie kommst du denn darauf?«, hab ich ihn gefragt. Darauf sagte er mir, dass ich den Eindruck erwecke, als würde ich schlechte Schüler nicht mögen, die guten Schüler aber umso mehr. Das gab mir so einen Stich ins Herz, dass ich heim bin und überlegt habe, wie er darauf kommt, dass ich schlechte Schüler nicht mag. Und am Ende wurde mir klar: Es könnte tatsächlich der Eindruck entstehen, dass ich schlechte Matheschüler nicht mag, weil ich wollte, dass schlechte Schüler besser werden, und sie dementsprechend im Unterricht mehr gefordert habe. Dies kam bei ihnen wiederum so an, als hätte ich sie auf dem Kieker. Ich habe einen sehr hohen Anspruch an mich, aber auch an meine Schüler. Und ich habe mich oft daran gemessen, wie gut meine Schüler sind. Wie gut ihre Noten sind. Ich musste lernen und akzeptieren, dass es Schüler gibt, die Mathematik nicht mögen, und dass eine vier oder fünf im Zeugnis für sie okay sein kann. Dafür können sie aber in Englisch oder Biologie spitze sein.

Aus dieser Erfahrung habe ich sehr viel gelernt. Nicht jeder muss Mathe lieben. Und ich muss das akzeptieren und gelassen damit umgehen. Das war eine harte Erkenntnis, aber ich bin dem Schüler, Sandro hieß er, bis heute dankbar.

Was braucht man, um Ihren Job besonders gut zu machen?

Vor allem Offenheit und Kritikfähigkeit. Kritik tut manchmal weh. Aber es liegt ja an einem selber, wie man damit umgeht. Und man muss bereit sein, sich ständig weiterzuentwickeln und ein Leben lang zu lernen. Auch weil die Gesellschaft sich ständig verändert. Ich hätte vor zehn Jahren nicht gedacht, dass ich heute mit Tablets unterrichten würde.

Heutzutage wird man als Lehrer oft von Schülern absichtlich provoziert oder gereizt. Schüler versuchen häufig bei Lehrern deren Grenzen auszutesten. Man braucht dafür eine Selbstregulationsfähigkeit. Das heißt, dass man in bestimmten Situationen, die einen emotional treffen, nicht spontan nach seinem ersten Gefühl oder im Affekt reagiert, sondern kurz innehält, tief durchatmet und reguliert, also überlegt handelt.

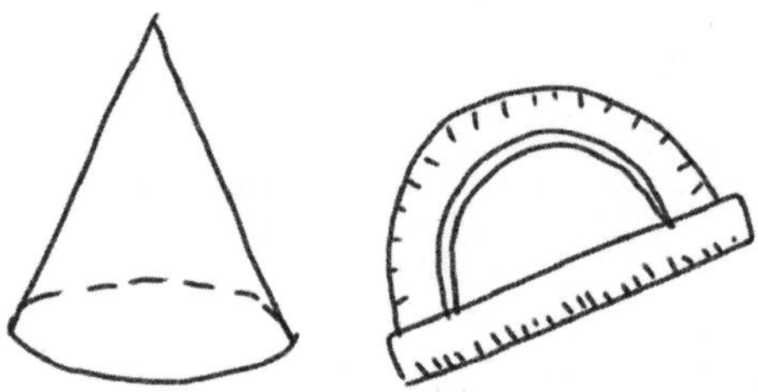

»Wenn man dieses Machtspiel nicht mitmacht, dann hat man viel gewonnen.«

Man darf sich nicht provozieren lassen. Man muss anders reagieren, als die Schüler, die einen provozieren wollen, es erwarten. Schüler wissen ganz genau, welche Knöpfe sie bei Lehrern drücken müssen und welche Reaktionen dann herauskommen. Wenn man dieses Machtspiel nicht mitmacht und den Automatismus der Provokation durchbricht, dann hat man viel gewonnen.

Was gefällt Ihnen besonders gut an Ihrem Job?

Es ist einfach schön, wenn ich Schülern, die Mathe nie mochten, zeigen kann, dass sie Mathe eigentlich können und die Schüler auch Freude daran haben können. Das erfüllt einen als Lehrer unheimlich.

Als Lehrer hat man aber auch eine große Verantwortung für den Selbstwert eines Schülers. Jeder von uns erinnert sich bestimmt an eine Situation aus der Schulzeit, in der ein Lehrer schlecht mit einem umging. Viele lässt das nicht los, oder viele erinnern sich noch lange an solche Momente. Wir Lehrer haben eine sehr große Verantwortung für unsere Schüler und Schülerinnen, auch mit Blick auf die Zukunft, auf den späteren Beruf, auf den Umgang mit eigenen Kindern. Manchmal verinnerlichen Schüler eine abwertende Aussage eines Lehrers so stark, dass sie eventuell manche Berufe gar nicht erst erlernen, weil sie glauben, dem nicht gewachsen zu sein.

Als Lehrer hat man eine Vorbildfunktion, zum Beispiel wie man mit Konflikten umgeht. Wenn wir als Lehrer jungen Menschen auf Augenhöhe begegnen, sie respektvoll behandeln und ihnen mit einer gewissen Haltung begegnen, dann zieht sich das wie ein roter Faden weiter im Leben. Wir Lehrer haben für junge Menschen oft eine wichtige Funktion, neben den Eltern. Wir haben eine große gesellschaftliche Verantwortung, die ich für uns Lehrer als ganz wichtig sehe.

Was gefällt Ihnen nicht so sehr?

Die Stundenpläne sind für Lehrer und Schüler oft nicht so optimal. Vor allem sind die Pausen viel zu kurz. Pausen, in denen man sich mit den Kollegen, aber auch mit den Schülern mal länger als nur ein paar Minuten austauschen kann. Wo man mal reden und einen Kaffee trinken kann. Es bleiben aber auch die Erholungsphasen zwischendurch ziemlich auf der Strecke.

Wie wichtig war in Ihrer Karriere Mut? Sind Sie Risiken eingegangen?

Mein Privatleben aus dem Fokus zu verlieren, war ein großes Risiko. Ich habe dem Beruf eine sehr hohe, vielleicht zu hohe Priorität vor dem Privatleben eingeräumt. Es gab viele Jahre in meinem Leben, in denen ich beruflich so erfolgreich war, so engagiert und voller Tatendrang und Freude, dass mein Privatleben auf der Strecke geblieben ist. Wenn alles so gut läuft, vergehen die Jahre so schnell. Damit bin ich ein Risiko eingegangen, ja. Das lässt sich deutlich daran messen, dass ich mir für die Familienplanung bisher keine Zeit genommen habe. Ich bin 39 Jahre alt, und irgendwann kam dann mal die Erkenntnis: »Wie ist es eigentlich mit einer eigenen Familie? Will ich eigentlich Kinder haben?«, und: »Gibt es noch etwas anderes außer dem Beruf?«

Zum Glück bin ich gerade Mutter geworden. Ich habe die Kurve also gerade noch gekriegt. Aber: Hätte ich früher eine Familie gegründet und wäre ich früher schwanger geworden, wäre ich nicht da, wo ich heute bin. Dann hätten meine ganzen Beförderungen so frühzeitig nicht geklappt. Ich war mit 36 Jahren schon Studiendirektorin, was so jung wirklich ungewöhnlich ist. Eine Familie zu gründen und gleichzeitig diese Karriere zu machen, wäre in meinem Fall so nicht möglich gewesen.

Wie wichtig war in Ihrer Karriere Glück?

Glück war sehr wichtig. Ich war schon sehr früh als Referentin im Fortbildungsbereich für Kollegen und Kolleginnen tätig. Dass ich das überhaupt angefangen habe, war Glück. Denn ich bin ganz früh in meinem Job von einem Kollegen zu einer Fortbildungskommission nach Stuttgart mitgenommen worden. Da hat der Kollege mich als seine Nachfolgerin vorgestellt. Ich wusste gar nicht, ob ich das will und ob ich das kann. Aber ich bin gottfroh, dass er mich mitgenommen hat, weil das der Einstieg für mich in den Fortbildungsbereich war. Es war also schon ein großes Glück, dass der Kollege mich mitgenommen hat. Dass ich damals zur richtigen Zeit am richtigen Ort war.

Was raten Sie (jungen) Leuten, die vor der Entscheidung stehen: »Was soll ich mal werden?«

Das Wichtigste ist, dass man Freude hat an dem, was man tut. Das ist am Anfang vielleicht nur ein Bauchgefühl. Aus einer inneren Überzeugung heraus. Das heißt, dass man einfach mal probieren soll. Und einfach mal das Risiko eingehen, etwas zu probieren und im Zweifel den Mut haben zu sagen, dass einem etwas nicht gefällt.

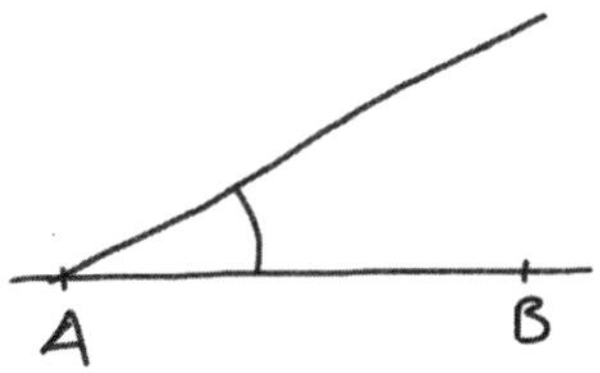

PROF. DR. WERNER MANG
DEUTSCHLANDS BEKANNTESTER
SCHÖNHEITSCHIRURG
*1949

»Man hat mich für verrückt erklärt.«

Ich bin ...

... Facharzt für HNO und Kopf-Hals-Chirurgie mit der Zusatzbezeichnung Plastische Operationen, ärztlicher Direktor der Bodenseeklinik und Präsident der Internationalen Gesellschaft für ästhetische Medizin (IGÄM e.V.).

Was wollten Sie als Kind oder nach der Schule werden?

In der Grundschule wollte ich zunächst Missionar und dann Lokführer werden. Am Bodenseegymnasium in Lindau (humanistischer Zweig, neun Jahre Latein und sechs Jahre Griechisch) hat sich dann langsam das Berufsbild Arzt herauskristallisiert. Deswegen waren auch die letzten beiden Schuljahre »Horrorjahre«, da ich ein richtiger Streber war, um den Numerus Clausus von 1,5 Notendurchschnitt zu erreichen. Ansonsten war ich viel lieber auf dem Tennis- und Fußballplatz. Sport hat in meinem Leben immer eine wichtige Rolle gespielt. Wer im Sport gut ist, bringt es meistens auch im Beruf weit.

Was haben Sie gelernt?

Nach meinem Abitur mit achtzehn Jahren in Lindau am Bodensee-Gymnasium habe ich mit dem Studium der Humanmedizin an der Ludwig-Maximilians-Universität in München begonnen und war fasziniert von der Anatomie. Dies hat mich auch geprägt, Chirurgie zu machen. Schon früh habe ich meinen Berufswunsch und meine Fachrichtung erkannt. Ich denke, das ist auch der Schlüssel zum Erfolg, sowie ein intaktes Elternhaus, eine starke physische und psychische Struktur – und der Wunsch, was Besonderes zu machen und zu erreichen. Da spielt es keine Rolle, ob ich Bäcker, Journalist, Anwalt, Autoverkäufer, Arzt, Schauspieler oder Elektriker bin. Ich wäre immer »nach oben gekommen«, da ich den festen Willen hatte, in meinem Beruf etwas ganz Besonderes zu erreichen. Deswegen bin ich bereits während meines Studiums zum Nestor der ästhetisch-plastischen Chirurgie, Herrn Prof. Dr. Ivo Pitanguy, nach Rio de Janeiro geflogen (mit meinem ersten ersparten Geld, als Bademeister verdient) und habe dort mit zwanzig Jahren hospitiert. Daraus hat sich eine lebenslange Freundschaft entwickelt. Während meines Studiums habe ich weltweit interessante Kliniken angesehen, die alle herausragende Chirurgie praktiziert haben, wie Herzchirurgie, ästhetisch-plastische Chirurgie, Unfallchirurgie und so weiter. Mein medizinisches Staatsexamen habe ich 1974 mit der Note 1 und der Promotion am Klinikum rechts der Isar, der Technischen Universität München, abgeschlossen. Motto: Wenn man etwas mit Freude macht, kann man 110 Prozent Leistung bringen. Erfolg ist erlernbar.

Was war Ihr erster bezahlter Job?

Gleich nach meinem medizinischen Staatsexamen war ich als Assistenzarzt am Kreiskrankenhaus Lindau in der Chirurgie tätig. Mein Vater (Beamter), streng, aber gerecht, hat mir gesagt: »So, Sohn, jetzt musst du dein Leben allein meistern.« Von meinem ersten Gehalt habe ich mir einen alten VW Käfer Cabrio gekauft und restauriert. Dann ging es in die Chirurgie. Ich war fasziniert, habe Tag und Nacht gearbeitet, freiwillig Nachtdienste übernommen, um ja bei Operationen assistieren zu dürfen. Bald darauf habe ich auch meinen ersten Blinddarm operiert. Habe auch bei meinem ersten Job in Lindau, wo auch sonst, meine Frau im OP kennengelernt, als ich ihr zusammen mit dem Oberarzt den Blinddarm entfernt habe. Ich 26 Jahre, sie 17 Jahre. Die Blinddarm-OP »hat bis heute gehalten«. Auch das ist ein wesentlicher Baustein für Erfolg.

Wie sind Sie zu Ihrem Job gekommen?

Kurzbiografie: Mit achtzehn Jahren Abitur am Bodensee-Gymnasium Lindau, mit 24 Jahren medizinisches Staatsexamen, 1980 Facharzt HNO, Kopf-Hals-Chirurgie, plastische Operationen und Oberarzt am Klinikum rechts der Isar mit Schwerpunkt plastische und rekonstruktive Gesichtschirurgie, mit 32 Jahren Habilitation, mit 37 Jahren Präsident der Deutschen Gesellschaft für ästhetische Chirurgie (fünfzehn Jahre lang), mit 38 Jahren Professor, und mit 39 Jahren hätte ich als leitender Oberarzt an der Universitätsklinik München Chefarzt in Frankfurt werden können, was jeder gemacht hätte. Ich allerdings habe das erste Start-up-Unternehmen in der Medizin gegründet und die Bodenseeklinik mit vier Angestellten und vier Betten in Lindau gegründet. Man hat mich für verrückt erklärt. Heute ist die Bodenseeklinik weltweit eine der größten Kliniken für ästhetisch-plastische Chirurgie.

Was braucht man, um Ihren Job besonders gut zu machen?

Die Liebe zur Medizin, die Faszination Chirurgie, die Kondition eines Zehnkämpfers, psychische Stabilität, Kreativität, optimales Gewebegefühl, cool bleiben in stressigen Situationen, Patienten die Ängste nehmen, Fleiß, Konzentrationsfähigkeit und sich nicht überschätzen.

Was gefällt Ihnen besonders gut an Ihrem Job?

Mein Bruder ist Jurist. Für mich todlangweilig, in Akten zu schnüffeln. Darin wäre ich nicht gut geworden. Mein Beruf ist kreativ, und ich sehe die Ergebnisse. Zum Frühstück eine Nase, und die Welt ist in Ordnung. Ich sehe meine Leistung sofort. Ich habe an der Universitätsklinik zehn Jahre Unfallchirurgie gemacht. Es gibt nichts Schöneres, als ein Gesicht nach einem schweren Unfall zusammenzuflicken und zu sehen, wie glücklich der Patient nach ein paar Monaten ist, wenn er wieder zur Kontrolle in die Sprechstunde kommt. Was kann es für einen schöneren Beruf geben, als Menschen glücklich zu machen? Dies geht besonders gut in der Chirurgie, weil die Ergebnisse sofort sichtbar sind. Ich gehe frühmorgens um 7:30 Uhr in die Klinik und am Abend wieder nach Hause und denke oft, ich sei nur eine Stunde dort gewesen. Die Zeit fliegt im OP.

Was gefällt Ihnen nicht so sehr?

In der ästhetischen Chirurgie werden die Patienten immer kritischer. Ich bin ja kein Botoxfan, man muss nicht jede Falte wegbügeln. Aber ein bis drei Prozent der Patienten sind auch an der Bodenseeklinik unzufrieden. Nicht weil etwas passiert ist, sondern weil sie unzufrieden mit sich und dem Leben sind und dann dem Chirurgen das Leben schwer machen. Schönheit ist nicht alles.

»Ohne Niederlagen

gibt es keinen Weg nach oben.«

Das ist auch mein Erfolgsrezept. Ich mache eine ehrliche Medizin, ich schicke auch mal jemand weg – nicht alles ist möglich. Diese Transparenz bringt Patienten aus der ganzen Welt (USA, Europa, Asien, Russland etc.) an die Bodenseeklinik in Lindau. Ich habe Kooperationskliniken in Moskau und Shanghai. Meine Lehrbücher sind in viele Sprachen übersetzt und weltweit bekannt. Ich hätte das nie erwartet, als kleiner alemannischer Junge vom Bodensee, dass ich einmal so erfolgreich werde. Ich habe allerdings auch immer an mich geglaubt, war fleißig, habe mich nie verbiegen lassen, habe Niederlagen immer gut verarbeiten können und mich nie entmutigen lassen, bin immer meinen Weg gegangen. Trotz des Stresses in meinem Beruf ist es für mich nach wie vor ein Traumjob, und ich habe jetzt gerade noch mal fünf Jahre verlängert.

Wie wichtig war in Ihrer Karriere Mut? Sind Sie Risiken eingegangen?

Ohne Risikobereitschaft, Mut, Verkraften von Niederlagen, falschen Entscheidungen gibt es keinen Weg nach oben. Mit 39 Jahren als junger Professor wurden mir Chefarztstellen deutschlandweit angeboten. Jeder andere hätte es als junger Professor gemacht – aber ich habe mich mit nichts in Lindau selbstständig gemacht, hatte eine sehr gute Kooperation mit der Stadt Lindau und habe bereits mit vierzig Jahren eine kleine Klinik mit vier Betten gebaut und bin ein enormes Risiko eingegangen. Jeder andere hätte das sichere Gehalt eines Chefarztes bevorzugt. Ich bin Sternzeichen Jungfrau. Dies ist meine Genauigkeit im OP und mein Fleiß. Mein Aszendent ist Löwe und mein Unternehmer-Gen. Seit meinem vierzigsten Lebensjahr habe ich praktisch jedes Jahr eine Baustelle, und dies ist mein zweites Hobby: Bauen. Alles, was ich in der Medizin verdient habe, habe ich in Immobilien in Lindau investiert und bin dadurch zu einem Reichtum gelangt, von dem ich als Jugendlicher nur geträumt habe. Ich bin praktisch mit vierzig Jahren ins kalte Wasser gesprungen, ohne doppelten Boden, aber mit dem Wissen und unbändigen Willen, nach oben zu kommen. Der Erfolg gibt mir recht. Und dies sollte auch ein Ansporn für die Jugend sein.

Wie wichtig war in Ihrer Karriere Glück?

Glück ist einer von vielen Bausteinen, die für den Erfolg notwendig sind. Meine Mutter hat gesagt, ich sei schon ein Glückskind, weil ich Sonntag früh um vier Uhr auf die Welt gekommen bin. Glück hatte ich mit meinem Elternhaus, mit meiner Familie, Glück hatte ich mit meinen Professoren, die mich ausgebildet und gefördert haben, Glück hatte ich mit dem Bau der Klinik und mit meinen Immobilieninvestments, und vor allen Dingen hatte ich Glück mit meiner Gesundheit. Denn ohne physische und psychische Stabilität ist ein Weg nach oben sehr schwierig.

Was raten Sie (jungen) Leuten, die vor der Entscheidung stehen: »Was soll ich mal werden?«

Ich erhalte oft Post von Jugendlichen und Studenten der Medizin, die mal so werden wollen wie ich. Denen sage ich, dass eine Kopie einer Person nicht möglich ist. Man muss sein eigenes Leben in die Hand nehmen und das machen, woran man Freude hat. Hier muss man sich schon in der Schule entscheiden, was man am liebsten machen möchte und kann. Dies kann technisch, kaufmännisch, handwerklich oder akademisch sein. Man muss früh sein Berufsbild im Kopf haben und dies dann auch konsequent durchziehen. Leider ist es oft so, dass Schüler überhaupt nicht wissen, was sie später einmal werden wollen, weil sie mit unserem Schulsystem falsch geleitet werden. Es muss nicht jeder studieren. Man muss schon in der Grundschule die Fähigkeiten eines Menschen erkennen. Aber durch unsere verfehlte Bildungspolitik haben wir Abiturienten, die nach dem Studium keinen Job bekommen und ihr Geld mit Taxifahren verdienen. Ich wäre genauso gern Handwerker geworden und hätte halt jetzt einen riesigen Handwerksbetrieb. Also, ich motiviere auch in Gesprächen und Vorträgen junge Menschen, das zu machen, was ihnen Freude macht. Jeder Mensch kann in Deutschland Erfolg haben. Man muss nur an sich glauben und alles konsequent durchziehen.

ANDREA KIEWEL
IM *ZDF-FERNSEHGARTEN* BEGEISTERT »KIWI«
JEDEN SONNTAG EIN MILLIONENPUBLIKUM
*1965

»Wo steht geschrieben, dass die Karriere wie eine Leiter nach oben gehen muss?«

Ich bin ...

... Moderatorin im ZDF und schreibe außerdem Kolumnen und Artikel für verschiedene Magazine und Zeitungen.

Was wollten Sie als Kind oder nach der Schule werden?

Journalistin.

Was haben Sie gelernt?

Ich studierte Lehramt für die Fächer Deutsch und Sport.

Was war Ihr erster bezahlter Job?

Mein erster »Job«, für den ich Geld bekam, war Rettungsschwimmerin an der Ostsee. Das war während meines Studiums. Mein erster richtiger Job war Lehrerin in Berlin-Hellersdorf. Immerhin drei Jahre lang.

Wie sind Sie zu Ihrem Job gekommen?

Ich nahm im August 1989 an einem Casting auf dem Berliner Alexanderplatz teil. Das Fernsehen in der noch existierenden DDR suchte neue, junge Ansagerinnen. Ich wurde zum nächsten Casting eingeladen und so weiter. Am Ende blieben drei Frauen übrig. Ich war eine davon. Meine erste Ansage im DFF (Deutscher Fernsehfunk) war am 5. Juli 1990. Ich arbeitete weiterhin als Lehrerin, bewarb mich dann bei einem kleinen Lokalsender – FAB (Fernsehen aus Berlin) – und als Programmansagerin beim SFB für die ARD. Erst dann kündigte ich meinen Lehrerjob, machte im Herbst 1992 erneut ein Casting, diesmal für das *SAT.1 Frühstücksfernsehen*, wo ich am 8. März 1993 als Moderatorin begann. Auch meinen heutigen Job – Moderatorin *ZDF-Fernsehgarten* – bekam ich über ein Casting.

Was braucht man, um Ihren Job besonders gut zu machen?

Ich glaube, man braucht zuallererst viel Glück. Man muss der Typ Mensch sein, der gesucht wird, Frau/Mann, blond/brünett. Und

»Man kann es nicht allen recht machen.«

dann muss man Persönlichkeit haben. Schön und attraktiv sind ja viele. Aber man muss etwas haben, das einen herausstechen lässt. Ich glaube, ich bringe zwei Gaben mit: Erstens bin ich ein von Grund auf fröhlicher, gut gelaunter Mensch. Ich kann Menschen mit meinem Enthusiasmus anstecken. Zweitens habe ich keine Angst vor der Kamera. Ich agiere, als wäre sie nicht da, manchmal vergesse ich, dass es Fernsehen ist.

Was gefällt Ihnen besonders gut an Ihrem Job?

Ich liebe die Abwechslung und Vielfalt in meinem Job. Kein Tag gleicht dem anderen, jede Show ist ein Unikat. Und ich liebe es, in einem großen Team zu arbeiten. Wir sind unaufhörlich im Gespräch miteinander. Uns verbindet viel mehr als ein Arbeitsverhältnis. Wir vertrauen uns, wir sagen uns gute, aber auch kritische Dinge. Das ist enorm wichtig, um sich weiterzuentwickeln.

Was gefällt Ihnen nicht so sehr?

Natürlich ist das Gemessenwerden an Einschaltquoten schwierig, es ist wie die B-Note im Eiskunstlauf. Wenn Formel 1 gegen meine Show läuft, sind uns leider quotentechnisch die Hände gebunden. Die Kunst ist, sich davon frei zu machen. Wenn nur ein einziger Zuschauer Spaß an unserer Sendung hat, ist es gut. Das gilt auch für die oft hämischen Bemerkungen gegen mich und meine Zuschauer in den sozialen Netzwerken. Am Anfang habe ich alles gelesen. Es war oft sehr verletzend, und dann habe ich beschlossen: Ich bin zu dünnhäutig dafür. Ich lese nichts mehr. Ich verweigere mich. Lob und Kritik von »echten« Menschen sind ausschlaggebend für mich.

Wie wichtig war in Ihrer Karriere Mut? Sind Sie Risiken eingegangen?

Oh, ich war und bin immerzu mutig. Ich habe schon Ja zu Formaten gesagt, von denen ich bestenfalls selbst nicht überzeugt war, manchmal wusste ich innerlich: Das wird nichts! Und habe es trotzdem ausprobiert. Danach konnte ich wieder ein bisschen mehr in meinem Job.

Aber ich nehme gerne Herausforderungen an. Dinge, die einfach erscheinen, langweilen mich. Ich kämpfe lieber, als dass ich mich ausruhe. Ich habe viele Fehler gemacht, habe oftmals nicht für mich eingestanden, war feige. Inzwischen bin ich viel mutiger. Das zahlt sich aus, nicht unmittelbar, aber abends gehe ich zufriedener mit mir selbst zu Bett. Es allen recht machen zu wollen oder zu müssen – davon musste ich mich schnell frei machen in meinem Beruf. Dazu gehörte und gehört Mut. Ich habe gelernt, mutig zu sein (manchmal unter Tränen), und ich lerne jeden Tag dazu.

Wie wichtig war in Ihrer Karriere Glück?

Glück und Können geben sich die Hand in meinem Job. Du kannst noch so gut moderieren – wenn die Zuschauer deine Sendung nicht sehen wollen, nutzt das alles nichts. Die Kunst ist, der richtige Moderator für die richtige Sendung zu sein. Man muss zusammenpassen. Wie in einer Liebesbeziehung. Das nenne ich »berufliches Glück«.

Was raten Sie (jungen) Leuten, die vor der Entscheidung stehen: »Was soll ich mal werden?«

Es fällt mir schwer, diesbezüglich Ratschläge zu geben. Ich weiß für mich: Hätte mein Können nicht fürs TV gereicht, hätte ich mein Glück in anderen Bereichen gefunden. Grundsätzlich tendiere ich aber zu: Ausprobieren! Machen! Schlimmstenfalls stellt man hinterher fest, dass es nix war. Wo steht geschrieben, dass das Berufsleben (viele nennen es »Karriere«) wie eine Leiter nach oben gehen muss? Am besten ist, man macht sich frei von »Du musst das so machen, so wird es von dir erwartet!«. Vielleicht macht man eine riesige Kurve auf dem langen Weg, aber womöglich ist es die beste Kurve der Welt? Interessiert sein an vielen Dingen wie Kunst, Literatur, Theater, Kino, Politik, Sport – das hilft. Man ist dann aufgeschlossener. Das ist mein Tipp: Sei aufgeschlossen!

WOLFGANG CLEMENT
PRESSESPRECHER VON WILLY BRANDT,
MINISTERPRÄSIDENT VON NRW,
SUPERMINISTER UNTER GERHARD SCHRÖDER
UND ÜBERZEUGTER JOURNALIST
*1940

»Man braucht Mut, Zuversicht, Gottvertrauen und ein bisschen Glück.«

Ich bin …

… heute als selbstständiger Berater unterwegs, teils mit, teils ohne Honorar, also ehrenamtlich, und unterstützt von einem Büro, das mein berufliches Leben organisiert. Bekannt geworden bin ich aber sicher als Politiker. Als Ministerpräsident von NRW und als Bundesminister für Wirtschaft und Arbeit.

Was wollten Sie als Kind oder nach der Schule werden?

Ich wollte Journalist werden und bin's auch geworden.

Was haben Sie gelernt?

Ich habe Jura studiert und beim Oberlandesgericht in Hamm, Westfalen, mein erstes juristisches Staatsexamen abgelegt. Parallel zum Studium absolvierte ich ein Zeitungsvolontariat bei der *Westfälischen Rundschau* in Dortmund beziehungsweise in deren Lokalredaktionen. So war es damals (1960 bis 1965) noch möglich – für mich war es gut so.

Was war Ihr erster bezahlter Job?

Mein berufliches Leben begann 1960, direkt nach dem Abitur, als freier Journalist bei der schon erwähnten *Westfälischen Rundschau*. Der Start war in der Bochumer Lokalredaktion des Blattes. Meine ersten Beiträge stammten von gemeinsamen Erkundungsfahrten als Beisitzer auf dem Motorrad unseres Fotografen. Er knipste, ich notierte. Mein Honorar: neun Pfennige pro gedruckte Zeitungszeile. Im Monat kam ich auf rund neunzig D-Mark.

Wie sind Sie zu Ihrem Job gekommen?

Nach dem Abitur schrieb ich einen Bewerbungsbrief an die Chefredakteure und auch an die Lokalchefs der damals im Ruhrgebiet gängigen Tageszeitungen. Einer hat geantwortet. Er lud mich zu einem Gespräch ein, für das er sich über eine Stunde Zeit nahm. Am nächsten Tag war ich bereits mit dem Fotografen unterwegs. Ein paar Monate später begann mein Volontariat. Der »Lokalchef«, der mich beruflich so auf den Weg brachte, hieß Günter Hammer. Einige Jahre nach unserem ersten Zusammentreffen wurde er Chefredakteur der *Westfälischen Rundschau* in Dortmund. Und noch ein paar Jahre später wurde ich beim selben

»Im Journalismus und in der Publizistik fordert mich bis heute die Möglichkeit der Mitwirkung am öffentlichen Gespräch heraus.«

Blatt sein Stellvertreter. Er war einer der Glücksfälle in meinem beruflichen Leben.

Was braucht man, um Ihren Job besonders gut zu machen?

Man braucht Neugier auf andere und anderes, Offenheit, Aufgeschlossenheit und ein ausgeprägtes Fairnessgefühl, dazu ein starkes Mitteilungsbedürfnis und natürlich das Talent, diesem Bedürfnis auch redend, schreibend, darstellend gerecht werden zu können. Das Weitere ist so, wie man es landläufig hört oder liest und wie es dennoch stimmt: Man braucht Mut, Zuversicht, Gottvertrauen und auch jenes bisschen Glück, das am ehesten findet, wer offenen Sinnes durchs Leben geht.

Was gefällt Ihnen besonders gut an Ihrem Job?

Im Journalismus und in der Publizistik fordert mich bis heute die Möglichkeit der Mitwirkung am öffentlichen Gespräch heraus. Das war und ist für mich der Reiz dieser Profession. In der Politik ging es und geht es um die Quintessenz des öffentlichen Gesprächs, also die Mitgestaltung des gesellschaftlichen Lebens in concreto. Für mich als einen Menschen aus dem Ruhrgebiet standen dabei – wie vordem als Zeitungsmensch – Wirtschaft und Arbeit im Mittelpunkt. Heute, in meiner Beratungstätigkeit, freue ich mich an meiner Unabhängigkeit und daran, meine Erfahrungen nutzen und nutzbar machen zu können.

Was gefällt Ihnen nicht so sehr?

Am Journalismus, dass er viel schneller, auch vielgestaltiger und deshalb allerdings auch schriller als ehedem (»zu meiner Zeit«) geworden ist. An unseren einst großen Parteien, dass sie überwiegend müde und ausgelaugt wirken und wohl auch sind, und dass sie der Politik die Kraft zu notwendigen Veränderungen entziehen. An Wirtschaft und Wissenschaft, dass sie sich nicht genügend am öffentlichen Gespräch beteiligen.

»Ich bin zur Genüge gescholten worden.«

Wie wichtig war in Ihrer Karriere Mut? Sind Sie Risiken eingegangen?

Ja, man braucht Lebensmut, und dazu gehört auch der Mut, Risiken einzugehen. Ja, ich bin auch Risiken eingegangen, und das nicht in jedem Fall erfolgreich. Nein, ich möchte diese Fälle nicht mehr im Einzelnen aufzählen, die meisten sind ohnedies bekannt, ich bin dafür ja zur Genüge gescholten worden.

Wie wichtig war in Ihrer Karriere Glück?

Glück ist enorm wichtig. Glücksgefühl auch. Glück zu empfinden, ist wunderbar. Auf meinem beruflichen Lebensweg hatte ich auch das Glück, Menschen zu begegnen, die mir ihr Vertrauen schenkten und mit denen ich je ein ganzes Stück Weges gemeinsam gegangen bin.

Was raten Sie (jungen) Leuten, die vor der Entscheidung stehen: »Was soll ich mal werden?«

Ich wünsche Ihnen Mut zum Risiko. Schauen Sie sich gründlich um, und gehen Sie dann den Weg, den Sie jetzt für sich für den richtigen halten. Und vertrauen Sie darauf, dass es heute mehr denn je eine zweite, vielleicht sogar eine dritte Chance gibt.

DÉSIREE NOSBUSCH

VOM KINDERSTAR ZUR GEFRAGTEN SCHAUSPIELERIN.
DIE LUXEMBURGERIN IST FERNSEHZUSCHAUERN
SEIT JAHRZEHNTEN BEKANNT
*1965

»Die Welt und das Leben sind ein einzigartiger Fundus, aus dem ich mir alles rauspflücken kann.«

Ich bin ...

... ja, da fängt es schon an ... was bin ich? In Deutschland wird man gerne dazu gedrängt, sich für eine Schublade zu entscheiden. Insofern würde ich in Deutschland behaupten, ich bin Schauspielerin. Im Ausland hätte ich früher eher gesagt, dass alles, was ich tue, zum Überbegriff »Entertainment« gehört. Ob ich moderiere, Regie führe oder ob ich spiele. Eigentlich empfinde ich mich als Geschichtenerzählerin.

Was wollten Sie als Kind oder nach der Schule werden?

Nach der Schule trifft auf mich nicht zu, denn ich stand bereits während der Schulzeit mit beiden Füßen im Berufsleben. Als ich jedoch noch sehr jung war, wollte ich Schauspielerin werden. Aber meine Mutter sagte damals: »Schauspielerin kann man nur werden, wenn man in Amerika geboren wurde.« – »Okay, das haut ja dann wohl nicht hin«, dachte ich mir. Ich bin in Luxemburg zur Welt gekommen. Mit ungefähr neun Jahren lief meine damalige Lieblingsserie *Petrocelli* im Fernsehen. Tony Petrocelli war Anwalt. Da überlegte ich mir dann, Anwältin zu werden und um die Gerechtigkeit zu kämpfen. Dazu kam es aber nicht, weil ich, über Umwege, sehr schnell wieder zu meiner wahren Leidenschaft zurückfand.

Was haben Sie gelernt?

Ja, was habe ich gelernt? Ich habe das Leben studiert. Nach der Mittleren Reife musste ich leider von der Schule abgehen. Man hatte mir nahegelegt, die Schule zu verlassen. Ich wollte unbedingt weiterlernen, aber es hieß, ich sorge für zu viel Unruhe. Das war ein Drama. Und ich weiß noch, wie ich allein und todunglücklich in einem Kino in Berlin saß. Dann sah ich den Film *Fame* über diese New Yorker Schauspielschule. Und ich beschloss, mit siebzehn nach New York zu gehen, um genau dieses Lebensgefühl für mich zu entdecken. Es war die beste Entscheidung meines Lebens. Die drei Jahre Schauspielausbildung am HB Studio bei Herbert Berghof und Uta Hagen haben mich und meine Liebe zu diesem Beruf gerettet. Mein Lehrer Herbert meinte immer: »Wir machen diesen Beruf für die kleinen Momente, in denen wir glauben, dass wir fliegen.« Und genau so ist es. Fünfzehn Jahre später habe ich dann noch auf dem zweiten Bildungsweg in Los Angeles an der UCLA Regie und Produktion studiert. Jahrelang hatte ich einen Riesenkomplex, weil ich kein Abitur hatte. Es ging mir nicht so sehr um den Abschluss. Man lernt vor allem, strukturiert zu arbeiten. Das fehlte mir, und ich musste mir das mit viel Disziplin aneignen.

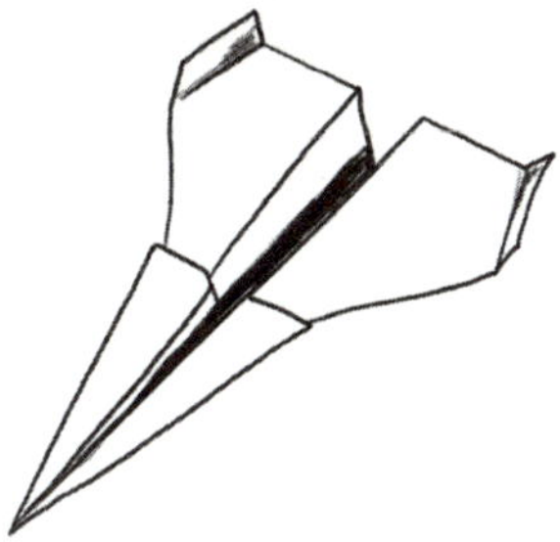

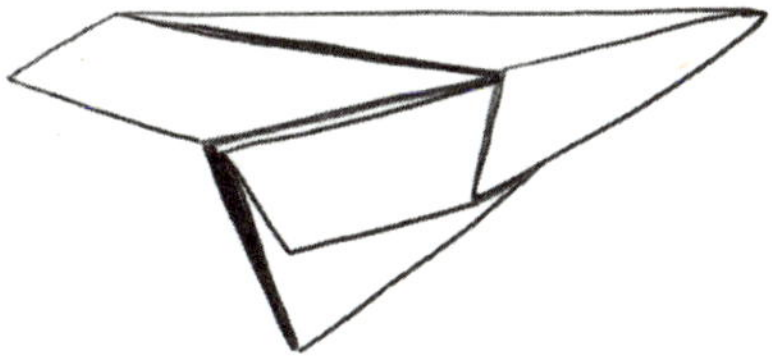

»Wir machen diesen Beruf für die kleinen Momente, in denen wir glauben, dass wir fliegen.«

Was war Ihr erster bezahlter Job?

Bei Radio Luxemburg (s.u.) im Kinderprogramm habe ich erst mal nichts verdient. Es war so, dass mein Vater irgendwann sagte: »Du, die haben mehr Geld als wir, können die wenigstens den Sprit zahlen?« Meine Eltern mussten mich ja immer hinfahren und wieder abholen. Irgendwann gab es dann hundert Mark im Monat Benzingeld. Ich kam aber auch nie auf den Gedanken, mal nachzufragen. Es war eher so, dass ich dachte: »Ach, wie schön, dass ich das machen darf.« Erst als ich meine eigene Sendung *Hits von der*

Schulbank jede Woche moderierte, gab es dann 250 Mark monatlich. Für eine Vierzehnjährige war das damals wahnsinnig viel Geld.

Wie sind Sie zu Ihrem Job gekommen?

Ich komme aus Luxemburg, und meine Eltern haben dort im Sommer 1977 ihr erstes Eigenheim gebaut. Das bedeutete, wir fuhren nicht, wie sonst jedes Jahr, zu meinen Großeltern nach Italien. Urlaub konnten wir uns in dem Jahr nicht leisten. Es war August, und wir waren gerade umgezogen. Wir lebten jetzt in einem Dorf. Wir waren aus einer Kleinstadt richtig aufs Land gezogen. Ich kannte niemanden, hatte auch noch im September einen Schulwechsel vor mir und empfand das alles als ganz furchtbar. Da saß ich also in meinem Zimmer, drehte am Transistorradio und stieß auf eine Radiosendung, in der Jugendliche und Kinder mitmoderierten. Ich hörte heraus, dass auch ein paar aus Luxemburg dabei waren. Wie kommen luxemburgische Kinder in dieses Radio rein, fragte ich mich. Es stellte sich heraus, es war Radio Luxemburg, das deutschsprachige Programm – und die Studios befanden sich in Luxemburg-Stadt. Ich fragte meine Mutter, ob sie wüsste, wo genau RTL sich befindet? »Kuck ins Telefonbuch«, war die Antwort. Ich fand die Nummer, und es dauerte eine ganze Weile, bis ich den Mut hatte, dort anzurufen. Schließlich bin ich beim Pförtner gelandet, der mich mit dem Büro des deutschen Programms verbunden hat. Die nette Dame am Apparat sagte mir: »Ja, das war jetzt nur so eine Sommeraktion, das ist eigentlich vorbei. Aber weil sich aus Luxemburg so wenig Kinder melden, machen wir mal eine Ausnahme. Bring noch eine Freundin mit und komm nächsten Donnerstagnachmittag vorbei.« Bei RTL haben sie meiner Freundin Martine und mir dann das Funkhaus gezeigt und uns auch noch mit in die Kindersendung *Moment mal* genommen. Der Moderator meinte: »Erzählt ein bisschen von euch und euren Ferien. Wie ist das hier in Luxemburg mit der Schule? Ihr wachst dreisprachig auf, ist das ein Vorteil?«, und so weiter. Tja, und dann habe ich halt erzählt. Als die Sendung vorbei war, haben wir das Studio verlassen und stießen im Flur auf Frank Elstner (der damalige Direktor von RTL), und er fragte: »Wer hat da eben in der Sendung so interessant erzählt?« Und ich sagte: »Ich glaube, ich.« Dann meinte Frank: »Magst du mal deine Telefonnummer hierlassen? Wir haben ab und zu internationale Gäste, und vielleicht hast du ja mal Lust, mit deiner Vielsprachigkeit, den einen oder anderen zu interviewen.« Drei Wochen später rief das Büro bei meinen Eltern an und fragte, ob ich mir vorstellen könnte, Pierre Brice zu interviewen. Meine Mutter sagte nur: »Wenn sie nicht in der Schule fehlt, kann sie das gerne machen.« Ich hatte großes Glück, ich war der größte Winnetou-Fan, hatte alles gelesen und kannte mich super aus. Pierre Brice war sehr nett und freute sich, dass er in seiner Muttersprache erzählen durfte und ich das Französische gleich parallel ins Deutsche übersetzte. Das Interview wurde gesendet und bekam ganz viele positive Reaktionen. Das war der Start meiner Laufbahn. Ab dem Tag machte ich regelmäßig im Kinderprogramm mit, und sechs Monate später hatte ich bereits meine eigene Sendung. Sie hieß *Hits von der Schulbank* und wurde über Nacht sehr erfolgreich in Deutschland. So wurde auch das ZDF auf mich aufmerksam. 1979 durften Anke Engelke und ich für das ZDF den *Sommergarten* von der Funkausstellung moderieren. Ich war vierzehn. Das war meine erste Fernseherfahrung. Dann bot mir das ZDF an, eine Musiksendung, wie ich sie im Radio machte, auch fürs Fernsehen zu moderieren. *Hits von der Schulbank* wurde so auch zu einer ZDF-Sendung, und daraus entwickelte sich ein Jahr später die *Musikbox*. Meine Vielsprachigkeit hat mir sicherlich über die Jahre sehr viele Türen geöffnet. Ein positiver Effekt, wenn man aus einem kleinen Land kommt, das von drei anderen Ländern umgeben ist.

Was braucht man, um Ihren Job besonders gut zu machen?

Für mich war es immer wichtig, nie zu vergessen, wo ich herkomme. Da kommt meine Kraft her. Versuchen, mir selbst treu zu bleiben und meine Arbeit nicht zu verraten. Das Handwerkliche habe ich auf der Schauspielschule in New York gelernt. Mein großartiger Lehrer, Herbert Berghof, ein österreichischer Jude, hat immer wieder gesagt: »Mit welchem Recht sitzt ein Pianist acht Stunden täglich am Klavier und übt seine Tonleitern, trainiert ein Balletttänzer acht Stunden am Tag an der Stange, und ein Schauspieler sitzt in der Kneipe, trinkt sich einen und jammert: Das Leid der Welt liegt auf meinen Schultern, und keiner will mich.« Er sagte: »Das ist ein Beruf! Das Instrument bist du, dein Körper. Und du kannst es in diesem Beruf nur schaffen, wenn du deine Hausaufgaben machst.« Das habe ich mir in mein Hirn eingraviert. Ich habe immer Durst nach Weiterkommen oder Lernen. Egal ob ich Sport treibe, damit ich körperlich fit bin, ob ich mich kulturell weiterbilde und mir viele internationale Filme anschaue, ob ich Drehbücher lese, Monologe lerne, damit das Gehirn im Training bleibt. Ich sitze für mein Leben gerne irgendwo am Flughafen oder am Bahnhof und beobachte Menschen, kucke, wie geht der, wie trägt der seine Tasche, wie hält er den Regenschirm. All das gehört zur Recherche für meinen Beruf. Und wenn man das mal verstanden hat, dann ist die Welt, dann ist das Leben ein einzigartiger Fundus, aus dem ich mir alles rauspflücken kann, was ich für meinen Beruf brauche.

Was gefällt Ihnen besonders gut an Ihrem Job?

Ich liebe Menschen. Ich liebe Geschichten. Es gibt keine wirkliche Routine in meinem Beruf. Jedes Projekt ist immer wieder eine Reise in das Leben eines anderen Menschen und in mein eigenes. Die Recherche und die Vorbereitung zu einem neuen Film und einer neuen Rolle sind immer wieder ein sehr spannender und auch teilweise schmerzvoller Prozess. Eine Figur zu kreieren und ihr eine Stimme zu verleihen, um dann Menschen zu unterhalten, ist ein Geschenk. Wenn ich zu Dreharbeiten in eine andere »Welt« fliege, bin ich nie ein Tourist. Ich darf gleich in das Leben des Landes, der Stadt, in die Kultur der Menschen dort eintauchen. Ich lerne dabei so viel und studiere, wie ich es am Anfang bereits gesagt habe, spielerisch das Leben.

»Ich glaube, sobald du etwas tust, was nicht messbar ist – denn das, was wir tun, ist nicht messbar –, muss man mutig sein.«

Was gefällt Ihnen nicht so sehr?

Was nicht immer leicht ist, ist, dass man sehr viel weg von zu Hause ist. Getrennt von Familie und Kindern, die man einfach notgedrungen immer wieder für einige Monate zurücklassen muss. Es gab schon Momente in meinem Leben, da habe ich Menschen beneidet, die morgens nicht irgendeine Hose aus dem Koffer nehmen, sondern vor ihrem Schrank stehen. Oder einfach alles, was sie lieben, an einem Ort haben. In ihr Auto steigen, zur Arbeit fahren, sich verabreden können abends zu Hause zum Grillen. Das gibt es halt in meinem Leben nicht. Aber irgendeinen Preis muss man immer zahlen.

Wie wichtig war in Ihrer Karriere Mut? Sind Sie Risiken eingegangen?

Mut ist wichtig, und ich gehe immer noch Risiken ein, tagtäglich. Ich habe viele Entscheidungen aus dem Bauch heraus getroffen. Entscheidungen, die für viele um mich herum vielleicht nicht immer verständlich waren. Ich habe mich nicht immer für den leichten Weg entschieden. Oder oft Projekte abgelehnt, die im Nachhinein große Erfolge wurden. Aber es waren für mich oft innere Kämpfe, bei denen ich mir dachte, das bin ich nicht, das fühlt sich nicht richtig an. Ich glaube, sobald du etwas tust, was nicht messbar ist – denn das, was wir tun, ist nicht messbar –, muss man mutig sein. Wir sind immer abhängig vom Geschmack anderer Menschen. Und der ist sehr subjektiv. Wenn du dich dem freiwillig aussetzt und sagst: »Da bin ich, ihr dürft urteilen«, musst du auf jeden Fall mutig sein.

Wie wichtig war in Ihrer Karriere Glück?

Sehr wichtig. Wenn man seine Hausaufgaben macht, mit Demut und Dankbarkeit arbeitet und dann noch ein Quäntchen Glück dazukommt, dann hat man einen Sechser im Lotto!

Was raten Sie (jungen) Leuten, die vor der Entscheidung stehen: »Was soll ich mal werden?«

Wenn ich jungen Menschen einen Rat geben dürfte, dann wäre es der, dass in meinen Augen das Wichtigste die Leidenschaft zu einer Sache ist. Mein Vater war Lkw-Fahrer. Als wir jung waren, hatte mein Vater teilweise sogar drei Jobs, um uns über die Runden zu bringen. Morgens hat er mit dem Bus Arbeiter abgeholt, dann hatte er seine Schicht als Lkw-Fahrer, und abends hat er die Arbeiter wieder mit dem Bus nach Hause gebracht. Mein Vater hat immer betont: »Désirée, ich bin nicht einen einzigen Tag in meinem Leben zur Arbeit gegangen. Ich bin jeden Tag aufgestanden und habe das gemacht, was ich am liebsten getan hab.« Mein Vater war ein leidenschaftlicher Berufsfahrer. Und er hat immer zu meinem Bruder Jean-Luc und mir gesagt: »Findet etwas, wofür ihr brennt, denn ansonsten ist das Leben hart und lang.« Und das kann ich nur bestätigen. Ich habe auch noch nie wirklich das Gefühl gehabt, dass ich zur Arbeit gehe. Ich habe jeden Tag das Gefühl, ich bin ein Glückspilz, dass ich das tun darf, was meine Leidenschaft ist. Und genau das gebe ich meinen Kindern auch mit auf den Weg. Meine Kinder sind beide Musiker, beide schreiben, komponieren, leben für ihre Musik. Beide hatten sie angefangen zu studieren. Und beide haben, mein Sohn nach einem Jahr, meine Tochter nach zwei Jahren, wieder aufgehört. Mein Sohn hat gesagt: »Mama, meine Seele geht hier kaputt«, meine Tochter sagte: »Das ist es nicht für mich.« Und beide sind jetzt leidenschaftliche Musiker. Ich unterstütze das aus vollstem Herzen. Auf die Frage, die sie mir oft stellen – »Meinst du denn, wir können irgendwann davon leben?«, – kann ich immer nur sagen: »Das kann ich nicht sagen, das weiß ich nicht.« Aber ich wusste für mich selbst auch nie, ob ich davon leben kann. Das ging immer von einem Jahr zum anderen. Ich bin bis heute immer wieder damit konfrontiert, dass jeder Job der letzte sein könnte. Und ich könnte nächstes Jahr arbeitslos sein. Damit lernt man umzugehen. Es geht sich immer irgendwie aus, das ist mein Credo.

ALFONS HÖRMANN
DEUTSCHLANDS EINFLUSSREICHSTER
SPORTFUNKTIONÄR
*1960

»Sei fleißiger als der Durchschnitt, und es wird niemanden geben, der dich aufhalten kann.«

Ich bin ...

... ehrenamtlich Präsident des Deutschen Olympischen Sportbundes, der die Interessen von 27 Millionen Mitgliedschaften in 90 000 Vereinen vertritt, Vorstandsvorsitzender der mittelständischen Schöck AG mit circa tausend Mitarbeitern sowie Mitglied in mehreren Aufsichtsräten von Unternehmen und gemeinnützigen Stiftungen.

Was wollten Sie als Kind oder nach der Schule werden?

Förster, Pferdehof-Betreiber und Bürgermeister waren die Traumberufe meiner Schüler- und Jugendzeit.

Was haben Sie gelernt?

Nach dem Abschluss mit der Mittleren Reife habe ich eine Ausbildung zum Groß- und Außenhandelskaufmann absolviert und vom ersten Tag an festgestellt, dass ich meinen »Traumberuf« gefunden habe. Während ich mich in der Schule – insbesondere am Gymnasium – schwer damit getan habe, die notwendige Konzentration und Motivation sicherzustellen, war die Begeisterung in der praktischen Arbeit im Zusammenwirken mit Kollegen und Kunden vom ersten Tag an gesichert. Aus dieser Begeisterung folgten hohe Einsatzbereitschaft und Leidenschaft für das Agieren im Team, die dann schnell zu schönen und erneut motivierenden Schritten auf der Karriereleiter führten.

Was war Ihr erster bezahlter Job?

Auszubildender im Groß- und Außenhandel im Jahr 1977 und danach Mitarbeiter im Außendienst im Baustoff-Verkauf.

Wie sind Sie zu Ihrem Job gekommen?

Indem ich vom Einstieg in Form der Ausbildung im Jahr 1977 über nunmehr vier Jahrzehnte hinweg einerseits konsequent dem Motto »Schuster, bleib bei deinen Leisten« gefolgt bin. Andererseits aber stets versucht habe, durch neue Aufgaben, Rollen und auch berufliche Wechsel »an mir selbst zu arbeiten«. Von den ersten Schritten im Vertrieb im Innen- und Außendienst in der Region Allgäu über erste Managementfunktionen in der Region folgten Vertriebsaufgaben überregional und Managementaufgaben national. So war es möglich, den Weg vom Azubi zum Vorstandsvorsitzenden einer börsennotierten AG binnen nur zwei Jahrzehnten zu gehen. Danach folgten interessante Mandate in Unternehmens-Aufsichtsräten. In den letzten zwanzig Jahren kamen dann weitere Gremien-Verantwortlichkeiten in gemeinnüztigen Organisationen und die ehrenamtliche Laufbahn im Sport dazu: vom Vorsitzenden des Allgäuer Skiverbandes über die Präsidentschaft im Bayerischen und Deutschen Skiverband bis zur heutigen Position als Präsident des Deutschen Olympischen Sportbundes mit zahlreichen weiteren Mandaten, die wiederum aus dieser Funktion resultieren.

Was braucht man, um Ihren Job besonders gut zu machen?

Viel Selbstdisziplin, maximale Einsatzbereitschaft, ein gutes Gespür für Menschen, viel Teamgeist, breite Führungs- und Managementkompetenz, viel praktische Erfahrung, extreme Kommunikationsfähigkeit und Leidenschaft für die vielfältigen Aufgaben.

Was gefällt Ihnen besonders gut an Ihrem Job?

Die unglaubliche Abwechslung in jeder einzelnen Aufgabe und im vielschichtigen Zusammenspiel derselben. Der permanente Kontakt mit völlig unterschiedlichen Menschen. Die immer wieder gegebene Herausforderung, sich in neue Themen und Sachverhalte einzuarbeiten. Die vielfältige Gestaltungsmöglichkeit und ein hohes Maß an Gestaltungsfreiheit. Das gute Gefühl, auch im Sinne der Gesellschaft etwas bewirken zu können. Trotz des engen Zeitkorsetts einen relativ hohen Freiheitsgrad zu besitzen.

Was gefällt Ihnen nicht so sehr?

Die oftmals von außen im negativen Sinne gegebenen Rahmenbedingungen. Die manchmal fehlende Unterstützung wichtiger Projektpartner und die damit verbundenen Effizienzverluste. Kommunikationsdefizite an vielen Stellen unserer Gesellschaft, womit die Zusammenarbeit unnötig erschwert wird. Taktische »Spielchen«

»Ohne mutiges Vorangehen wird es keine besonderen Erfolge geben können.«

im Hintergrund und der oftmals fehlende Mut, Konflikte auch in aller Offenheit auszutragen. Egoistische Alleingänge, die zulasten der Allgemeinheit und der Teamerfolge gehen. Die manchmal im Grenzbereich des Zumutbaren liegende Belastung durch das Reisen. Die teilweise wenig objektive und nicht sachgerechte mediale Begleitung der wichtigen Themen insbesondere im Sport.

Wie wichtig war in Ihrer Karriere Mut? Sind Sie Risiken eingegangen?

Mut ist aus meiner Sicht der entscheidende Faktor auf dem Weg zu besonderen Erfolgen. Ob in der Wirtschaft oder im Sport: Ohne mutiges Vorangehen wird es keine besonderen Erfolge geben können. Ich wundere mich im Rückblick auf meine vergangenen Jahrzehnte oftmals selbst darüber, wie und warum ich zum jeweiligen Zeitpunkt »den entscheidenden Schritt« dann doch gewagt und umgesetzt habe.

Eine gesunde Mischung aus »praktisch erworbenem Selbstvertrauen« und einer gesunden Portion »Gottvertrauen« und dem »richtigen Instinkt«, was machbar ist und wo das Risiko gegebenenfalls doch zu groß ist, war im Rückblick betrachtet die Basis für meine Erfolge in den verschiedenen Lebensbereichen. Sowohl die beruflichen Wechsel als auch große Investitionen und nicht zuletzt die mutigen Entscheidungen, neue Aufgaben anzupacken und auch vor völlig neuen Rollen nicht zurückzuschrecken, haben zu meinem Lebensweg geführt.

Wie wichtig war in Ihrer Karriere Glück?

Neben Mut und viel Fleiß und Können spielt der Faktor Glück an entscheidenden Stellen zweifelsohne auch eine ganz wichtige Rolle. Es gab Lebenssituationen, die ich im Rückblick dann eben auch deshalb erfolgreich meistern konnte, weil das berühmte Quäntchen Glück vorhanden war. Das können die passenden Rahmenbedingungen im entscheidenden Moment genauso sein wie zufällige Begegnungen mit Menschen, die dann den weiteren Lebensweg geprägt haben. Aber auch Ideen, deren Entstehung man manchmal Jahre später selbst nicht mehr so richtig nachvollziehen oder erklären kann und die aus einer glücklichen Fügung resultierten.

Was raten Sie (jungen) Leuten, die vor der Entscheidung stehen: »Was soll ich mal werden?«

Wenn ein junger Mensch mich um Rat fragen würde, würde ich ihm sagen: Orientieren Sie sich ausschließlich an dem, was Ihnen Freude machen kann und wird, und nicht so sehr daran, was daraus mittel- oder langfristig entstehen kann. Wenn Sie vom ersten Tag an mit hoher Motivation unterwegs sind, lässt sich der Erfolg nicht verhindern, und es gibt in völlig unterschiedlichen Berufen oder Betätigungsfeldern wunderschöne Bestätigungen für Ihr Tun und Handeln. Entwickeln Sie eine mittel- bis langfristige Vision für sich selbst – »Wo will ich in … Jahren stehen« – und gestalten Sie Ihre mögliche Karriere damit »im eigenen Kopf« und leben Sie diese Vision dann aktiv! Konzentrieren Sie sich dann aber auf jeden einzelnen Schritt, und verweilen Sie weder im Gestern, noch sollten Sie allzu oft ins Morgen abschweifen. Haben Sie gegebenenfalls auch den Mut zur Umkehr – Niederlagen und Rückschläge gehören dazu und sind die besonderen Prüfungen des Lebens. Lassen Sie sich dadurch nicht entmutigen, sondern sehen Sie das als einen Teil und als die »Würze des Lebens«. Nicht zuletzt: Sind Sie einfach nur fleißiger als der Durchschnitt Ihrer Mitbürger und praktizieren Sie die Primär- und Sekundärtugenden, und es wird niemanden geben, der Sie dauerhaft aufhalten kann im Leben!

SOPHIA FLÖRSCH
109 TAGE NACH IHREM SCHWEREN UNFALL
BEIM GRAND PRIX VON MACAU STIEG SIE
IN IHREN 250 PS STARKEN FORMEL-3-RENNER –
MIT FÜNF SCHRAUBEN UND EINER TITANPLATTE
IN DER WIRBELSÄULE
*2000

»Ich möchte zeigen, was eine Frau in der Männerwelt schaffen kann.«

Ich bin ...

… Automobilrennfahrerin in der Formel 3.

SOPH
#D2BD
#D

Was wollten Sie als Kind oder nach der Schule werden?

Ich habe 2017 mein Abitur gemacht. Insofern liegt die Schule jetzt nicht so weit zurück. Aber ich wollte immer schon, auch als kleines Kind, Rennfahrerin werden.

Ich habe mit dem Motorsport schon mit vier Jahren angefangen, und mir hat das immer Spaß gemacht. Damals natürlich noch auf der Kartbahn. Aber die Formel 1 war immer schon ein Traum von mir, und ich hätte nie gedacht, dass ich überhaupt mal in die Formel 3 komme. Rennfahren war also immer schon mein Ding. Ich habe schon als Kind immer die Formel 1 geschaut. Damals ist Michael Schumacher auch noch gefahren. Er ist natürlich die Legende und *der* Rennfahrer, vor allem für uns Deutsche. Dann hatte Sebastian Vettel die Phase, in der er seine Weltmeistertitel gewonnen hatte. Ich habe mir immer vorgestellt, wie das ist, wenn ich mal da oben stehe, auf dem Siegerpodest, und Weltmeisterin werde. Als kleines Kind träumt man davon. Und jetzt, da ich selber in der Formel 3 fahre, ist dieser Traum gar nicht mal so weit weg.

Was haben Sie gelernt?

Na ja, ich habe ja gerade erst Abitur gemacht, und ich war ja als Schülerin schon Rennfahrerin und Leistungssportlerin. Ob ich aber irgendwann mal etwas anderes mache oder studiere, hängt natürlich davon ab, wie viel Erfolg ich die nächsten zwei Jahre haben werde. Und ob ich es in den bezahlten, professionellen Motorsport schaffe. Wie die Formel 1, DTM oder Formel E. Wo ich dann auch meinen Lebensunterhalt mit verdienen kann. Jetzt kann ich das so noch nicht.

Wenn ich das schaffe, habe ich nicht vor, noch zu studieren. Wenn ich es aber nicht schaffe, dann habe ich vor, Jura, Sportwissenschaften oder Sportmanagement zu studieren. Ich bin im Sport zu Hause, und ich weiß nicht, ob ich jemals davon loskomme.

Was war Ihr erster bezahlter Job?

In der Schule habe ich Nachhilfe in Mathematik und Deutsch gegeben. Mein erster »echter« Job war aber tatsächlich Rennfahrerin. Bezahlt wurde ich von Sponsoren.

Wie sind Sie zu Ihrem Job gekommen?

Generell muss ich sagen, dass ohne meine Eltern und ohne meine Familie der Motorsport gar nicht möglich gewesen wäre. Klar, als kleines Mädchen kommst du erst mal nicht darauf, Kart fahren zu wollen und auch damit anzufangen. Aber: Mein Papa ist früher am Wochenende selbst Kart gefahren. Und irgendwann saß ich mit vier dann auch mal in einem Kart. Ich habe meine ersten Runden gedreht, was mir sehr viel Spaß gemacht hat. Am Anfang war es also eher mein Hobby. Andere Mädels sind am Wochenende zum Ballett gegangen und ich auf die Kartbahn. So war das damals. Aber ich fand das nie komisch als Mädchen. Für mich war das immer schon normal.

Mit sieben Jahren durfte ich dann mein erstes richtiges Rennen fahren. Und wenn du als Kind dann weißt: »Okay, ich kann gewinnen oder verlieren. Ich kann kämpfen, aufs Podium kommen und einen Pokal bekommen«, dann fängst du auch als Kind an, zielstrebig zu werden. Irgendwann willst du mal gewinnen. Und so war das bei mir auch. Es ist immer weiter gegangen, und ich habe nie aufgehört, Rennen zu fahren, und ich habe nie aufgehört, gewinnen zu wollen.

Um am Ende jetzt in die Formel zu kommen, brauchte ich aber neben meinem Talent und den Erfolgen auch Geld, um den Motorsport überhaupt machen zu können. Motorsport ist teuer. Du musst dich bei einem Team einkaufen, ein Team bezahlen, um überhaupt ein Jahr lang ein Cockpit im Rennauto zu haben.

Es kann sein, dass du in der Formel 3 ein großes Formel-1-Team oder einen Hersteller hinter dir hast, der dich unterstützt. Aber es werden keinesfalls alle Kosten übernommen beziehungsweise deine Ausbildung durchfinanziert.

Insofern ist mein Beruf schon irgendwie anders als viele andere Berufe. Denn ich muss aktuell für Ausbildung und Job bezahlen. Eigentlich eine verkehrte Welt. Aber dafür habe ich zum Glück Sponsoren, die mir überhaupt ermöglichen, diesen Sport machen zu können. Worüber ich sehr froh bin.

Was braucht man, um Ihren Job besonders gut zu machen?

Bei uns braucht man nicht nur Talent. Sondern Talent und ein möglichst gutes Budget. Du musst natürlich fähig sein, ein Rennwagen am Limit bewegen zu können. Aber du brauchst auch die finanziellen Möglichkeiten, möglichst viel und intensiv trainieren zu können. Jeder Testkilometer im Rennauto ist durch nichts zu ersetzen. Je mehr Testkilometer, desto schneller wirst du. Je besser dein Team und Material, desto schneller bist du. Nur wenige Familien können ihren Kindern den Rennsport überhaupt ermöglichen. Was schade ist. Natürlich braucht man das nötige Talent. Wie in jedem Sport. Du musst zielstrebig sein, ehrgeizig und in der Lage sein, über dein Limit zu gehen. Du musst risikobereit sein. Aber: Ohne Budget kein Rennsport. Das ist leider so. Insbesondere in den Nachwuchsklassen des Motorsports gilt ganz klar »Geld schlägt Talent«. Das ist im Fußball natürlich anders.

Was gefällt Ihnen besonders gut an Ihrem Job?

Vor allem Rennwagen, schnelle Autos am Limit bewegen zu können. Die Geschwindigkeit, die G-Kräfte, die du in Kurven hast. Du denkst oft, dass diese eine Kurve in voller Geschwindigkeit nicht geht. Aber dann fährst du in diese Kurve, und es geht. Das ist das, was Rennfahren ausmacht. Wenn ich 200 km/h fahre, dann kann ich mit dem Auto theoretisch kopfüber an der Decke fahren, weil so viel Anpressdruck wirkt. Das ist faszinierend.

Und dann in den Rennen die Gegner überholen, der Zweikampf, auf den letzten Zentimeter genau bremsen, um die Schnellste zu sein. Und das Runde für Runde. Das liebe ich am Rennenfahren.

Mein Sport ist kein Einzelsport. Du sitzt zwar allein im Cockpit, aber das Auto muss funktionieren. Und hinter diesem einen Auto steht ein gesamtes Team. Alle müssen funktionieren, alle müssen das gleiche Ziel haben. Und wenn du dann gewinnst? Das ist das, was den Rennsport ausmacht.

Ich liebe es – abgesehen vom rein Sportlichen – aber auch, zu reisen, die Welt zu erkunden und unterschiedliche Länder zu sehen. Auch wenn ich meistens nur die Rennstrecken und keine Strände oder Städte sehe. Aber das stört mich nicht.

Was gefällt Ihnen nicht so sehr?

Mir gefällt nicht, dass man viel Geld braucht, um überhaupt zeigen zu können, wie gut man ist. Dass man überhaupt Geld braucht, um den Sport machen zu können. Das ist gerade im Nachwuchsbereich, in dem es um 100 000 Euro oder um Millionen geht, ein Riesennachteil. Im Fußball oder Tennis kann man viel leichter zeigen, was man kann. Dort kann man mit Fleiß und Trainingseifer etwas bewegen. Mein Trainingseifer scheitert am zu geringen Budget. Und das ist etwas, womit man ständig zu kämpfen hat. Ich möchte viel und optimal trainieren können. Das gleiche Material haben. Den Menschen zeigen, was eine Frau bei gleichen Voraussetzungen in der Männerwelt schaffen kann.

Dann kommt aber auch noch dazu, dass man als Frau im Rennsport nicht so leicht, aber auch nicht so viel Förderung erhält wie die Jungs oder Männer. Man sticht als Frau natürlich raus, ist eine unter vielen Männern. Aber man hat es auch schwerer. Einer Frau wird es einfach schwerer gemacht, die gleichen Chancen zu bekommen. Ob es auf der Strecke ist, bei der Sponsorensuche oder im Trainingsumfeld. Ganz egal. Und das sehen viele nicht, oder sie wollen es nicht sehen.

Wie wichtig war in Ihrer Karriere Mut? Sind Sie Risiken eingegangen?

Als Motorsportlerin wächst man eigentlich mit dem Risiko auf, dass etwas passieren kann. Ich mache das jetzt, seitdem ich vier bin. Und mir war immer klar, wenn ich einen Fehler mache oder jemand anders einen Fehler macht, dann kann es mal zum Unfall kommen. Und der kann auch mal schlimmer ausgehen. Aber darüber ist man sich klar. Eben schon als Kind.

Aber Mut? Ich bin diejenige, die im Auto sitzt. Ich bin diejenige, die das Auto unter Kontrolle hat, oder eben nicht. Das bedeutet, dass ich mich selbst ans Limit herantaste. Das Risiko selbst bestimme. Es kommt natürlich immer darauf an, wie schnell du bist. Und je weniger Risiko du eingehst, desto langsamer bist du. Aber das gehört eben dazu. Als ich nach meinem schlimmen Unfall in Macao wieder zum ersten Mal im Auto saß, hatte ich nur Spaß. Ich habe jeden einzelnen Meter auf der Strecke genossen. Ich hatte Tränen in den Augen, weil ich so glücklich war.

Und das bestätigt auch, dass das, was ich mache, auch genau das ist, was ich möchte. Was mir am meisten Spaß macht. Und dass ich da keine Angst habe. Dass ich keinen Mut brauche. Und dass es für mich kein Risiko ist, wenn ich ins Auto steige. Rennen fahren ist für mich nur Spaß und Liebe.

Rennfahrerin zu werden war aber keine mutige Entscheidung. Ich habe mein Abitur gemacht, weil ich es wollte. Weil ich ein zweites Standbein wollte. Das Abitur ist Basis für einen Plan B. Aber Rennen fahren ist mein Leben, seitdem ich vier bin. Es war immer mein Ziel, Weltmeister zu werden. Und jeder Leistungssportler investiert seine Zeit, vor allem seine Zeit nach der Schule, erst mal in den Sport. Um erfolgreich zu sein. Um in die Königsklasse zu kommen. Nach ganz oben. Und dafür muss man, muss, will und werde ich, hundert Prozent geben.

Wie wichtig war in Ihrer Karriere Glück?

Ich glaube, Glück ist immer wichtig. Ich hatte sehr viel Glück, weil ich in den bisherigen Rennen immer gut durchgekommen bin, bis auf Macao, wo ich den schweren Unfall hatte. Ich hatte auch das Glück, dass ich die letzten Jahre immer Sponsoren hatte, die mich unterstützt haben und es mir ermöglicht haben, meinen Traum zu leben.

»Egal was andere Leute sagen, man muss an sich selbst glauben.«

Und ich hatte vielleicht auch das Glück, dass ich immer den Erfolg hatte, um den Sport weitermachen zu können. Ich glaube, Glück gehört immer dazu.

Was raten Sie (jungen) Leuten, die vor der Entscheidung stehen: »Was soll ich mal werden?«

Wenn man das Ziel hat, erfolgreich Motorsport zu treiben oder in die Formel 3 oder Formel 1 zu kommen, dann muss man im Kindesalter schon anfangen. Dafür braucht man natürlich die Unterstützung der Eltern. Jeder erfolgreiche Rennfahrer hat mit vier, fünf oder sechs Jahren angefangen. Die Erfahrung, die du in so jungen Jahren schon sammelst, kannst du nicht mehr aufholen, wenn du mit sechzehn oder siebzehn Jahren anfängst. Aber das ist in jedem Sport so. Kein Tennisspieler, der in den Top 10 ist, hat mit achtzehn erst angefangen, Tennis zu spielen.

Generell muss man herausfinden, was einem Spaß macht. Und dann sollte man das machen. Ich habe in den letzten Jahren eins gelernt: Egal was andere Leute sagen, und egal wie viele Menschen sagen oder glauben, dass man es nicht schafft oder niemals schaffen kann: Man muss immer an sich selbst glauben. Und Zweifler eher als Motivation sehen und ihnen zeigen, dass man es erst recht schaffen kann. Ich rate, immer mit einer positiven Einstellung ins Leben zu gehen, statt an sich selber zu zweifeln. Aber egal was man am Ende tut, ich würde auf jeden Fall sagen: »Abitur durchziehen oder einen Schulabschluss machen.« Ich glaube, das ist immer wichtig. Auch um Möglichkeiten zu haben, wenn der große Traum vielleicht nicht klappt.

AXEL MEISSEL
FREGATTENKAPITÄN DER
DEUTSCHEN MARINE
*1973

»Man braucht eine gehörige Portion Bescheidenheit.«

Ich bin ...
... Kommandeur des Seebataillons,
des einzigen Marineinfanteriebataillons der Bundeswehr
in Eckernförde.

Was wollten Sie als Kind oder nach der Schule werden?

Soldat, Elektrotechnik-Ingenieur und U-Boot-Kommandant.

Was haben Sie gelernt?

Ich habe Kommunikationselektroniker (Funktechnik) mit Spezialisierung auf Unterwasserwaffenelektronik gelernt, mit dem Ziel, auf einer Fachhochschule zu studieren, was später aus familiären Gründen nicht (mehr) möglich war.

Was war Ihr erster bezahlter Job?

Ich war während der Schule Aushilfe in einem großen Supermarkt, mit bis zu achtzehn Wochenstunden. Nach der Oberstufe bin ich unmittelbar in die Marine eingetreten.

Wie sind Sie zu Ihrem Job gekommen?

Mein militärischer Werdegang verlief sehr ungewöhnlich. Ich bin nach der zivilgeprüften Ausbildung bei der Marine als Unteroffizier und Elektroniker auf U-Booten zur See gefahren und wurde durch meinen Kommandanten zur Offiziersbewerbung vorgeschlagen. Nach meiner Zeit als Wachoffizier auf U-Booten aller damals im Dienst stehenden Klassen und stellvertretender Kommandant einer Erprobungsbesatzung auf einem neu gebauten, zu testenden U-Boot erhielt ich meine Kommandanteneignung zugesprochen und wurde auf eigenen Wunsch im Flottenkommando eingesetzt. Ich durfte als erster Referent meinen neu eingerichteten Dienstposten selbst gestalten und war unter anderem zuständig für besondere Angelegenheiten mit Bezug zu U-Booten, internationale Beziehungen und auch für sogenannte Feldnachrichtenkräfte der Marineschutzkräfte (MSK). Von dort aus war ich regelmäßig mit Bezug zur Aufklärungstruppe tätig und bekam in der Folge das Angebot, Kompaniechef aller drei zu See fahrenden und fünf fliegenden

Aufklärungsbesatzungen der Marine sowie eines passiven Luftlagesystems mit insgesamt etwa 200 Soldatinnen und Soldaten zu werden. Da zu diesem Zeitpunkt (um 2009) ständig bis zu zwölf meiner Soldatinnen und Soldaten im sehr gefährlichen Kunduz im Afghanistan-Einsatz waren, musste ich viel über infanteristische Einsätze und diese Ausbildung lernen und erhielt später die Eignung zum Kommandeur zugesprochen. Deshalb bekam ich von der Marine das Angebot, stellvertretender Kommandeur der MSK zu werden. Nach einem Einsatz für das World-Food-Programm in und vor Somalia durfte ich im Einsatzführungskommando arbeiten, von wo aus ich einen weiteren Einsatz als Kontingentführer im Mittleren Osten anführte. Anschließend hatte ich die Chance, im strategischen NATO-Hauptquartier in Mons (Belgien) zu arbeiten. Mit Rückkehr nach Deutschland übertrug mir Konteradmiral Jan C. Kaack als Zweitem Kommandeur das Kommando über das

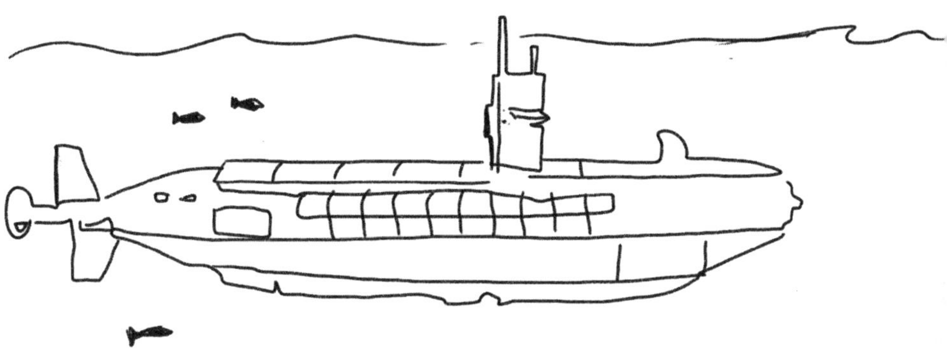

2014 neu aufgestellte Seebataillon, wo ich gegenwärtig insgesamt etwa drei Jahre Verantwortung für bis zu 1100 Soldatinnen und Soldaten tragen darf.

Was braucht man, um Ihren Job besonders gut zu machen?

Man benötigt ehrliches Interesse und vor allem zeitlich unbegrenztes Verantwortungsbewusstsein für die Menschen, für deren berufliche und manchmal auch private Wünsche und Ziele, aber insbesondere für deren Leben und Gesundheit. Dafür bekommt man schon sehr früh große Verantwortung übertragen. Als Soldat im Allgemeinen und Marineoffizier im Speziellen benötigt es häufig Geduld und Kreativität, um die vielen kleinen Hindernisse des Dienstes in Chancen zu wandeln. Aber auch eine gehörige Portion Bescheidenheit, Mut und Tapferkeit, um von vorn, als Vorbild, zu führen, dabei sich selbst zurückzunehmen, stets das Wohl der anvertrauten Menschen im Blick zu behalten und sich so deren Vertrauen und Loyalität zu verdienen. Ohne die Leistungsfähigkeit und Leistungswilligkeit, verbunden mit der bisweilen erforderlichen Leidensfähigkeit der eigenen Truppe, ist deren Führer schnell allein und damit verloren! Wenn man sich besonders gut um seine Männer und Frauen kümmert, muss man sich um sich selbst wenig Sorgen machen. Darauf achten dann die einem anvertrauten Menschen oft erstaunlich feinfühlig!

Was gefällt Ihnen besonders gut an Ihrem Job?

Ich trage gern Verantwortung und genieße den oft überraschend großen Spielraum, der mir eingeräumt wird. Menschen weiterzuentwickeln und sie zu (für diese selbst manchmal überraschend) großen Leistungen anzuleiten, ist eine tolle Entschädigung für viel investierte Zeit. Die Vielfalt und Bandbreite, die der Beruf bietet, sind gewaltig. Dass ich in so vielen verschiedenen Funktionen, auf nahezu allen Kontinenten und mit so vielen verschiedenen Menschen und Nationen tätig sein durfte, empfinde

»Wenn Menschen, die es gut meinen, Türen öffnen, geh hindurch, auch wenn es unbequem wird.«

ich als sehr großes Privileg; sowie all das Wissen, welches mir damit einhergehend zugänglich wurde. Wenn mir Entscheider dann gezielt ihre Aufmerksamkeit schenken, meine Meinung sogar bewusst in ihre Überlegungen mit einbeziehen und ich so das Leben von Menschen oder die Auftragserfüllung verbessern konnte (egal ob im Einsatz oder zu Hause), betrachte ich das als Konsequenz dieses Privilegs. Das entschädigt für vieles, was mit diesem Privileg einhergeht.

Was gefällt Ihnen nicht so sehr?

Durch die vielen Aufgaben an so vielen Orten dieser Welt war ich sehr oft und lange nicht zu Hause. Darüber hatte ich häufig wenig bis keine Kontrolle. Ich habe inzwischen erwachsene Kinder, die viel mehr meiner Zeit mehr als verdient hätten. Meine großartige Frau hat das in großen Teilen kompensiert, aber ganz geht es nie. Ich hätte darüber hinaus viele Erfahrungen gern »live« mit meiner Familie geteilt, was sich anschließend mit Bildern oder in Worten nur schwer vermitteln lässt.

Wie wichtig war in Ihrer Karriere Mut? Sind Sie Risiken eingegangen?

Mut und Tapferkeit sind die wesentlichen Ingredienzien des Soldatenberufs. Ich bin sicher zahlreiche Risiken eingegangen. Viele gezielt, manchmal unbewusst, manchmal vielleicht sogar etwas naiv. Risiken abzuschätzen, abzuwägen und kontrolliert in Kauf zu nehmen, ist Teil des Soldatenberufs. Wer Risiken trägt, erleidet manchmal Rückschläge, kleinere oder größere. Das ist der Preis der Entscheidungsfreiheit.

Persönlich habe ich in den Einsätzen und Einsatzgebieten die größten Risiken erlebt, aber stets von meinen Männern und Frauen nichts verlangt, was ich nicht auch selbst bereit war zu tun. Ich hoffe, so immer glaubhaft gewesen zu sein.

Hinsichtlich meines Werdegangs war der (von vielen unerwartet abrupte) Wechsel von der Seefahrt ins Flottenkommando das größte Risiko, da ich nur eingeschränkt absehen konnte, wohin mich das bringt. Aber es brachte mich in meine heutige Funktion. Daher war es das Risiko offensichtlich wert.

Wie wichtig war in Ihrer Karriere Glück?

Natürlich benötigt es immer eine Portion Glück im Leben. Aber Mut und Fleiß und der Wille, mehr zu leisten, sind ein ebenso notwendiger Baustein. Mit diesen drei Zutaten und ein wenig Glück überzeugt man wohl am ehesten Menschen davon, einem Türen zu öffnen, durch die man dann allerdings selbst gehen muss. Wir Soldaten wünschen uns allerdings nicht ohne Grund immer eine Portion Soldatenglück, für jede Verwendung. Man sollte nicht unterschätzen, wie abergläubisch Soldaten sein können. Wer will schon unter einem glücklosen Anführer in den lebensbedrohlichen Einsatz gehen oder mit einem glücklosen Kommandanten zur See fahren oder fliegen gehen?! Und manchmal benötigt man einfach das Glück, dass man gerade nicht dort steht, wo ein Projektil einschlägt, oder eine günstige Strömung die Kollision eben noch verhindert.

Was raten Sie (jungen) Leuten, die vor der Entscheidung stehen: »Was soll ich mal werden?«

Grüble nicht zu lange! Fang es an, egal was es ist, mache es, so gut du kannst, und bring es zu Ende! Arbeite hart, klage wenig und suche die Chancen, die in allem stecken. Wenn Menschen, die es gut meinen, Türen öffnen, geh hindurch, auch wenn es unbequem wird. Heute ist dein bester aller Tage im besten aller heutigen Jobs! Genieße ihn, hab Spaß, lache viel und mache einen Menschen glücklich! Freu dich auf morgen, dann ist ein neuer Tag!

PATRICK LANGE
IRONMAN UND TRIATHLON-WELTMEISTER
ÜBER 3,86 KILOMETER SCHWIMMEN,
180,2 KILOMETER RADFAHREN UND EINEN
MARATHONLAUF ÜBER 42,195 KILOMETER
*1986

»Man braucht Träume und Visionen.«

Ich bin ...

… Profi-Triathlet.

BESTER TRIÅTLET

Was wollten Sie als Kind oder nach der Schule werden?

Mein Traum war es schon immer, Berufssportler zu werden. Ursprünglich Formel-1-Fahrer, aber der Ausdauersport lag mir deutlich besser!

Was haben Sie gelernt?

Physiotherapeut mit Staatsexamen.

Was war Ihr erster bezahlter Job?

Physiotherapeut, trotzdem bin ich nebenbei schon in der Profiklasse der Triathleten gestartet.

Wie sind Sie zu Ihrem Job gekommen?

Nachdem ich Ende 2015, nach einem nicht sehr erfolgreichen sportlichen Jahr, in dem ich noch halbtags als Physio arbeitete, komplett ohne Sponsoren dastand, kamen in mir Gefühle auf, dass ich wohl nie meinen Traum vom Profisport werde erfüllen können. Deshalb machte ich einen Schnitt in meinem Leben: Ich zog um, holte mir einen neuen Trainer, einen anderen Verein, verkleinerte mich räumlich, um mich auf das Wesentliche – den Sport – fokussieren zu können. Als dann ein Partner in mich investieren wollte, mit einem kleinen Geldbetrag, setzte ich alles auf eine Karte. Und da ich trotz des neuen Sponsors zum Großteil von meinem Ersparten leben musste, konnte ich mich von dort an komplett auf den Triathlon fokussieren; das wiederum brachte mich bei meinem ersten Ironman in Texas direkt ganz oben auf das Siegerpodest.

Was braucht man, um Ihren Job besonders gut zu machen?

Ausdauerfähigkeit, Belastbarkeit, mentale Stärke, Willen, Umgang mit Niederlagen, Träume und Visionen.

Was gefällt Ihnen besonders gut an Ihrem Job?

Der Weg im Training, die stetige Verbesserung der Leistungsfähigkeit auf den Tag des Wettkampfes hin. Die Grenzen neu zu verschieben und seine eigenen Träume verwirklichen zu können, gefällt mir am besten.

Was gefällt Ihnen nicht so sehr?

Trainingstage, an denen es nicht »rundläuft«. Training, bei dem man leiden muss, wie zum Beispiel Kälte oder Hitze. Stürze beim Radfahren und so weiter. Aber es gehört dazu und macht mich stärker.

Wie wichtig war in Ihrer Karriere Mut? Sind Sie Risiken eingegangen?

Sehr wichtig! Wie oben schon erzählt, hätte ich an diesem Punkt Ende 2015 ohne Sponsoren aufgeben oder eben meinen Ansatz drastisch hinterfragen können. Dieser Schritt verlangte viel Mut. Ich habe mich für die zweite Option entschieden und bin mittlerweile zweifacher Weltmeister.

Wie wichtig war in Ihrer Karriere Glück?

Ich glaube nicht, dass Erfolg Glück ist. Es gehört immer ein Quäntchen Glück dazu, aber dieses Quäntchen muss man sich hart erarbeiten.

Was raten Sie (jungen) Leuten, die vor der Entscheidung stehen: »Was soll ich mal werden?«

Klammert erst einmal das Geld aus. Ich glaube, dass man in dem, was man am besten kann und was einem täglich Spaß bereitet, noch immer am Ende einer der Besten werden kann – womit der finanzielle Benefit dann am Ende von ganz allein kommt.

STEPHAN PICK
DER STARFOTOGRAF ZÄHLT SEIT ÜBER ZWANZIG JAHREN ZU DEN ERFOLGREICHSTEN PROMIFOTOGRAFEN DEUTSCHLANDS. VOR SEINER KAMERA STANDEN BARACK OBAMA, KARL LAGERFELD, MICHELLE HUNZIKER, SHIRLEY MACLAINE, DIETER BOHLEN, MARIO ADORF, PELÉ UND VIELE MEHR
*1964

»Einfach machen. Dazu brauchst du Mut. Denn du könntest ja ein paar auf die Fresse bekommen.«

Ich bin ...

... Fotograf. Ich sehe mich jedoch eher als Kunsthandwerker, da ich über den Beruf des Schlossers zur Fotografie gekommen bin und beide Tätigkeiten wunderbar in meinem heutigen Beruf kombinieren kann.

Was wollten Sie als Kind oder nach der Schule werden?

Mein Werdegang war sehr spießig, verklemmt und ein wenig Macho. Bis ich sechzehn Jahre alt war, dachte ich, dass es der Inbegriff eines männlichen Berufs sei, Staudämme zu bauen und mit großen Maschinen zu arbeiten. Hinzu kam der Druck vom Elternhaus und der Gesellschaft. Ein Beruf sollte Sicherheiten bringen und nachhaltig sein. Insofern hatte ich keine großen beruflichen Ziele. Ich wollte nur etwas Solides machen.

Was haben Sie gelernt?

Ich habe meine Mittlere Reife und – mit ein bisschen Trickserei – mein Fachabitur geschafft. Meinen Eltern war es wichtig, dass ich nach dem Schulabschluss direkt eine gute Stelle bekomme. Selbstfindungszeit und eine Orientierungsphase hätten sie niemals zugelassen (*lacht*). So bin ich nach der Schule erst mal bei RWE Rheinbraun gelandet. Dort habe ich Maschinenbauschlosser gelernt und später die werkseigene Ingenieursschule besucht. Also bin ich eigentlich Ingenieur.

Was war Ihr erster bezahlter Job?

Mein Vater hatte einen Benzinrasenmäher in der Garage stehen. Dadurch kamen wir auf die Idee, für fünfzig Pfennig bei allen Nachbarn die Vorgärten zu mähen. Bei dem günstigen Preis haben uns viele Nachbarn natürlich sofort den Job gegeben. Das Problem war nur: Alle hatten ihren Rasen gemäht, nur wir nicht, und der Benzinkanister in der Garage war leer. Da war mein Vater ganz schön sauer (*lacht*). Dann war ich noch Kegeljunge, habe Zeitungen ausgetragen und in den Ferien auf dem Bau gearbeitet. Als Kind und Jugendlicher war meinen Freunden und mir oft langweilig. Wir hatten damals nicht die Ablenkung durch die digitalen Medien, dadurch sind wir einfallsreich und geschäftstüchtig geworden und haben ständig überlegt, wie wir an Geld kommen. Wir hatten die verrücktesten Ideen (*lacht*).

Wie sind Sie zu Ihrem Job gekommen?

Mit Anfang zwanzig habe ich im sogenannten Nassdienst bei RWE Rheinbraun gearbeitet. Hier kommt die frisch gebrochene Kohle aus dem Tagebau von den Förderbändern in die Brikettfabrik, und zwar in Riesendimensionen mit viel Lärm und Dreck. Um Punkt sechs Uhr fingen wir an zu arbeiten. Der Job hatte keine Perspektive für mich. Wir wollten den Muff der Siebzigerjahre nicht mehr. Die wilde Großstadt und das Leben waren viel zu verlockend. Das erste Mal kam ich mit einer Kamera in Berührung, als ich einen Freund besuchte. Ich sah sie, nahm sie fasziniert in die Hand und fing an, mich für die Technik zu interessieren. Mein Dienst bei RWE Rheinbraun war um vierzehn Uhr beendet, und ich nutzte die Zeit danach, um in einem Tonstudio zu arbeiten und bei Fotografen wie Johannes Booz und Hermann Schulte zu assistieren. Die Fotografie und Tontechnik interessierten mich so stark, dass ich eines morgens ins Personalbüro bei RWE Rheinbraun gegangen bin, meinen Ingenieurshelm auf den Tisch gelegt und gefragt habe: »Was bekomme ich, wenn ich morgen nicht mehr wiederkomme?« Der Herr von der RWE Rheinbraun hat fast einen Nervenzusammenbruch bekommen, weil ich meine Lebensstelle freiwillig hinschmeißen wollte. Von heute auf morgen stand ich plötzlich mit dem Rücken zur Wand. Ohne Geld in der Tasche bin ich von Glessen nach Köln in eine WG mit drei Frauen gezogen und fragte mich jeden Tag, wie ich an Geld komme. Jeden Tag musste ich mich neu erfinden. Ich fing an, Menschen in dem angesagtesten Restaurant Kölns zu fotografieren, rannte in die Wohnung, entwickelte die Filme, vergrößerte die Abzüge und rannte zurück in das Restaurant, in der Hoffnung, dass die Leute noch dasitzen und meine Fotos kaufen. Daraus ergaben sich die ersten Fotoaufträge und somit meine ersten Schritte in die Medienbranche.

Was braucht man, um Ihren Job besonders gut zu machen?

Man braucht einen Fotoapparat (*lacht*). Aber nur eine teure Kamera und ein teures Objektiv machen keinen guten Fotografen.

Man muss sich auch für Fotografie interessieren und den steinigen Weg gehen wollen. Man muss aber auch Menschen lieben und das Schöne im Menschen erkennen. Bei Frauen verliebe ich mich immer dienstlich. Das ist ganz wichtig. Denn wenn ein Mensch spürt, dass er geliebt wird, wird er automatisch schön. Und diese Schönheit zeigt die wahre Weiblichkeit, den Sex und die Intelligenz, was sich dann in den entstandenen Bildern widerspiegelt. Frauen fangen meistens an, sich dadurch neu zu entdecken, wahrzunehmen und wohlzufühlen. Das ist sehr schön zu beobachten. Trotzdem ist es nicht immer einfach, die Schönheit aus Menschen rauszukitzeln, als Fotograf musst du sehr viel geben. Das ist nicht immer einfach.

Was gefällt Ihnen besonders gut an Ihrem Job?

Mir gefällt besonders gut an meinem Beruf, dass ich die Chance bekomme, an den schönsten Ecken der Welt arbeiten zu dürfen, dass ich spannende Menschen, vom Pförtner bis zu Barack Obama, kennenlernen darf. Menschen, die ich normalerweise nie kennenlernen würde. Das erfüllt mich mit großer Dankbarkeit. Zu meinen ersten Reisen gibt es eine schöne Entstehungsgeschichte: In meiner Kindheit habe ich ganz viel in Spielzeugkatalogen geblättert. Wir hatten nicht so viel Geld, um viele Spielsachen zu kaufen. Aber ich konnte mit dem Katalog und mit meiner Fantasie mit allem spielen und träumen. Daran habe ich mich mit 26 Jahren erinnert. Also bin ich in Köln zu einem großen Kofferproduzenten gegangen und habe dem Chef gesagt, dass ich eine Idee habe: Reisekoffer muss man dahin stellen, wo man hinreisen will. Man muss mit der Fantasie spielen. So wie ich es als Kind mit dem Spielzeugkatalog getan hatte. Da stand der Chef auf und sagte zu mir: »Junger Mann, Sie sind mein Mann.« Drei Wochen später saß ich im Flugzeug nach Rio de Janeiro, um am Strand der Copacabana Koffer zu fotografieren.

»Man muss Menschen lieben

und das Schöne im Menschen

erkennen.«

Was gefällt Ihnen nicht so sehr?

Die Branche, in der ich arbeite, ist eine Welt voller Profilneurotiker. Da hilft dir fast keiner. Es gibt ein paar Menschen, die ich nachts um drei anrufen und um Hilfe bitten kann. Aber ansonsten ist man in dieser Branche schon sehr allein. Ich muss immer alles mit mir allein ausmachen. Ich habe kein Regulativ. Ich habe nur mich.

Wie wichtig war in Ihrer Karriere Mut? Sind Sie Risiken eingegangen?

Mut ist das Wichtigste überhaupt. Bei der Reportagefotografie machst du erst das Foto von einem Menschen, und dann fragst du, ob es okay war. Es gehört Mut dazu, in eine heikle Situation reinzugehen oder Menschen zu fotografieren, ohne zu fragen. Einfach machen. Dazu brauchst du Mut, denn du könntest ja ein paar auf die Fresse bekommen.

Mut und Risiken können zur Erfüllung führen. Man darf sich nicht von seinen Ängsten blockieren lassen. Sei mutig, und du wirst in den heikelsten Situationen spannende Menschen kennenlernen.

Wie wichtig war in Ihrer Karriere Glück?

Glück spielt auch eine große Rolle. Aber du kannst nicht erwarten, dass das Glück zu Hause an deine Türe klopft. Du musst rausgehen. Deine Komfortzone verlassen. Du musst neugierig sein. Dann kommt auch das Glück dazu.

»Wenn du bei Instagram irgendwas gesehen hast, was du für kurze Zeit mal geil findest, dann ist das nicht deine Zukunft«

Was raten Sie (jungen) Leuten, die vor der Entscheidung stehen: »Was soll ich mal werden?«

Wenn du wirklich für etwas brennst, wenn du wirklich etwas willst, dann musst du alles dafür tun, um deine Ziele zu erreichen. Sei strebsam, wissbegierig und neugierig. Wenn du aber bei Instagram irgendwas gesehen hast, was du für kurze Zeit mal geil findest, dann ist das nicht deine Zukunft. Man darf nicht aus Langeweile im eigenen Leben einen Beruf im Entertainment wollen. Das funktioniert nicht. Man muss sich die Frage stellen: Wie kann die Welt in zwanzig Jahren aussehen, und was wird da gebraucht? Womit kann ich später mein Geld verdienen? Es muss nicht der am besten angesehene Beruf sein, sondern etwas, was dich mit Zufriedenheit erfüllt.

CHRISTOPHER POSCH
RECHTSANWALT
UND STRAFVERTEIDIGER
*1976

»Man darf sich nicht über andere erheben.«

Ich bin ...

… Rechtsanwalt und Strafverteidiger.

Was wollten Sie nach der Schule werden?

Es glaubt mir immer kein Mensch. Aber ich wollte immer schon als selbstständiger Rechtsanwalt und Strafverteidiger arbeiten. Das war sicher familiär bedingt, weil mein Vater auch Rechtsanwalt ist. Ich fand schon früh das Leben und den Lifestyle eines selbstständigen Anwalts und Strafverteidigers besonders aufregend und abwechslungsreich.

Was haben Sie gelernt oder studiert?

Ich habe Jura studiert. Aber ich habe das Leben gelernt. Ich habe nachts zum Beispiel als Türsteher für Diskotheken, Clubs und für einen Striptease-Laden gearbeitet. Ich habe immer die Sachen gemacht, die man bei einem Jurastudenten oder künftigen Strafverteidiger nicht unbedingt erwarten würde. Da lernt man viel über das Leben.

Was war Ihr erster bezahlter Job?

Mein erster Job als Schüler war in einem großen Fleischwerk. Da habe ich Schweinehälften durch die Gegend geschleppt, Schinken geschnitten und in der Kühlkammer gearbeitet.

Wie sind Sie zu Ihrem heutigen Job gekommen?

Meinen ersten Fall habe ich auf eine Empfehlung hin bekommen. Da ist jemand zu mir geschickt worden, dem gesagt wurde: »Da ist ein Anwalt, dem kannst du dich anvertrauen.« Das war mein erstes Mandat.

Was braucht man, um Ihren Job besonders gut zu machen?

Ich glaube, dass eine gewisse Lebenserfahrung durchaus förderlich ist. Vor allem aber Empathie. Das Wichtigste ist, dass man eine Situation erzeugt, in der einem der Mandant vertraut und wirklich alles erzählt. Dass er sich einem öffnet. Dass er mit nichts zurückhält. Dass man als Anwalt wirklich alles weiß. Um dieses Vertrauen zu haben, ist das Verhältnis zwischen Mandant und Anwalt sehr wichtig.

Neben Empathie braucht man sicher noch Disziplin, Fleiß und Erfahrung. Wobei man da auch leicht dicke Backen machen und sagen kann, wie diszipliniert man selber ist. Denn im Studium war ich nicht besonders diszipliniert. Im Job bleibt einem aber gar nichts anderes übrig. Da muss man gut vorbereitet und immer auf der Höhe sein. Denn die Menschen legen dir als Strafverteidiger ihr Schicksal in deine Hände. Dieses Vertrauen und diese Verantwortung darf man als Anwalt nicht leichtfertig verspielen.

Man braucht als Strafverteidiger und Anwalt aber auch eine gewisse Haltung gegenüber seinen Mitmenschen. Man darf sich nicht über andere erheben. Wenn man alle Menschen gleich sieht und wenn man alle Menschen gleich behandelt, dann ist das eine wichtige Voraussetzung für eine erfolgreiche Anwaltstätigkeit. Das zählt übrigens für das normale Leben genauso. Natürlich kann man nicht einfach ausblenden, wenn jemand schuldig ist. Wir sind alles Menschen und keine Maschinen. Aber es geht in meinem Job in erster Linie darum, dass die Grundsätze des Rechtsstaats eingehalten werden. Polizei und Staatsanwaltschaft müssen darlegen, dass mein Mandant etwas getan hat. Darum geht es. Dabei geht es nicht nur um Freispruch oder eine Verurteilung. Häufig geht es darum, das richtige Urteil und vielleicht auch die richtige Form der Bestrafung zu finden.

Was gefällt Ihnen besonders gut an Ihrem Job?

In der Strafverteidigung ist nichts so, wie es auf den ersten Blick scheint. Es ist immer anders, als man im ersten Moment annimmt. Und es ist unglaublich abwechslungsreich. Kein Tag, kein Fall ist wie der andere. Man hat mit den unterschiedlichsten Menschen zu tun. Vom Vorstandsvorsitzenden eines großen Unternehmens bis hin zu der »anderen« Seite. Letzten Endes sieht man in meinem Job, dass wir alle gleich sind. Wir haben alle mit den gleichen Problemen und mit den gleichen Abgründen zu kämpfen.

Das Strafrecht ist ein Bereich, in dem es um hopp oder top geht. Es geht darum, dass dir Menschen als Strafverteidiger ihr Schicksal anvertrauen. Dass Menschen dir Dinge erzählen, die sie der eigenen Familie oder Freunden nicht erzählen möchten. Aus Scham oder weil sie nur ein ungutes Gefühl haben. Und dann ist man als Anwalt oder Strafverteidiger oft der Einzige oder sogar der Letzte, mit dem man noch reden möchte oder sogar reden kann. Das ist schon ein sehr großer Vertrauensvorschuss, den man bekommt.

Was gefällt Ihnen nicht so sehr?

Nicht jeder Tag läuft gleich gut und gleich erfolgreich. Und je nach Tagesform ist man mal überarbeitet oder gestresst. Aber am Job selber, am Job des Rechtsanwalts oder Strafverteidigers, gibt es nichts, was mir nicht gefällt.

Wie wichtig war in Ihrer Karriere Mut? Sind Sie Risiken eingegangen?

Ein Hopp-oder-top, ein »All in«, gab es in meiner Karriere nicht. Ich habe nie alles auf eine Karte gesetzt. Als Rechtsanwalt oder Strafverteidiger kann man auch nicht zocken. Man muss sich von Beweisen leiten lassen. Man kann in meinem Beruf nicht sagen: »Ich versuch es einfach mal.« Wenn man selbstständig ist, geht man aber ständig Risiken ein. Man investiert. Man vergrößert sich. Man nimmt Mandate an, die am Anfang nach zehn Verhandlungstagen aussehen, und plötzlich sind es fünfzig. Das sind in meinem Job Risiken, die man eingeht.

Wie wichtig war in Ihrer Karriere Glück?

Es gibt ja den Spruch »Das Glück des Tüchtigen«. Ich glaube, wer nur zu Hause sitzt und die Hände in den Schoß legt, der wird

CHRISTOPHER POSCH §
ICH KÄMPFE FÜR IHR RECHT!

mit Sicherheit nicht so häufig in eine Situation kommen, in der er auch mal Glück haben kann. Ich bin jemand, der sich immer bewegt, der umtriebig ist, der viele Ideen hat. Ich schaue über den Tellerrand immer hinaus. Ich bemühe mich, immer unterschiedliche Leute kennenzulernen. Mich interessieren die Menschen. Alle, die sie da sind. Jede Geschichte interessiert mich.

Wenn man sich also viel bewegt und wenn man offen ist, dann hat man wahrscheinlich häufiger Glück, als wenn man verbohrt ist und Scheuklappen aufsetzt. Ich denke schon, dass ich sehr viel Glück in meinem Leben hatte. Es geht im Leben manchmal so schnell, dass man eine falsche Abzweigung nimmt. Einmal falsch abgebogen, schon ist der weitere Lebensweg nicht mehr vorgezeichnet. Das kann uns allen passieren. Ich habe möglicherweise das Glück gehabt, in ganz vielen Situationen die richtigen Entscheidungen getroffen zu haben, die es mir ermöglichen, heute da zu sein, wo ich bin.

Was raten Sie (jungen) Leuten die vor der Entscheidung stehen: »Was soll ich mal werden?«

Das ist immer schwierig mit solchen Ratschlägen. Aber ich kann nur raten: Seid offen, um eure Interessen erst mal zu wecken. Dazu muss man sich bewegen, Dinge einfach mal ausprobieren und Praktika machen. Man muss sich informieren und »open-minded« sein. Man muss sich fragen: »Was macht mir Spaß?«

Die Grundlage für alles, und das ist nun mal so, ist aber eine gewisse Ausbildung. Die Anforderungen werden heute eher mehr als weniger. Und so altklug sich das dann auch anhören mag, gewisse Grundlagen und die Basics muss man draufhaben.

ULRICH MALY
DEUTSCHLANDS BELIEBTESTER OBERBÜRGERMEISTER
(FORSA UMFRAGE, 2018)
*1960

»Wenn schon arbeitslos, dann wenigstens in dem Beruf, der dir Spaß macht.«

Ich bin ...

… Oberbürgermeister von Nürnberg,
falls das als Beruf durchgeht.

Was wollten Sie als Kind oder nach der Schule werden?

Ganz ehrlich: keine Ahnung. Ich denke, ich war so ein klassischer Gymnasiast, der sich nach dem Abi circa 2 Meter 45 groß fühlt, ohne irgendeine Ahnung vom wirklichen Leben zu haben. Ich wusste, ich will Volkswirtschaft studieren, das hat mich schon immer interessiert. Ich habe aber die Wahl des Studienfachs ausschließlich aus diesem Interesse heraus gemacht, nicht wegen möglicher späterer Gehaltsoptionen. Kohle ist bei der Wahl des Studienfachs ein schlechter Ratgeber. In meiner Uni stand im Herrenklo geschrieben: »Wenn schon arbeitslos, dann wenigstens in dem Beruf, der dir Spaß macht.« Ich finde, das hat philosophische Tiefe.

Was haben Sie gelernt?

Studiert habe ich Volkwirtschaftslehre, parallel dazu bin ich aber immer auch ehrenamtlich engagiert gewesen, in der Jugendarbeit, im Kreisjugendring. Wenn man so ein Zeltlager mit mehreren Hundert Kindern organisiert, lernt man mehr als in so manchem Semester.

Was war Ihr erster bezahlter Job?

Neben diversen Ferienarbeiten und einem langjährigen Studentenjob als Weinhändler – ich habe auch schon einmal seriös gearbeitet – war das nach Studium und Dissertation der Job als Geschäftsführer der SPD-Stadtratsfraktion in Nürnberg.

Wie sind Sie zu Ihrem Job gekommen?

Von der Fraktion aus ging es ins Finanzreferat der Stadt Nürnberg als Stadtkämmerer. Auch das war eher Zufall als Karriereplan. Mein Vorgänger im Amt hatte aus persönlichen Gründen seinen vorzeitigen Abschied eingereicht. Ich wurde dann von einer Mehr-

»Kohle ist bei der Wahl des Studienfachs ein schlechter Ratgeber.«

heit von SPD und Grünen gewählt, die dann aber kurz danach in der Kommunalwahl einer konservativen Mehrheit weichen musste. Glück gehabt, sagt man wohl.

Was braucht man, um Ihren Job besonders gut zu machen?

Als Oberbürgermeister brauchst du Disziplin, hohe Belastbarkeit, weil du eigentlich immer im Dienst bist. Man sollte gut zuhören können, ein gewisses Talent zum Übersetzen der komplexen Welt in den menschlichen Alltag schadet auch nicht. Gelassenheit in Stresssituationen hilft ebenso wie ein gewisses Talent zur freien Rede. Schnelle Auffassungsgabe und ein gutes Gedächtnis erleichtern das Leben im Amt. Und: Als Kommunalpolitiker musst du die Menschen gernehaben, auch die, die mühselig und beladen sind oder ein bisschen schräg, für Zyniker ist das nix.

Was gefällt Ihnen besonders gut an Ihrem Job?

Er ist abwechslungsreich, im Grunde machst du alle halbe Stunde etwas anderes, man lernt interessante Menschen kennen, wie zum Beispiel Sportmoderatorinnen, und natürlich kannst du als Oberbürgermeister auch Sachen bewegen.

»Mal fröhlich betrinken oder bei Rot über die Ampel gehen ist nicht drin.«

Was gefällt Ihnen nicht so sehr?

Die zumindest in Nürnberg und Umgebung gegebene totale Bekanntheit. Mal fröhlich betrinken oder bei Rot über die Ampel gehen ist nicht drin, einer schaut dir immer dabei zu. Die Rund-um-die-Uhr-Belastung ist zumindest manchmal schon hart, soziale Beziehungen laufen auf Sparflamme, Erziehungsarbeit der Kinder musste meine Frau erledigen.

Wie wichtig war in Ihrer Karriere Mut? Sind Sie Risiken eingegangen?

Gute Frage. Mut klingt so ein bisschen nach Fernsehheld, der mit der Knarre in der Hand losrennt. Die Art von Mut schadet. Entschlossenheit trifft es schon eher. Lange nachdenken, Experten fragen, Alternativen abwägen und dann die gefundene Lösung auch vorantreiben, nicht ohne sich von Zeit zu Zeit zu hinterfragen.

Wie wichtig war in Ihrer Karriere Glück?

Ohne Glück geht es nie, allein nur mit Massel auch nicht.

Was raten Sie (jungen) Leuten, die vor der Entscheidung stehen: »Was soll ich mal werden?«

Siehe den Toilettenspruch vom Anfang: Das, was Spaß macht, weil nur darin kann man wirklich gut sein. Irgendetwas wird schon dabei rauskommen. Und gut umhören. Junge Leute suchen ihr berufliches Glück oft nur unter wenigen gängigen Berufsbildern aus. Es gibt aber viele, viele interessante Berufe, mehr, als man denkt.

FRÄNZI KÜHNE
MITGRÜNDERIN DER DIGITALAGENTUR TLGG
UND DEUTSCHLANDS JÜNGSTE AUFSICHTSRÄTIN
*1983

»Wir haben ein Frauenproblem in den oberen Ebenen von Unternehmen.«

Ich bin ...

… Gründerin und Geschäftsführerin der Torben, Lucie und die gelbe Gefahr GmbH, und ich sitze im Aufsichtsrat bei Freenet und der Württembergischen Versicherung.

Was wollten Sie als Kind oder nach der Schule werden?

Meine Eltern haben mir immer gesagt: »Kind, du kannst nach der Schule alles machen. Aber du musst dein Abitur haben.« Und so bin ich nach dem Abitur ins Leben gestartet: »Ich kann alles werden. Ich kann alles machen.« Das war immer ganz elementar.

Nach der Schule wollte ich dann unbedingt als Kriminalkommissarin zum BKA – weil ich beim *Tatort* am Sonntagabend immer die Erste war, die den Täter erraten hat. Mit Anfang zwanzig denkt man wohl einfach so: »Da habe ich Talent für. Das ist meine Mission. Das muss ich machen.« Also habe ich mich beim BKA beworben.

Was haben Sie gelernt?

Ich habe Jura studiert und wollte mich auf Strafrecht spezialisieren, weil ich ja zum BKA wollte. Ich habe das Studium aber nicht abgeschlossen – da kam die Gründung unserer Agentur dazwischen. Ich habe dann schnell gemerkt, dass mir das Gründerdasein viel Spaß macht und auch erfolgreich ist.

Was war Ihr erster bezahlter Job?

Da war ich noch keine sechzehn. Ich habe Inventur in Drogerien und Kaufhallen gemacht. Alle Regale ausräumen, alle Artikel zählen.

Wie sind Sie zu Ihrem Job gekommen?

Nicht zum BKA zu gehen, nicht Kriminalkommissarin zu werden, das Studium nicht zu beenden – das war eine Entscheidung aus dem Bauch heraus. Während des Studiums habe ich aber auch schon im Event Catering gearbeitet und auf der ganzen Welt bei Formel-1-Rennen oder Tennisturnieren Teams und Events organisiert. Da habe ich gemerkt, dass ich dafür eine Leidenschaft habe. Für Organisation. Für Teams. Für Teamorganisation. Das konnte ich dann auch in einem anderen Nebenjob einbringen, mit meinen

Gründungspartnern in einem Online-Gaming-Unternehmen. Dort haben wir deren Online-Marketing aufgebaut.

Das war 2007. Facebook und Twitter kamen nach Deutschland, und keiner wusste so richtig, was man damit macht. Damals hat die Branche diese neuen Dinge, diese sozialen Medien, eher belächelt und gesagt: »Das ist nur ein kurzer Trend. Der geht schon wieder weg.«

Wir haben das aber ausprobiert, haben damit gearbeitet. Eigentlich waren wir aber keine Gamer. Und in der Spielebranche hat man schon mit sehr speziellen Leuten zusammengearbeitet. Und wir haben irgendwann gemerkt: Eigentlich wollten wir das, was wir hier machen, viel lieber für andere Kunden machen. Und so kam es, dass wir gesagt haben: »Lasst uns doch mal was gründen!« Ich wollte eigentlich nie Gründerin werden oder in die Selbstständigkeit gehen. Aber das klang interessant, und ich wollte das einfach ausprobieren. Hätte das alles nicht geklappt, hätte ich eben weiter Jura studiert.

Wir haben uns dann sehr lange innerhalb unserer Agentur bewegt und sie zu einem relativ großen Unternehmen ausgebaut. Dann kam irgendwann ein Anruf von Freenet, weil ich auf einer Liste als Digitalisierungsexpertin in Deutschland stand. Die haben wirklich einfach nur angerufen und mich gefragt, ob ich in den Aufsichtsrat möchte.

Das war natürlich eine Chance. Ich habe mich informiert und gemerkt: Das ist eine Spitzenposition im Unternehmen. Und wir haben ein Frauenproblem in den oberen Ebenen von Unternehmen. Also steht eine Absage gar nicht zur Debatte. Ich will ja damit auch Vorbild für junge Frauen sein: Auch euch stehen Spitzenpositionen in Unternehmen offen!

Dabei war mir schon klar, dass das auch eine Herausforderung für mich ist. Für mich war es lange schwer, auch nur vor zehn Leuten zu reden. Die Aufmerksamkeit eines Publikums, die Sorge, etwas Falsches zu sagen … Ich hätte mich zum Beispiel niemals vor ein paar Hundert Menschen auf ein Panel gesetzt.

Aber es braucht eben oft diesen Sprung ins kalte Wasser. Die Chance wahrnehmen und einfach machen. Aus der Deckung kommen und das Ungewohnte meistern.

Was braucht man, um Ihren Job besonders gut zu machen?

Ich brauche ein gutes Team. Ich brauche Leute, auf die ich mich verlassen kann, Leute mit unterschiedlichen Meinungen. Denn wenn man sich mit komplexen Problemen beschäftigt, kann man die beste Lösung nur erreichen, wenn man ein divers aufgestelltes Team hat. Es kommt nicht mehr auf den Einzelnen an, sondern darauf, wie du als Führungskraft dein Team um dich herum aufbaust. Stell gute Leute ein, hör ihnen zu, finde einen Konsens. Sei offen für Kritik und unbequeme Wahrheiten. Und steh nach Niederlagen wieder auf und mach weiter.

Was gefällt Ihnen besonders gut an Ihrem Job?

Ich liebe Organisation und Strukturen. Ich liebe es, Dinge aufzubauen. Ich liebe Veränderung. Es muss sich immer alles ständig verändern und in Bewegung sein. Ich kann überhaupt nicht mit Langeweile und Stillstand umgehen. Es muss immer alles sehr, sehr schnell vorangehen. Dann bin ich besonders gut. Dann gefällt mir mein Job.

Was gefällt Ihnen nicht so sehr?

Beratungsresistenz und Kritikunfähigkeit. Mir ist es sehr wichtig, an Leute herankommen zu können. Genauso wichtig ist mir meine Planung – ich bin wirklich sehr durchgeplant. Auch das Thema Vereinbarkeit … Kind, Familie, das alles hinzukriegen, da darf nicht großartig etwas schiefgehen. Damit kann ich nicht so gut (*lacht*).

Wie wichtig war in Ihrer Karriere Mut? Sind Sie Risiken eingegangen?

Ich fühle mich nicht mutig, ich bin einfach sehr bei mir selbst. Ich nehme die Chancen wahr, die sich mir bieten, auch wenn es mal unbequem wird. Das mag nach Mut aussehen, aber ich würde es nicht so nennen. Ich bin auch nicht risikofreudig. Ich konnte immer – mehr oder weniger langfristig – absehen, was so passieren wird,

»Das Ungewohnte meistern!«

und glaube einfach an mich selbst: Ich finde einen Weg, aus mir selbst heraus. Ich weiß, was mir guttut. Das ist sehr wichtig: immer auf sich selbst zu hören. Und gleichzeitig zu wissen, was gute Rahmenbedingungen sind und wie man sie schafft. Reflektiert bleiben und fokussiert handeln.

Wie wichtig war in Ihrer Karriere Glück?

Ich hatte sicher das Glück, zu richtigen Zeit mit den richtigen Ideen an der richtigen Stelle zu sein. Aber ich habe nie etwas nur dem Glück überlassen. Oder dem Zufall, das wäre mir zu vage.

Was raten Sie (jungen) Leuten, die vor der Entscheidung stehen: »Was soll ich mal werden?«

Man muss bei sich selbst bleiben. Man darf nicht versuchen, jemand anders zu sein, und man muss seinen Stärken vertrauen. Und dann: machen! Nicht viel zweifeln. Einfach loslegen. Natürlich muss man sich immer wieder hinterfragen und reflektieren. Wo kommt meine Energie her? Wie bewahre ich sie mir, und wie setze ich sie ein? Was sind meine Stärken? Das findet man aber nur heraus, indem man es ausprobiert, etwa durch verschiedene Jobs. Gleichzeitig lernt man so Menschen kennen und baut ein Netzwerk um die eigenen Stärken herum auf.

Natürlich muss man sich absichern. Man braucht einen guten Steuerberater. Und man braucht Ideen, die nicht schon tausendfach im Markt sind. Aber ich glaube fest daran, dass Leidenschaft und Können jedes Risiko minimieren, dass Menschen erreichen können, was sie wollen, wenn sie fest daran glauben und gut sind, in dem, was sie machen.

SASCHA ZEUS UND MICHAEL WIRBITZKY (ZEUS & WIRBITZKY)

STARMODERATOREN EINER DER MEISTGEHÖRTEN RADIOSENDUNGEN DEUTSCHLANDS UND GEWINNER DES DEUTSCHEN RADIOPREISES

*1957 / *1963

»Ich hatte mal den Mut, zu einem sehr berühmten Fernsehkollegen zu sagen, dass er ein Idiot ist. Danach war ich beim Radio.«

Wir sind ...

... Radiomoderatoren der *SWR3 Morningshow*, Autoren, Comedians und Journalisten.

Was wollten Sie als Kind oder nach der Schule werden?

Michael: Ich wollte in der Tat Pilot werden. Aber dann habe ich an einem Pilotprojekt beim Radio teilgenommen. Das gilt auch.

Sascha: Da für mich die Schule schon sehr früh endete, wollte ich erst mal sechzehn werden.

Was haben Sie gelernt?

Michael: Geschichte, weil es mich ehrlich interessiert hat. Keine Ahnung, was ich damit werden wollte. Zum Glück kam es dann anders.

Sascha: Einzelhandelskaufmann, weil es mich ehrlich nicht interessiert hat. Zum Glück kam es dann anders.

Was war Ihr erster bezahlter Job?

Michael: Sprecher in einem WDR-Schulfunk-Hörspiel, mit fünf Jahren. Das Honorar hat meine Mutter behalten. Sauerei!

Sascha: Kellner in einer Kneipe namens »Gifthüttn«. Lange her, erinnern tue ich mich vor allem an den Geruch.

Wie sind Sie zu Ihrem Job gekommen?

Michael: Ich hatte einen privaten Kontakt zu Radio Luxemburg und habe neben dem Studium angefangen, Sketche für RTL zu schreiben. Anschließend wurde mir ein Volontariat angeboten. Später dann der Wechsel zum SWR … Ruhm … Ehre … Champagner … etc.

Sascha: Ich kannte Walter Freiwald, der für Helmut Markwort Radio Gong in München aufbaute. Er rief mich an und sagte: Du bist jetzt Moderator. Der Rest … Ruhm … Ehre … s. o.

Was braucht man, um Ihren Job besonders gut zu machen?

Beide: Den Spaß an der Sache, Neugier, Fleiß (auch wenn es spießig klingt) und speziell als Morgenmoderator auch eiserne Disziplin. Wir stehen seit Jahren um drei Uhr nachts auf.

Sascha: Außerdem muss man nachhaltig und klimaneutral moderieren.

Michael: Blödsinn!

Was gefällt Ihnen besonders gut an Ihrem Job?

Beide: Dadurch, dass die Welt sich nun mal dreht, hat man es ständig mit anderen Themen und Situationen zu tun. Eben noch ein tragisches Unglück und einen Song später ein unterhaltsamer Talk mit Ed Sheeran. Radio hält jung, weil sich im Studio auch technisch ständig etwas verändert. Und die Konkurrenz schläft nicht. So wie wir nach drei Uhr.

Was gefällt Ihnen nicht so sehr?

Beide: Generell ist der Trend zu kalkulierten Strategien und der Abhängigkeit von Marktforschungszahlen eigentlich ein Haufen Sch… äh … unerfreulich.

Wie wichtig war in Ihrer Karriere Mut? Sind Sie Risiken eingegangen?

Sascha: Ich hatte mal den Mut, zu einem sehr berühmten Fernsehkollegen zu sagen, dass er ein Idiot ist. Danach war ich beim Radio.

Michael: Mut ist eher heute wichtig. In Zeiten sofortiger Shitstorms darf man nicht besonders dünnhäutig sein in unserem Beruf. Oder man plappert halt nur wohlfeiles Zeug.

Wie wichtig war in Ihrer Karriere Glück?

Beide: Glück spielt immer eine Rolle. Mal fällt eine Tür zu, mal geht eine auf.

Sascha: Ich hatte das Glück, Michael kennenzulernen.

Michael: Ich hatte umgekehrt nicht so viel Glück.

»Zuerst nach der Work-Life-Balance zu fragen ist sicher auch ein Weg, unserer war es nie.«

Was raten Sie (jungen) Leuten, die vor der Entscheidung stehen: »Was soll ich mal werden?«

Beide: Zuerst nach der Work-Life-Balance zu fragen ist sicher auch ein Weg, unserer war es nie. Der Ansatz, zeigen zu wollen, was man draufhat, ist nie falsch. Im besten Fall geht man erst mal den Weg, der einen wirklich interessiert. Selbst wenn die Karriereaussichten am Ende nicht so toll erscheinen. Wer einen Mordsspaß an Hortensien und Heckenscheren hat, wird vermutlich irgendwann ein begeisterter und erfolgreicher Gärtner werden. Macht das, was ihr mögt, dann macht ihr es auch gut.

Sascha: Und macht es nachhaltig und klimaneutral.

Michael: Ja, ja.

SENTA BERGER
DREHTE IN HOLLYWOOD MIT
CHARLTON HESTON, FRANK SINATRA,
DEAN MARTIN, RICHARD HARRIS,
GEORGE HAMILTON, KIRK DOUGLAS
UND JOHN WAYNE
*1941

»Bin ich gut genug?«

Ich bin ...
... Schauspielerin

Was wollten Sie als Kind oder nach der Schule werden?

Schauspielerin.

Was haben Sie gelernt?

Ein Jahr war ich an der Schauspielschule, in Wien, dem berühmten Max Reinhardt Seminar. Ich war sehr jung, zu jung. Ich habe eine Ahnung von meinem Beruf bekommen. Später am Theater in der Josefstadt, wo ich drei Jahre engagiert war, habe ich sehr viel gelernt. Von den Kollegen, durch Beobachtung, durch Neugierde und den festen Willen, lernen zu wollen.

Was war Ihr erster bezahlter Job?

Ich komme aus einer Handwerkerfamilie. Ich weiß, was »jobben« heißt. Das ist hart. Besonders dann, wenn es ein ungeliebter »Job« ist. Ich aber habe einen Beruf, den ich mir gewählt habe, dessen Anforderungen ich suchte und der mich auch heute noch in Atem hält. Für meine erste Arbeit als Kleindarstellerin in einem amerikanischen Film habe ich 3000 Schillinge bekommen, heute etwa 150 Euro. Ich war gerade siebzehn und völlig überwältigt.

Wie sind Sie zu Ihrem Job gekommen?

Ich wollte schon sehr früh in einen künstlerischen Beruf. Tänzerin oder Schauspielerin. Mein Vater war Musiker. Zu Hause saß er fast immer am Klavier. Ich bewegte mich gerne und tanzte zu seiner Musik. Als ich sieben Jahre alt war, bin ich mit ihm in Theatern aufgetreten. Ganz ohne Scheu und mit großer Freude. Später ging ich in die Staatliche Ballettschule in Wien. Dort wurde ich ermutigt, die Aufnahmeprüfung ins Max Reinhardt Seminar zu wagen. Ich wurde als jüngste Schülerin aufgenommen.

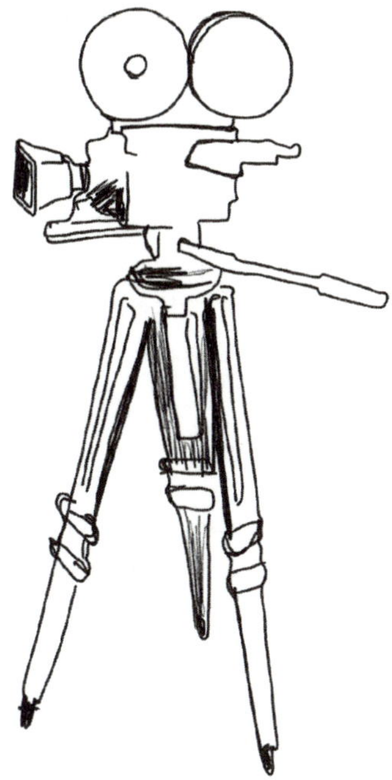

»Ich habe viele Versäumnisse und falsche Entscheidungen zu verantworten.«

Was braucht man, um Ihren Job besonders gut zu machen?

Ich könnte sagen: gute Nerven. Aber natürlich braucht es viel mehr: Liebe zum Beruf, Mut, Geduld, Empathie, Neugierde, Wissen um die Welt, in der wir leben. Interesse für die Gewerke, mit denen man zusammenarbeitet. Je mehr ich über deren Arbeit weiß, desto mehr gelingt mir meine eigene.

Was gefällt Ihnen besonders gut an Ihrem Job?

An meinem Beruf gefällt mir, Geschichten zu erzählen, die berühren, die interessieren, über die man sich noch weit über den Film hinaus unterhält, meinetwegen auch streitet. Ich liebe es, Charaktere zu erfinden, nachzuzeichnen, meine Fantasie umzusetzen, kurz: Ich liebe den künstlerischen Prozess. Darüber hinaus habe ich mit und durch meinen Film die ganze Welt bereist. Und nicht wie ein Tourist, sondern privilegiert Orte kennengelernt, an denen kein Tourist erlaubt ist. Kloster, Tempel, aber auch das winzige Badezimmer in einer neapolitanischen Wohnung der Altstadt, in dessen Badewanne wunderbare kleine Tomaten gezüchtet wurden. Und dann gefällt mir das Miteinander. Das Haus der Temperamente, das jedes Team, sei es am Theater, sei es bei Dreharbeiten, darstellt.

Was gefällt Ihnen nicht so sehr?

Die langen Abwesenheiten von zu Hause. Die Unsicherheit über das nächste Engagement. Die ständige Unsicherheit über die eigene Arbeit. Bin ich gut genug, war ich es? Eine Frage, die man sich in meinem Beruf immer wieder stellt und die an einem nagen kann.

Wie wichtig war in Ihrer Karriere Mut? Sind Sie Risiken eingegangen?

Ich war sehr mutig als junge Frau – mutig aus Unwissenheit. Das war vielleicht nicht das Schlechteste. Ich hab mir mit 22 Jahren Hollywood zugetraut. Ohne zu wissen, worauf ich mich einlasse.

Ich habe mit 25 Jahren Italienisch und Französisch zu meinem sehr guten Englisch dazugelernt. Das war wunderbar, sich diese neuen Sprachen einzuverleiben und in diesen Sprachen zu spielen. Aber es war auch mutig. Ich habe schon behauptet, dass ich Englisch kann, als ich davon noch wenig Ahnung hatte. Das war mutig, aber auch ein bisschen frech. Später habe ich mit meinem Mann Geld auf unser Haus aufgenommen, um Filme produzieren zu können. Das waren große Risiken. Sie haben sich gelohnt.

Wie wichtig war in Ihrer Karriere Glück?

Glück braucht man. Ich konnte als Filmschauspielerin im Ausland arbeiten, zu einer Zeit, als es in Deutschland sehr wenige Aufgaben für Schauspieler gab. Ich kann sagen, dass ich viele Versäumnisse und falsche Entscheidungen zu verantworten habe, aber ich hatte immer auch Glück, im richtigen Moment die richtige Rolle zu spielen, den richtigen Menschen zu begegnen. Und ich hatte mein privates Glück, das mich immer – in jeder kritischen Situation – aufgefangen hat.

Was raten Sie (jungen) Leuten, die vor der Entscheidung stehen: »Was soll ich mal werden?«

Ausprobieren.
Es ist unangenehm, sich als Praktikant zu bewerben. Aber das Hineinschnuppern in eine Berufswelt kann Klarheit bringen.

ROLANDO VILLAZÓN
STARTENOR, REGISSEUR, SCHRIFTSTELLER, INTENDANT UND MODERATOR.
ER VERKAUFTE BISLANG ZWEI MILLIONEN ALBEN UND ERHIELT ZAHLREICHE GOLD- UND PLATINAUSZEICHNUNGEN
*1972

»Man muss die Menschen lieben und sie begeistern können.«

Ich bin ...

… in der glücklichen Situation, dass ich nicht den einen Beruf habe, sondern das große Glück, dass ich viele meiner Leidenschaften ausleben kann. Als Tenor trete ich seit vielen Jahren auf der ganzen Welt in Konzerthäusern und Opernhäusern auf. Als Regisseur inszeniere ich regelmäßig Opern, unter anderem in Wien, Berlin oder Baden-Baden. Seit 2019 bin ich Intendant der Salzburger Mozartwoche. Die Mozartwoche ist das wichtigste Mozart-Festival der Welt. Ich bin verantwortlich für die Spielplangestaltung, also die Auswahl der Werke und Künstler. Auf Klassik Radio und im TV moderiere ich eigene Sendungen wie *Klassik Radio furioso* und *Stars von morgen*. Bei Rowohlt habe ich drei Romane (*Lebenskünstler*, *Kunststücke* und *Amadeus auf dem Fahrrad*) veröffentlicht, bei der Deutschen Grammophon viele CDs und DVDs. Für diese Möglichkeiten bin ich dankbar! Außerdem ist es mir ein großes Anliegen, als Clown bei den Roten Nasen in Krankenhäusern und Flüchtlingsheimen aufzutreten – das ist natürlich nicht mein Beruf, aber ich finde es wichtig, sich auch sozial zu engagieren.

Was wollten Sie als Kind oder nach der Schule werden?

Als Kind habe ich zahlreiche Rollen eingenommen, ich habe es geliebt zu spielen. Ich wollte Don Quichotte sein oder Gandhi, später wollte ich Lehrer, Clown oder Priester werden. Aber an der Rolle des Priesters, der Kirche habe ich vor allem die Kostüme geliebt. Theater lag mir immer im Blut. Auch später, als ich bereits eine Karriere als Sänger machte, wollte ich nie nur der »Tenor« Rolando Villazón sein, sondern immer Rolando Villazón. Man ist doch so viel mehr als das, womit man sein Geld verdient. Wenn man verschiedene Interessen und Leidenschaften hat, sollte man versuchen, diesen nachzugehen und möglichst viele Aktivitäten auszuüben. Das Leben ist so vielseitig, und die Herausforderung ist eigentlich für jeden jungen Menschen, sich nicht von der Vielfalt der Möglichkeiten lähmen zu lassen.

Was haben Sie gelernt?

Ich bin in Mexico City geboren und war auf einer deutschen Schule in Mexiko. Im Alter von elf Jahren habe ich bereits mit Unterricht in Musik, Schauspiel, Ballett angefangen und danach am Nationalen Konservatorium Gesang studiert und zwei Gesangswettbewerbe in Mexiko gewonnen. 1998 bin ich in das Young-Artist-Programm der San Francisco Opera gekommen und war dann 1999 Preisträger des vielleicht wichtigsten Gesangswettbewerbs der Welt: Operalia, von Plácido Domingo.

Was war Ihr erster bezahlter Job?

Ich habe fünf Jahre lang als Lehrer gearbeitet, um mein Studium zu finanzieren. Aber die Schulstunden waren mehr wie Vorstellungen: Ich hatte mir Handpuppen gebastelt, mit denen ich Geschichten erzählen konnte. Außerdem bin ich als Clown auf Geburtstagen aufgetreten.

»Jetzt versuchst du es mal ein Jahr mit dem Singen, und wenn es nicht klappt, machst du eben was anderes.«

Wie sind Sie zu Ihrem Job gekommen?

Eine meiner ersten Aufnahmen war »Perhaps Love« mit John Denver und Plácido Domingo. Ein Popsong, aber klassisch arrangiert. Diese Aufnahme hat mich inspiriert, Sänger zu werden. Plácido Domingo war und ist noch heute ein großes Vorbild für mich. Aber als ich zum Konservatorium gegangen bin, habe ich mir gedacht: »Jetzt versuchst du es mal ein Jahr mit dem Singen, und wenn es nicht klappt, machst du eben was anderes.«

Was braucht man, um Ihren Job besonders gut zu machen?

Man muss die Menschen lieben und sie begeistern können. Außerdem braucht es Fantasie. Alles, was ich tue, hat mit Kommunikation zu tun. Als Sänger möchte ich mit meiner Stimme Gefühle transportieren und die Menschen berühren – natürlich braucht man dafür auch eine Gesangsausbildung, eine gute Gesangstechnik. Als Regisseur muss ich am Anfang sehr präsent sein und den Sängern meine Ideen vermitteln, danach ziehe ich mich immer mehr zurück, bei der Premiere bin ich selbst nur noch Zuschauer. Als Schriftsteller muss ich meine Figuren lieben und Geschichten erfinden, und als Intendant ist es wichtig, eine Vision zu haben, wohin ich mein Festival führen möchte. Zum Beispiel war es mein großer Wunsch, dass bei der Mozartwoche wieder ausschließlich Musik von Mozart gespielt wird. Leidenschaft und Überzeugungskraft sind außerdem zwei wesentliche Aspekte. Ich möchte die Menschen von meinen Ideen überzeugen.

Was gefällt Ihnen besonders gut an Ihrem Job?

Dass ich alle meine Leidenschaften ausleben kann und meine Arbeit international ist. Es wird nie langweilig. Ich haben mit den unterschiedlichsten Menschen zu tun: mit Künstlern, Journalisten, Fans, Freunden, Managern, Leuten von meinem Plattenlabel oder meinem Verlag. Das Schöne ist, dass ich meine Träume und Wünsche verwirklichen kann. Zum Beispiel wollte ich unbedingt einen Mozart-Zyklus aufnehmen und veröffentlichen, das heißt alle sieben großen Opern von Mozart, das haben wir dann mit einem ganz tollen Team auch gemacht – jedes Jahr eine. Junge Sänger zu fördern und einem breiten Publikum bekannt zu machen ist auch wunderbar. Künstlerisch gestalten zu können ist etwas sehr Schönes und Erfüllendes.

Was gefällt Ihnen nicht so sehr?

Eigentlich nichts – wenn ich etwas nennen müsste, wäre es

vielleicht, dass ich sehr viel unterwegs bin und die Zeit mit meiner Familie, die in Paris lebt, hart erkämpfen muss.

Wie wichtig war in Ihrer Karriere Mut? Sind Sie Risiken eingegangen?

Mut braucht man immer. Ich habe meine Heimat Mexiko verlassen und lebe in Paris. Ich kam als Immigrant nach Europa, ohne Papiere. Anfangs musste ich oft Monate zwischen zwei Engagements überbrücken, da habe ich dann behauptet, dass ich im Urlaub bin. In München hat man mich sogar mal mit auf die Polizeistation genommen, und die wollten wissen, warum ich keine Aufenthaltserlaubnis hatte. Es hat dann doch irgendwie geklappt, im Zweifel hätte ich eben nach Hause fahren müssen und Papiere beantragt. Aber ganz ehrlich: Das sind nur bürokratische Probleme, die man überwinden kann. Wenn ich mir anschaue, was Geflüchtete durchmachen müssen – das sind wirkliche Risiken, das erfordert echten Mut. Ich habe solche Bewunderung für die Menschen, die sich unter größter Gefahr auf den Weg machen, um für sich selber und ihre Familie ein besseres Leben zu finden.

Wie wichtig war in Ihrer Karriere Glück?

Sehr wichtig, aber noch wichtiger waren die Menschen, die mir geholfen haben. In Frankreich gab es damals jemanden, der für mich mit den Behörden gesprochen hat. Man braucht immer Hilfe. Es ganz allein zu schaffen ist sehr schwer. Aber man muss auch etwas dafür tun, fleißig sein und lernen wollen. Es ist auch wichtig, Gelegenheiten zu erkennen und zu nutzen.

Was raten Sie (jungen) Leuten, die vor der Entscheidung stehen: »Was soll ich mal werden?«

Folge deinen Leidenschaften, und mach dir bewusst, dass du mehr bist als das, womit du dein Geld verdienst. Verhalte dich so, dass die Menschen gerne mit dir zusammenarbeiten, und trau dir selbst etwas zu. Denn du kannst es!

SARAH WIENER
POLITIKERIN, STARKÖCHIN, UNTERNEHMERIN, BIOPRODUZENTIN, AUTORIN
*1962

»Wenn ich überzeugt davon bin, was ich tue, halte ich auch Gegenwind aus.«

Ich bin ...

...... eine ernährungspolitische Köchin. 2019 bin ich als Abgeordnete der Grünen in das Europäische Parlament gewählt worden. Ansonsten gefallen mir aber die Bezeichnung Köchin, Imkerin, Autorin, Unternehmerin und Bioproduzentin auch ganz gut (*lacht*).

Was wollten Sie als Kind oder nach der Schule werden?

Ich wollte als junges Mädchen Gärtnerin, aber vor allem Schauspielerin werden. Theater, Malen, Werken und die Schauspielerei waren so ungefähr das Einzige, was mir in der Schule richtig Spaß gemacht hat.

Ich habe mich schon als Kind mit der Qualität von Lebensmitteln auseinandergesetzt. Das war aber nur so ein privates, persönliches Interesse. Dass daraus später mein Beruf oder meine Berufung wird, war für mich überhaupt nicht abzusehen.

Was haben Sie gelernt?

Ich habe mit sechzehn Jahren die Schule abgebrochen. Ich habe es später noch öfter, zum Beispiel mit Abendschule, versucht. Bis zum Ende hab ich nie durchgehalten. Ich war zuerst im Lycée Français, dann in einer Waldorfschule, später in einem Wiener Mädcheninternat. das ganze Schulsystem war einfach nichts für mich.

Was war Ihr erster bezahlter Job?

Ich habe als junges Mädchen als Zimmermädchen in einem billigen Studentenhotel in Wien geputzt.

Wie sind Sie zu Ihrem Job gekommen?

Dass ich in Brüssel als Europaabgeordnete bin und als Politikerin mein Geld verdiene, kam eigentlich ganz einfach und doch unerwartet. Anfang des Jahres haben mich die österreichischen Grünen gefragt, ob ich nicht für das EU-Parlament kandidieren möchte. Weil die österreichischen Grünen sich »zerspragelt« hatten und nicht mehr im nationalen Parlament waren, haben mich meine grünen Werte bewogen, bei der Wiederbelebung der Partei zu helfen. Und da meine Themen, Ernährung und Landwirtschaft, mehr in Brüssel angesiedelt sind als in irgendeinem Nationalparlament, war das für mich verlockend zu sagen: »Ja, mache ich.« Es gab aber auch den simplen

Fakt, dem radikalen Rechtsruck nicht nur tatenlos zuzusehen.

Ich konnte mir aber auch nicht vorstellen, dass die österreichischen Grünen keinen Sitz im EU-Parlament haben.

Als man mich gefragt hat, ob ich für das EU-Parlament kandidieren möchte, habe ich kurz nachgedacht und dann Ja gesagt. Man muss einfach Dinge probieren, wenn man denkt, dass sie wichtig sind, und von denen man überzeugt ist. Es war ja überhaupt nicht klar, dass ich gewählt werde. Darum gekämpft und gewonnen zu haben, war sozusagen die Bestätigung, mein Leben nochmals komplett zu ändern. Dieser Schritt, nach Brüssel zu gehen, ist die richtige Entscheidung. Heute und hier. Ich möchte meine Erfahrungen, meine Energie und meine Überzeugungen dort einbringen. Erst mal gilt es, jede Menge zu lernen. Mal sehen, was in fünf Jahren sein wird. Darüber mach ich mir noch keine Gedanken. Aber eines weiß ich jetzt schon: Die Karriere vor der Politik war auf jeden Fall finanziell lukrativer (*lacht*). Vielleicht mit ein Grund, wieso so wenig Unternehmer/-innen in der aktiven Politik sind.

Mein Leben war schon immer unkonventionell. Allerdings immer selbstbestimmt und spannend. Einige Dinge, die ich probiert habe, haben nicht funktioniert, und ich bin öfter gescheitert. Ein paar Projekte sind auch pleitegegangen, oder ich musste sie aus unterschiedlichen Gründen aufgeben. Na ja, einiges hat natürlich auch sehr gut funktioniert. Ich habe wenig Furcht, Dinge anzupacken oder zu probieren. Ich bin eine Macherin, keine Theoretikerin. Wenn ich eine gute Idee habe, dann sag ich mir: Wenn die so gut ist, wie du denkst, na, dann setz die mal in die Tat um. Also, alle Ideen sind dann doch nicht so gut – aber einige waren doch spitze.

Zum Fernsehen bin ich ähnlich gekommen wie zur Politik. Auch hier bin ich gefragt worden. Ich denke, dass das Schicksal und das Universum in den richtigen Momenten das Richtige bewegt oder bei einem anklopft, wenn man die richtige Geisteshaltung hat.

Tatsächlich habe ich bei vielen wichtigen Themen in meinem Leben ein Angebot bekommen, oft bin ich gefragt worden. Wie so oft hat man ganz viele Möglichkeiten, Ja oder Nein zu sagen. Ich bin jemand, der sehr oft Ja sagt. Meine erste Firma, das war allerdings allein meine Initiative, auch, eine mobile Küche von der NVA zu kaufen, um Filmcatering zu machen. Das war sicher die größte Entscheidung in meinem beruflichen Leben.

Was braucht man, um Ihren Job besonders gut zu machen?

Darüber mache ich mir keine Gedanken. Ich glaube nicht, dass ich irgendeine besondere Fähigkeit habe. Oder besonders tüchtig bin oder ehrgeizig. Ich bin auch kein Workaholic, wie viele meinen. Obwohl gute Freunde mich in manchen Dingen anders einschätzen als ich mich selbst.

Ich glaube, eine meiner größten Stärken ist meine Kommunikationsfähigkeit. Aber meine größte Stärke ist auch meine größte Schwäche. Ich habe nur meine eigene Persönlichkeit, mich Menschen oder Aufgaben zu nähern. Das unterscheidet mich wahrscheinlich doch von einigen anderen, die im Lauf ihrer Schule und ihres Studiums gelernt haben, bestimmte Wege zu beschreiten, weil sie Erfolg versprechen. Die damit aufgewachsen sind, wie man welche Netzwerke oder Seilschaften benutzt. Davon habe ich zum Beispiel überhaupt keine Ahnung. Ich weiß nicht, welche Rituale im Berufsleben rauf und runter gelehrt werden, welcher Small Talk wann bei wem angemessen ist.

Ich kommuniziere meist nach purer Sympathie. Ich glaube, ich habe ein gutes Gefühl für Menschen und Situationen. Ich bin da auch nicht vorsichtig. ich mag die meisten Menschen, weil ich mich im tieferen Sinn mit ihnen verbunden fühle. Am Ende eint uns doch alle das Menschliche – dass wir lieber gemocht als gehasst, lieber verstanden als einsam sein wollen. Aber klar, ein paar mag ich auch nicht, ich muss ja auch nicht mit jedem reden.

Was gefällt Ihnen besonders gut an Ihrem Job?

Meine Unabhängigkeit gefällt mir besonders gut. Ich durfte bis jetzt alles machen, was ich wollte. Das ist ein hohes Gut, und ich merke das immer mehr, je älter ich werde. Äußere Unabhängigkeit ist wunderbar. Aber innere Unabhängigkeit schlägt sogar das Erstere.

»Man muss einfach Dinge probieren, wenn man denkt, dass sie wichtig sind, und von denen man überzeugt ist.«

Was gefällt Ihnen nicht so sehr?

An meinem neuen Politikerdasein? Ich habe zum ersten Mal seit meiner Schulzeit eine Art Stundenplan. Eine neue Situation. Und die klimatisierten Räume in Brüssel können natürlich nicht mit meinem Uckermärker Garten mithalten. Aber alles wird sich finden.

Wie wichtig war in Ihrer Karriere Mut? Sind Sie Risiken eingegangen?

Risiken bin ich viele eingegangen (*lacht*). Es ist alles ein Risiko. Ich nehme viele dieser Risiken schon sehr bewusst wahr. Aber: Wie tief können wir denn fallen?

Was kann denn schon passieren, wenn ich überzeugt davon bin, was ich tue? Dann halte ich auch Gegenwind aus. Ich weiß nicht, ob man Mut braucht oder ob man charakterlich einfach so ist. Für manche Dinge braucht man sicher Mut. Aber Mut kann man nur dann haben, wenn man auch erkennt, dass das eine gefährliche Kurve ist. Ich bin ja doch oft belohnt worden, schon allein mit Abenteuern und neuen Herausforderungen.

Manche mögen das Unstete, Unübersichtliche nicht. Manche möchten lieber Sicherheiten und dreißig Jahre lang den gleichen Job. Die möchten vielleicht wissen, wo sie nächstes Jahr um die Zeit sind, wohin sie nächsten Sommer in den Urlaub fahren und wie viel sie auf dem Konto haben werden, wenn sie sechzig werden. Manche Menschen lieben es aber, sich auszuprobieren. Andere Welten zu entdecken. Andere Möglichkeiten. Andere Fähigkeiten. Neue Menschen kennenzulernen. Sich selber kennenzulernen. Auch wenn's schmerzhaft werden könnte. Ich glaube, das ist ein bisschen eine Frage der Mentalität.

Wie wichtig war in Ihrer Karriere Glück?

Alle gut gelaunten Menschen sagen, sie haben oder hatten Glück. Selbst ein paar frustrierte würden das auf Nachfrage sagen. Es gibt das Glück, das einem einfach zufällt. Weil man zufällig zur richtigen Zeit am richtigen Ort zum richtigen Moment ist. Glück ist auch etwas, bei dem viele sagen, das ist etwas positives Unverdientes.

Ich denke, es hat viel damit zu tun, wie man selber in die Welt schaut. Wie man sich selber sieht, wo seine Füße stehen und wie man die Umwelt sieht. Da kann man natürlich leicht sagen: »Das ist pures Glück.« Aber es hat auch viel mit einem selbst zu tun. Glück muss man auch annehmen können. Oder noch besser: Man interpretiert einfach jegliche Situation am Ende ins Glück. Ich denke, mit einer positiven Haltung lebt es sich besser und viel entspannter.

Was raten Sie (jungen) Leuten, die vor der Entscheidung stehen: »Was soll ich mal werden?«

Wenn du scheiterst, liegt es an dir. Wenn du schlecht gelaunt bist, liegt es an dir. Wenn du glaubst, die Welt ist böse zu dir, dann bist du böse zu ihr. Und wohl auch zu dir. Jeder ist für sein eigenes Glück verantwortlich. In welcher Situation auch immer. Der Beruf muss einen nicht immer glücklich machen. Der Beruf muss einem entsprechen und in den besten Momenten einem Befriedigung oder Erfüllung bringen. Wenn man aber gar nicht weiß, was man beruflich machen möchte, würde ich immer sagen: »Finde heraus, was dir Freude bereitet, was dich erfüllt, wo deine Talente sind, und mache etwas, was die Welt nicht schlechter macht. Sei demütig, diene anderen oder diene der Natur. Diene deiner Nachbarin oder einer NGO. Diene einem Unternehmen, das du gut findest, oder mach etwas, so gut du kannst, weil es gemacht werden muss. Mache etwas, von dem du das Gefühl hast, es ist sinnvoll für dich.« Vielleicht ist das aber auch alles Blödsinn, und andere haben bessere und ganz andere Konzepte als ich. Wenn es so etwas wie einen roten Faden in meinem Leben gibt, dann ist es die Wertschätzung der Individualität in der Vielfalt. Herauszufinden, wer man ist, kann also nie verkehrt sein.

OLIVER POCHER
COMEDIAN, ENTERTAINER, MODERATOR
*1978

»Es ist nicht immer alles super oder alles geil.«

Ich bin ...

... Unterhalter, oder auf Englisch »Entertainer«.

Was wollten Sie als Kind oder nach der Schule werden?

Ich wollte immer genau das werden, was ich jetzt bin. Für mich stand das von vornherein fest. Ich kann mich an meine ersten Sachen mit fünf oder sechs Jahren auf Familienfesten erinnern, wo ich unter dem Tisch von meiner Mutter angestupst wurde.

An die Grenzen gehen und darüber hinaus. Das war immer mein Thema. Schon als Kind. Ich weiß nicht, ob das sternzeichenbedingt ist? Aber als Wassermann bin ich freiheitsliebend. Ich teste Grenzen gerne aus. Wenn jemand sagt: »Nee, is nicht«, dann frage ich: »Warum?« Andere drehen sich um und gehen. Ich frage immer: »Wieso? Warum geht das nicht? Das macht doch gar keinen Sinn.« Ich hinterfrage das.

Das gibt gerne Diskussionen, und die führe ich ad absurdum, indem ich mich darüber lustig mache. So habe ich das als Kind in der Schule die ganze Zeit gemacht. Ich bin von Anfang an der Klassenkasper gewesen.

Otto Waalkes war einer meiner prägenden Inspirationen. In der Schulkasse habe ich Teile von *Otto – Der Film* nachgespielt. Ich habe ihn ständig nachgemacht. Dann hieß es immer vom Lehrer, dass ich am Ende der Stunde gerne mal fünf Minuten bekomme, um Otto vor der Klasse zu spielen, dass ich jetzt aber mal ruhig sein soll. Was dazu führte, dass ich während der Unterrichtsstunde trotzdem die ganze Zeit Schwachsinn gemacht habe. Am Ende der Stunde kam dann, in den fünf Minuten, die Otto-Performance.

Ich muss aber auch sagen, dass ich als Schüler immer Ärger gekriegt habe, wenn ich mal wieder über die Grenzen gegangen bin. Vor allem meine Mutter fand es nicht besonders toll. Auch wenn meine Oma gerne gesagt hat: »Lass ihn doch, ist doch lustig.«

Religion war bei uns natürlich auch immer ein Thema. Das ist ja bei vielen Comedians so, dass sie aus einer religiösen Herkunft sind. In der katholischen Schule lernt man, dass es einfach Sachen gibt, die man glauben muss. Es gibt Jesus, Gott, den Heiligen Geist. So ist es. Und so ist es immer gewesen. Fertig, aus. Das wird nicht hinterfragt, wenn man klein ist. Was in der Bibel steht, ist Gesetz. Wenn man dann älter wird, fängt man an, das zu hinterfragen. Bei den Zeugen Jehovas wird zum Beispiel kein Geburtstag gefeiert. Das wird damit begründet, dass in der Bibel zwei Geburtstage erwähnt wurden. Einmal vom Mundschenk im Alten Ägypten, wo einer gehängt wurde. Und das andere Mal bei Johannes dem Täufer, wo auch einer umgebracht wurde. Es werden also in der Bibel zwei Geburtstage erwähnt, bei denen Menschen umgebracht werden. Wenn ich dann früher gesagt habe: »Ich glaube, auf dem achten Geburtstag von Tobias aus der Schule wird keiner umgebracht. Kann ich da trotzdem hingehen? Kann ich auf den Geburtstag, wenn ich versichern kann, dass da niemand stirbt?« Das ist dann genau die Aussage, die gläubige Eltern nicht hören wollen. Vor allem nicht die Mutter. Mit solchen Sachen fing das an. Und so geht das die ganze Zeit in meinem Leben.

Was haben Sie gelernt?

Ich bin ausgelernter Versicherungskaufmann. Eigentlich bin ich immer den Weg des geringsten Widerstands gegangen. In der dritten Klasse hatte ich im Zeugnis nur Einsen. Ich dachte damals, dass ich das vielleicht durchhalten kann und in der Schule nicht

mehr so viel machen muss. Ein Irrglaube. In Niedersachsen gab es die sogenannte Orientierungsstufe, fünfte und sechste Klasse. Man ging also erst nach der siebten Klasse auf Hauptschule, Realschule oder Gymnasium. Ich hatte eine Gymnasialempfehlung. Für mich stand aber schon fest, dass ich definitiv nicht dreizehn Jahre zur Schule gehen würde. Sondern so schnell wie möglich von der Schule runtergehe. Und da gab es zwei Möglichkeiten: Aufs Gymnasium gehen und reinhauen müssen. Oder auf die Realschule und entspannt durch. Deswegen war ich auf der Realschule. In der neunten Klasse wollte ich eigentlich von Hannover schon nach Köln gehen, weil Köln mit dem Jugend- und Musiksender VIVA und den vielen Fernsehstudios schon das Medienzentrum in Deutschland war.

Was war Ihr erster bezahlter Job?

Ich habe mit dreizehn Jahren in einem Computerspiele-Verleih Computerspiele nach Viren gescannt, für zehn D-Mark die Stunde. Das war damals wie eine Videothek, eben nur für Computerspiele und Konsolen. Wenn die Kunden die Spiele zurückgebracht haben, wusste man ja nicht, wo sie überall die Disketten reingesteckt haben. Und da habe ich die Disketten mit einem Virenscan-Programm auf Viren geprüft und dann wieder in die Regale einsortiert. Das war mein erster Job.

Wie sind Sie zu Ihrem Job gekommen?

Ich bin parallel zur Schule schon beim Radio gewesen. Beim Klinikradio fing das an. In der Medizinischen Hochschule Hannover. Auch da bin ich schon an die Grenzen gegangen. Ich habe da Sachen moderiert wie: »Wäre schön, wenn Sie uns zuhören können.« Oder: »Ich würde mich freuen, wenn Sie nächste Woche noch dabei sind.« Wegen solcher Sprüche habe ich dann aber irgendwann Probleme mit dem Krankenhaus bekommen.

Danach war ich bei Radio Flora. Das ist ein offener Kanal, bei dem man mit den ganzen Öko-Menschen zu tun hat. Wo also jede Randgruppe ihre Sendung bekommt. Ich habe das aber für mich genutzt, um auf Veranstaltungen zu gehen, die für mich interessant waren. Zur *Bravo Super Show* oder zum DOME. Da habe ich mit irgendwelchen Leuten Interviews gemacht.

Dann habe ich mit Stand-up-Comedy angefangen. Ich hatte schnell meine ersten Auftritte. Und ich habe als DJ auf Hochzeiten und Geburtstagen gearbeitet. Das war alles mit achtzehn, neunzehn Jahren. Am Ende habe ich damit mehr verdient als mit meiner Ausbildung zum Versicherungskaufmann.

Ich habe also schon sehr früh sehr viel gemacht. Und ich bin immer schon sehr breit aufgestellt gewesen, oder breit gefahren mit dem, was ich mache. Ich dachte immer: »Irgendwas muss wohl klappen.«

Meine Mutter wollte, dass ich »was Richtiges« lerne. Und so kam das mit dem Versicherungskaufmann. Mein Opa hat damals noch bei der Versicherung gearbeitet. Das war eine seiner letzten Amtshandlungen, mich da reinzubringen. Danach musste ich ja noch Zivildienst machen, im Behindertenfahrdienst. Als die Zeit rum war, bin ich noch mal kurz zur Versicherung zurück, habe mich aber eigentlich schon komplett auf alles andere konzentriert.

Der beste Tag war, als ich über eine Hans-Meiser-Sendung bei RTL zum Musiksender VIVA gekommen bin. Die Sendung hieß *Hans macht dich zum VIVA-Star*. Das hat am Ende geklappt. Und als ich wusste, dass ich einen Vertrag bei VIVA bekomme, bin ich in Hannover zur Versicherung rein und habe gesagt: »Danke schön, tschüss und auf Wiedersehen.« Ich wusste in dem Moment, dass ich nie wieder dieses Büro betreten muss. Das war damals der eigentliche Durchbruch.

Vorher war ich übrigens mal in einer Talksendung von Bärbel Schäfer. Da bin ich komplett unter die Räder gekommen. Nach dem Motto »Du bist nicht witzig«. Im Videotext stand damals der Aufruf »Du bist witzig und möchtest es allen mal zeigen?«. Das wurde dann, wie es immer im Fernsehen gerne gemacht wird, ins Negative rumgedreht. Man wollte also eigentlich zeigen, dass man nicht witzig ist, und das haben die dann knallhart durchgezogen. Ich hatte damals noch keine Fernseherfahrung. Ich habe mich natürlich, typisch ich, gegen das Publikum gestellt, was nicht so besonders gut angekommen ist. Und ich habe damals lustigerweise gesagt: »Wenn ich das bei Harald Schmidt machen würde, würde das Publikum das wesentlich besser verstehen als hier.« Darauf hat Bärbel Schäfer gesagt: »Wenn du das nächste Mal bei Harald Schmidt bist, ist sicher für dich ein Platz im Publikum.« Da sollte sich dann der Kreis schließen. Denn ein paar Jahre später habe ich in der ARD mit Harald Schmidt zusammen eine Sendung gemacht.

Daran glaube ich. Manchmal müssen manche Sachen nicht funktionieren, damit andere Sachen funktionieren.

Was braucht man, um Ihren Job besonders gut zu machen?

Man sollte es können, um zumindest eine gewisse Zeit dabei zu sein. Und das mag ich mal für mich beanspruchen, nach zwanzig Jahren. Auch wenn Leute sagen: »Ööhh, den finde ich nicht lustig.« Oder: »Was macht der denn schon?« Das funktioniert nicht, wenn man gar nichts kann.

Heute geht das natürlich alles viel leichter und schneller. Aber eben auch kurzfristiger. Bei Instagram muss man nur irgendwie einigermaßen aussehen, um sich über Fotos komplett zu vermarkten oder zu verkaufen. Das ist sicherlich für einen gewissen Zeitraum möglich. Aber nur wenn auch Talent in irgendeiner Art und Weise dahintersteckt. Oder wenn man irgendetwas zur Gesellschaft beiträgt. Ob man witzig ist. Ob man singen oder tanzen kann oder ob man entertaining ist. Irgendwas muss man können, um langfristig Erfolg zu haben.

Was gefällt Ihnen besonders gut an Ihrem Job?

Die Abwechslung. Dass mein Beruf so unterschiedlich ist. Ich könnte jetzt nicht nur auf Tour sein und 150 Termine im Jahr auf der Bühne stehen. Das wäre mir zu langweilig. Weil du irgendwann jede Bühne, jede Halle in jeder Stadt gesehen hast. Und jeden Abend

»Irgendwas muss man können,

um langfristig Erfolg zu haben.«

dasselbe zu machen, nervt mich auch irgendwann. Das ist genauso mit Fernsehsendungen oder mit Kinofilmen. Ich könnte auch nicht Schauspieler sein, wo du drei Filme im Jahr drehst und 120 Tage am Set bist und davon die längst Zeit nur wartest, bis irgendwann mal eingeleuchtet ist. Um dann zwei Minuten die Szene zu spielen, um dann wieder zwanzig Minuten zu warten. Ich bin dankbar, vieles in meiner Laufbahn gemacht zu haben. Ich habe eine Late-Night-Show gemacht, habe normale Shows moderiert, dann mache ich mal irgendwo als Teilnehmer mit, immer mit dem Anspruch, auch zu gewinnen oder erfolgreich zu sein. Dann mache ich mal Musik, dann lege ich mal auf, dann gehe ich auf Tour mit meinem Stand-up-Programm. Es ist immer etwas anderes. Mal sehen, was noch kommt.

Was gefällt Ihnen nicht so sehr?

Es gibt wirklich nichts, was mir nicht gefällt an meinem Job. Natürlich muss man manchmal damit umgehen können, dass in der Öffentlichkeit ein Bild von dir entsteht. Da wirst du dann in eine Schublade gesteckt, und meist kommst du da nicht mehr raus. Ich werde vom Image immer »der Freche« sein. Es verkauft sich in der Presse besser, zu schreiben: »So fies lästerte Oliver Pocher über wen auch immer.« Auch wenn es ein normaler Gag war. Dann wird meist im Artikel erst erklärt, warum der Gag überhaupt fies war oder wie die Beleidigung überhaupt funktioniert. Aber das gehört zu meinem Job dazu. Dafür überwiegen die Vorteile meines Berufs, dadurch, dass ich eben in der Öffentlichkeit stehe. Und all diese Vorteile wiegen die negativen Seiten komplett auf.

Wie wichtig war in Ihrer Karriere Mut? Sind Sie Risiken eingegangen?

Eine gewisse Form von Selbstbewusstsein muss schon da sein. Ob das am Ende Mut ist, weiß ich nicht. Wenn du kein Selbstbewusstsein hast, wird es in meinem Job sehr schwer. Da hat mir meine »Ausbildung« als Zeuge Jehovas in gewisser Weise geholfen. Wenn du mit zehn, fünfzehn Jahren mit dem Wachturm in der

Fußgängerzone stehst oder bei wildfremden Leuten klingelst und zu neunzig Prozent eine Haustür in die Fresse bekommst, und du dann sagst: »Danke schön, wir sind in vier Wochen übrigens wieder da«, dann hast du irgendwann keine Angst mehr vor irgendwelchen Leuten oder mit Rückschlägen umzugehen.

Ich musste früher ja auch bei den Zusammenkünften oder Kongressen der Zeugen Jehovas in der Öffentlichkeit vor Tausenden von Menschen reden. Das hat mir – im Nachhinein – schon sehr geholfen. Weil ich relativ schmerzbefreit bin und auch nicht nervös werde, wenn es drauf ankommt. Sondern dann eher noch die Bestleistung abliefern kann.

Das Risiko zu scheitern ist bei meinem Job natürlich immer da. Es gibt immer wieder mal Dinge, die nicht funktionieren. Sendungen werden abgesetzt. Irgendwelche Projekte funktionieren manchmal nicht. Das ist ein Kreislauf, der in der Branche normal ist. Es geht halt nicht immer nur in eine Richtung. Es ist nicht immer alles super oder »alles geil«. Damit umzugehen und das zu lernen, dafür braucht man eine gewisse Routine. Wenn also heute mal irgendwas nicht funktioniert oder ich eine Zeit lang keine eigene Sendung habe, geht für mich die Welt nicht unter. Weil ich inzwischen weiß: Das Rad dreht sich weiter. Und irgendwann bekommst du wieder eine nächste Chance, und dann machst du wieder etwas Neues.

Ich stehe aber auch nicht mit dem Rücken zur Wand. Ich kann mir aufgrund meiner finanziellen Situation zum Glück Sachen aussuchen und generell ziemlich grundentspannt mit diesem Risiko umgehen.

Wie wichtig war in Ihrer Karriere Glück?

Glück ist das falsche Wort. Ich glaube, Timing trifft es besser. Manchmal machen Sachen einfach Sinn. Zum Beispiel wenn man manche Leute zum richtigen Zeitpunkt trifft. Oder wenn eine Sendung nicht geklappt hat. Man realisiert manchmal erst viel später, wieso es nicht funktioniert hat.

Das ist bei vielem so. Ich hab damals gesagt, dass ich *Rent a Pocher* nicht mehr machen möchte. Dann kam auf einmal Harald Schmidt und hat gefragt: »Wie sieht es denn aus, kannst du dir vorstellen, mit mir eine Sendung zu machen?« Dann habe ich das entschieden und Ja gesagt. Innerhalb von 48 Stunden. Obwohl ich einige Leuten damit sicher vor den Kopf gestoßen habe, habe ich die Sendung mit Harald Schmidt gemacht. Später hatte ich meine eigene Late-Night-Show, die aber nicht so funktioniert hat, wie sie funktionieren sollte. Dann kam aber auch schon die nächste Sendung mit *5 gegen Jauch* oder *Alle auf den Kleinen*. Später haben wieder Sachen nicht funktioniert, aber dafür war ich dann bei SKY oder bei SPORT1. Und Ende 2019 habe ich einen Exklusivvertrag bei RTL bekommen und moderiere wieder *5 gegen Jauch*.

Das ist immer ein Wechsel. Es gibt genug Sender und genug Formate, sodass man immer irgendwie unterkommt. Und die Leute, die vor Jahren gesagt haben: »Nee, das ist nix«, die kom-

»Wenn du also nichts kannst, kannst du dich immer noch ausziehen.«

men dann auf einmal und sagen: »Ja, das ist lustig.« Am Ende ist es also oft eine Frage der Zeit oder des richtigen Zeitpunkts.

Was raten Sie (jungen) Leuten, die vor der Entscheidung stehen: »Was soll ich mal werden?«

Eine gesunde Selbsteinschätzung sollte man haben. Wenn man nicht gut singen kann, sollte man kein Sänger werden. Wenn man nicht gut aussieht, sollte man kein Model werden. Wenn man nicht lustig ist, sollte man kein Comedian werden. Wenn man kein Talent hat, funktionieren einfach manche Sachen nicht. Man sollte also wissen, was man kann oder nicht kann. Das Gute ist aber, dass heute jeder die Chance hat, sich im Internet und über Social Media auszuprobieren. Jeder hat die Chance, ein Video hochzuladen. Seine Storys zu machen. Die Möglichkeiten, sich selbst zu verwirklichen, sind viel leichter und universeller geworden. Macht aber auch den Konkurrenzkampf größer. Aber wenn die Leute einen wirklich sehen oder hören wollen, dann wird das auch vielleicht passieren. Aber es kann auch nicht jeder was werden. Es muss schon auch etwas da sein. Man muss am Ende auch etwas können.

Andererseits: Die Liste der Leute, die heute gar nichts können, die aber trotzdem einen gewissen Bekanntheitsgrad erreicht haben, ist ja ewig lang. Die Katzenbergers, Burdeckis, Kardashians oder Yottas. Wenn du also nichts kannst, kannst du dich immer noch ausziehen.

KATRIN MÜLLER-HOHENSTEIN
JOURNALISTIN UND MODERATORIN
*1965

»Es fällt nix vom Himmel, und es gibt keine Tricks.«

Ich bin ...

... Journalistin, habe insgesamt zwanzig Jahre beim Radio gearbeitet und bin seit 2006 Fernsehmoderatorin beim ZDF.

Was wollten Sie als Kind oder nach der Schule werden?

Ich hatte keine Ahnung. Ich hatte auch keine großen Pläne. Was vielleicht auch daran liegt, dass ich kein besonders ehrgeiziger Mensch bin. Ich bin zufrieden, wenn ich mit mir zufrieden bin. Ich wollte schon in der Schule nicht die Beste sein. Mir hat es immer gereicht, mit dem minimalen Aufwand das maximale Ergebnis zu erzielen. So war ich eine der Jüngsten in meinem Abiturjahrgang, mit einem Notenschnitt von 2,8. Ich habe dafür genau die Punkte gesammelt, die ich brauchte, um das Gymnasium verlassen zu können. Was ja auch schon irgendwie clever ist. Ein weiteres Jahr Schule hätte ich als echte Zumutung empfunden. Ich bin nicht der Typ, der stundenlang nur zuhören kann, ich langweile mich schnell, wenn mich etwas nicht interessiert. In Fächern, die ich spannend fand, war ich gut, da habe ich aufgepasst und musste nicht viel lernen. Biologie zum Beispiel, Vererbungslehre. Das kann ich bis heute. Fragen Sie mich bitte alles zur Erbfolge von kräuselhaarigen Meerschweinchen. Kurzum: Ich bin keine für die Theorie, ich brauche die Praxis. Und so habe ich also Abitur – bin aber bis heute nie danach gefragt worden.

Was haben Sie gelernt?

Zwei Semester Theaterwissenschaften. Es war mehr oder weniger eine Verlegenheitslösung. Ich wusste nicht, was oder ob ich überhaupt studieren soll. Da dachte ich mir: Schreibst du dich mal bei Theaterwissenschaften ein. Ich glaube, ich war auch dreimal da. Diese Episode hätte ich mir sparen können. Später habe ich ein Volontariat beim Radio gemacht, das war dagegen ein Volltreffer.

Was war Ihr erster bezahlter Job?

Nach den üblichen Ferienjobs während der Schule war ich nach meinem Abitur zunächst ein Jahr lang Cultural Representative bei Disney World in Florida. Ich war sehr jung bei meinem Abi, jung und planlos, da dachte ich mir, so ein Auslandsaufenthalt bringt dich vielleicht ein Stück weiter. Ich habe den Job über die Zentralstelle für Arbeitsvermittlung in Frankfurt bekommen und musste dafür auch für ein Bewerbungsgespräch ins amerikanische Konsulat nach München fahren. Zwei Wochen später kam der Brief: Willkommen an Bord! Es wurde zu einem der schönsten Jahre meines Lebens. Ich habe im Biergarten des deutschen Pavillons in Epcot als Bedienung gearbeitet, den internationalen Gästen Bier und Bratwürste verkauft. Das klingt unspektakulär, war aber ein Riesenspaß. Das Beste waren die Arbeitszeiten, ich war meist in der Mittagsschicht eingeteilt, die ging um zehn Uhr los und war um vierzehn Uhr vorbei. Manchmal habe ich aber auch Doppelschichten gearbeitet, das war dann richtig gut für den Geldbeutel. Den Dienstplan konnten wir so flexibel gestalten, dass wir auch zehn Tage am Stück arbeiten konnten, um danach vier Tage frei zu haben. Bahamas, Jamaika, Mexiko, von Florida aus ist das alles nur ein Katzensprung – ich habe in diesem Jahr irre viel gesehen. Unter anderem auch jeden Start der Raumfähre in Cape Canaveral. Und

jeden Strand in Florida. Das Zeugnis von Disney habe ich aufgehoben. Darin steht in der schriftlichen Beurteilung: »Katrin, based on your performance at the Biergarten, it is certain that you will be successful at anything that you attempt.« Was für ein Jahr!

Wie sind Sie zu Ihrem Job gekommen?

Mit viel Begeisterung für die Sache. Und Fleiß. Und dem Glauben an mich selbst. Es gibt zwei Momente in meinem Leben, die für meine Karriere ganz entscheidend waren. Erstaunlicherweise waren es zwei Impulse, die von außen kamen.

Der erste Impuls kam ganz am Anfang. Ich war gerade aus den USA zurückgekehrt, dort hatte ich nach der Schule zwei Jahre unter anderem bei Walt Disney in Florida gearbeitet. Und in eine länger anhaltende Ratlosigkeit, wie mein Leben denn nun weitergehen würde, brach eines Tages ein Freund aus meiner Clique mit der Botschaft: »In Nürnberg machen ein paar kleine private Radiostationen auf, das wär doch was für dich.« In einer Zeit, in der die mediale Radiolandschaft in Bayern ausschließlich aus dem Bayerischen Rundfunk bestand, lautete die gute Nachricht: Die nehmen alles, was bei drei nicht auf dem Baum ist. Und für mich persönlich entpuppte es sich als Volltreffer. Ich habe bei einem winzigen Sender gearbeitet und durfte dort alles machen: Sendungen moderieren, Nachrichten präsentieren, alles nach dem Trial-and-Error-Prinzip, weil es ja keiner besser wusste. Es herrschte eine unglaubliche Aufbruchsstimmung, wir waren fast rund um die Uhr im Einsatz und hatten alle unheimlich viel Spaß. Von da an war es ein Selbstläufer. Die Sender wurden größer, die Hörer wurden mehr, gelandet bin ich beim erfolgreichsten Privatradiosender in Deutschland. Fünfzehn Jahre war ich bei Antenne Bayern – und habe gefühlt nicht einen Tag davon gearbeitet. Ich durfte »machen« und hatte wohl auch Talent, es fiel mir einfach leicht. Es scheint so, als sei das meine persönliche Erfolgsformel. Ich hatte auf jeden Fall meine Passion gefunden.

Der zweite Impuls kam zu einer Zeit, in der ich es mir in der

Radiowelt schon so weit gemütlich gemacht hatte, dass ich niemals erwartet hätte, noch einmal einen ganz anderen, aufregenden Weg einzuschlagen. Ich hatte nie einen Plan. Bis dahin war meine Karriere mehr oder weniger »passiert«. Immer wenn sich auf dem Weg eine neue Tür auftat, bin ich meinem Bauchgefühl gefolgt. Nicht ein einziges Mal musste ich selber die Initiative ergreifen. Das änderte sich an dem Tag, als mir ein Radiokollege mitteilte: »Das ZDF sucht für das *Aktuelle Sportstudio* eine Frau. Du kannst das, ruf da an.« Erst Wochen später habe ich seinem Drängen nachgegeben, in erster Linie, damit er Ruhe gibt. Denn mir war vollkommen klar, dass das Fernsehen auf eine Frau vom Radio nicht unbedingt gewartet hat. Das Telefonat mit dem ZDF-Sportchef in Mainz war dann auch schnell beendet, es ging ungefähr so: »Guten Tag, ich habe gehört, Sie suchen eine Frau. – Wie viel Fernseherfahrung haben Sie denn? – Keine. – Oh! – Äh, ja. – Auf Wiedersehen.« Meinen Radiokollegen hat das nicht weiter beeindruckt, er hat mich weiter angefeuert. Und so habe ich dem Chef des *Aktuellen Sportstudios* geschrieben. Dem war die fehlende Erfahrung egal, der fand mich wohl irgendwie spannend. Wir haben uns in Mainz getroffen, haben uns stundenlang unterhalten, und am Ende hat er mich zu einem Casting eingeladen. Das ist so eine Art Vorturnen unter Live-Bedingungen. Ich sollte eine verkürzte Ausgabe des *Aktuellen Sportstudios* moderieren, Beiträge ansagen und ein Interview mit einem Studiogast führen. Der Himmel schickte mir Jürgen Klopp, der damals noch als Experte für das ZDF gearbeitet hat und genau der Richtige war, um sich von der komischen Frau da ein paar Fragen stellen zu lassen. Drei Tage später kam der Anruf: Wir machen das!

Diese Wochen im Herbst 2005 waren aus beruflicher Sicht sicher die aufregendste, intensivste Zeit in meinem Leben. Die schönste war es nicht. Das mediale Interesse an meiner Person war enorm, ständig wollte irgendjemand irgendwas, ich wollte eigentlich nur meine Ruhe. Ganz ehrlich: Ich habe das alles ein bisschen unterschätzt. Am 28. Januar 2006 hatte ich meine erste Sendung. Ich habe kaum noch eine echte Erinnerung daran, da war ich wie in einer Parallelwelt. Die Erwartungshaltung war riesig, ich hatte den Job, nun sollte ich zeigen, dass ich ihn auch kann – und alle schauten zu. Ich bin froh, dass diese Zeit vorbei ist. Heute weiß ich: Am Ende ist es nur Fernsehen. Und ich kann es genießen. Seit dem 28. Januar 2006 habe ich unter anderem über 200-Mal das *Aktuelle Sportstudio* moderiert, war bei acht Fußball-Welt- und -Europameisterschaften und sechs Olympischen Spielen. Manchmal muss ich mich immer noch kneifen.

Was braucht man, um Ihren Job besonders gut zu machen?

Echtes Interesse an der Sache. Gute Nerven, ein heiteres Gemüt und die Gabe, sich selber nicht so wichtig zu nehmen. Ich rate jedem jungen Kollegen, der diese Laufbahn einschlagen möchte, zunächst die eigene Motivation zu überprüfen. Ist es tatsächlich das Interesse am Sport? Oder vielleicht ausschließlich die Verlockung, sich auf großer Bühne selbst zu präsentieren? Sollte Letzteres zutreffen, dann wird das nix, das zeigt mir zumindest meine Erfahrung. Das, was so leicht und spielerisch aussieht, ist am Ende das Ergebnis harter Arbeit. Die muss man gerne machen.

Was gefällt Ihnen besonders gut an Ihrem Job?

Dass ich mich großteils mit den Themen beschäftigen darf, die mich ohnehin interessieren. Ich habe dazu spontan ein Bild im Kopf. Ich saß neulich an einem Sonntag zu Hause vor meinem Rechner, habe mir zeitgleich die Schwimm-WM im ZDF-Livestream angeschaut, auf dem Second Screen die Tour de France in der ARD, und auf dem Third Screen lief der Ligaauftakt der 2. Fußball-Bundesliga. Da habe ich mir kurz gedacht, jetzt spinnst du komplett. Ich hatte im Sommer 1992 zwei Wochen Urlaub, ich habe von den Olympischen Spielen in Barcelona jede Minute gesehen. Das war lange vor meiner Zeit beim ZDF. Heute kann ich bei vielen großen sportlichen Events live dabei sein. Fußball-WM, Ironman auf Hawaii, es ist wie ein Traum. Am Ende gibt für es für mich aber nach wie vor nichts Größeres als die Olympischen Spiele.

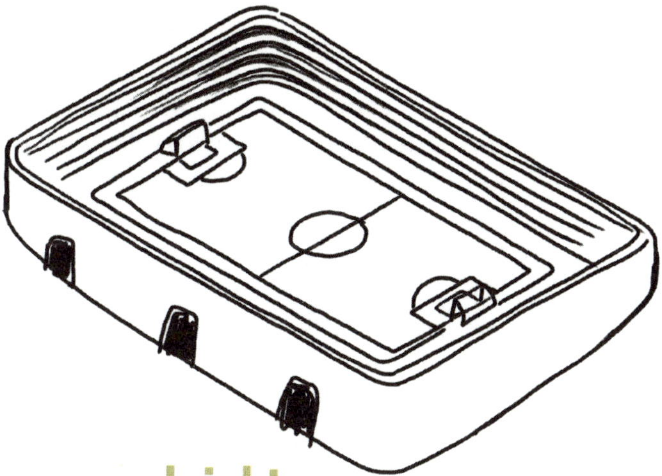

»Das, was so leicht und spielerisch aussieht, ist am Ende das Ergebnis harter Arbeit.«

Was gefällt Ihnen nicht so sehr?

Dass ich gefühlt nie Feierabend habe. Die vielen Abende in Hotelzimmern. Das Warten am Gate auf den Flieger, der mal wieder Verspätung hat. Das ist etwas, was man von außen nicht sieht. Die ständige Reiserei (ich kenne von vielen Städten den Flughafen, die Strecke zum Stadion und das Stadion selbst. Das war's. Mit Urlaub hat das nix zu tun) und das Arbeiten in erster Linie an den Wochenenden. Ich will überhaupt nicht jammern, aber ich habe mich von meinem sozialen Umfeld schon zum Teil verabschieden müssen. Weil ich eben fast nie dabei sein kann. Ich habe zum Beispiel auch einen sehr runden Geburtstag meines Vaters verpasst, weil ich bei Olympia in Rio war. Er hat es sportlich genommen, für mich war es arg. Großes Glück hatte ich mit meinem Sohn, die wichtigen Termine wie achtzehnter Geburtstag, Schul- und Uniabschluss waren alle in einem Jahr ohne großes sportliches Event. Er war schon zehn, als ich beim ZDF angefangen habe. Für mich war das ein Segen, mit einem kleineren Kind hätte ich diese Karriere so sicherlich nicht gemacht. Und manchmal geht mir auch die große Bühne auf den Zeiger. Scheitel links, Scheitel rechts, was hat sie denn heute wieder an? Man wird als Frau sehr viel mehr für Äußerlichkeiten bewertet als jeder Mann. In Australien hat dazu mal ein Nachrichtenmoderator ein Experiment gestartet. Er hatte ein Jahr denselben Anzug an. Und in der Tat: Es ist niemandem aufgefallen. Dass das, was ich tue, in der Öffentlichkeit stattfindet, ist für mich reiner Zufall. Ich habe die nicht gesucht. Am liebsten bin ich privat.

Wie wichtig war in Ihrer Karriere Mut? Sind Sie Risiken eingegangen?

Ich habe als völliger Nobody in diesem Medium und ohne jede Erfahrung eine der größten Traditionssendungen im deutschen Fernsehen übernommen. Vor einem Millionenpublikum. Das hätte auch total in die Hose gehen können. Ich glaube, da war schon ganz schön viel Mut dabei.

Wie wichtig war in Ihrer Karriere Glück?

Ich glaube nicht an Glück. Höchstens an das Glück des Tüchtigen. Aber ich hatte das Glück, dass meine Eltern mich immer haben machen lassen und mich auf meinem Weg bestärkt haben. Mein Vater ist Hochschulprofessor. Ich hätte nie gedacht, dass es für ihn vollkommen in Ordnung ist, dass seine Tochter nicht studiert.

Was raten Sie (jungen) Leuten, die vor der Entscheidung stehen: »Was soll ich mal werden?«

Drei Dinge. Erstens: Findet heraus, was ihr wirklich wollt – es muss euch unbedingt Spaß machen. Nehmt euch dafür auch gerne richtig viel Zeit.

Zweitens: Findet heraus, was ihr könnt. Ihr müsst für das, was ihr tut, auf jeden Fall eine Begabung mitbringen. Also: Probiert euch aus, Praktika gibt es fast überall.

Und drittens: Seid fleißig. Und ich meine, richtig fleißig. Es fällt nix vom Himmel, und es gibt keine Tricks.

DIE HERAUSGEBER

Katrin Müller-Hohenstein moderiert das *Aktuelle Sportstudio* im ZDF sowie große Sportevents wie die Olympischen Spiele und die Fußballweltmeisterschaft. Für ihre Arbeit wurde sie unter anderem mit dem Bayerischen Sportpreis und der Goldenen Kamera ausgezeichnet.

Jan Westphal ist TV-Produzent und Medienmacher. Zu seinen Stationen zählen unter anderem RTL Television, Production Eins, die nbc, die Deutsche Welle und Antenne Bayern. Für seine Arbeit wurde er mit dem Deutschen Fernsehpreis ausgezeichnet.